信息安全知识赋能工程·人才培养丛书

社会工程学原理
——黑客心理学及应用

杨义先　钮心忻　著

电子工业出版社·
Publishing House of Electronics Industry
北京·BEIJING

内 容 简 介

过去数十年里，全球信息安全界的研究重点几乎都是"如何从技术上对抗黑客"，却忽略了"黑客是人"这一最基本的事实！更准确地说，人、网络和环境组成了一个闭环系统，只有保障各个环节的安全，才谈得上真正的安全。适用于网络和环境的安全保障措施，显然不能照抄照搬用于人的安全保障；而引导人的思维和行为的有效办法，就是基于黑客心理学的社会工程学方法。

本书是《黑客心理学》的教材版本，其内容包括但不限于社会工程学黑客的攻击本性、世界观、直接攻击法和间接攻击法，以及微表情泄密、肢体语言泄密、感觉与知觉漏洞、情绪和记忆博弈等。

本书既可用于网络空间安全、信息安全和密码学等相关专业和学科的本科生、硕士生和博士生的教材或教学参考书，也可帮助政用产学研各界安全保障人员了解社会工程学研究的最新进展，还可作为科普读物。普通读者可从中了解如何对付黑客的社会工程学攻击，安全专家可据此掌握信息安全保障体系在社会工程学方面的漏洞，为今后的攻防对抗打下更坚实的基础。

图书在版编目（CIP）数据

社会工程学原理 ： 黑客心理学及应用 / 杨义先，钮心忻著. -- 北京 ： 电子工业出版社，2024. 7. --（人才培养丛书）. -- ISBN 978-7-121-48056-0

Ⅰ. TP393.08

中国国家版本馆 CIP 数据核字第 2024L0U686 号

责任编辑：李树林　　文字编辑：姜红德

印　　刷：三河市龙林印务有限公司

装　　订：三河市龙林印务有限公司

出版发行：电子工业出版社

　　　　　北京市海淀区万寿路 173 信箱　邮编：100036

开　　本：787×1092　1/16　印张：15　字数：384 千字

版　　次：2024 年 7 月第 1 版

印　　次：2024 年 7 月第 1 次印刷

定　　价：59.00 元

凡所购买电子工业出版社图书有缺损问题，请向购买书店调换。若书店售缺，请与本社发行部联系，联系及邮购电话：（010）88254888，88258888。

质量投诉请发邮件至 zlts@phei.com.cn，盗版侵权举报请发邮件至 dbqq@phei.com.cn。

本书咨询以及出版联系方式：（010）88254463，lisl@phei.com.cn。

前　言

所有信息安全问题，几乎都可以归因于人！具体来说，归因于三类人：破坏者（黑客）、保卫者（红客）和使用者（用户）。当然，这"三类人"的角色相互交叉，甚至彼此重叠。不过，针对任何具体的网络安全事件，他们之间的界线还是非常清晰的！因此，只要把"三类人"的安全行为搞清楚了，也就明白他们对网络安全的威胁了！人的行为，包括安全行为，几乎都取决于其"心理"。在心理学家眼里，人就像一个木偶，而人的"心理"才是拉动木偶的提线；或者说，人只不过是"魄"，而其"心理"才是"魂"。所以，网络空间安全的根本，就隐藏在人的心里。

可惜，在过去数十年里，全球信息安全专家几乎把"人"给忘了，主要埋头于技术对抗；反而是黑客，常常利用所谓的"社会工程学"（以下简称社工）来攻击"人"，并以此为突破口，结合各种技术和非技术手段，把用户和红客打得落花流水。比如，大到伊朗核电站被攻击，小到普通用户被"钓鱼"，黑客攻击的第一枪，几乎都来自社工。事实上，社工的具体攻击方法，无穷无尽，但是它们几乎都是 300 余种基本攻击"元素"的某种组合。换句话说，所有黑客的社工攻击方法，都只是有限个"元素"的某种组合而已，就像门捷列夫元素周期表中的有限种（上百种）元素组成了宇宙中的无数种物质一样。

那么，信息安全界为什么会把"人"给忘了呢？这主要是因为我们的思维出现了问题。更具体地说，至今大家都片面地把网络看成由硬件和软件组成的"冷血"系统，认为可以通过不断的软件升级、硬件加固等技术方法来保障信息安全，却忽略了那个最重要、最薄弱的关键环节，即"热血"的"人"！其实，完整地看，只有将软件、硬件和人三者结合起来考虑，才能形成一个闭环；只有保证这个闭环的整体安全，才能真正建成有效的安全保障体系。其中，人这个最重要的环节，既可以是最坚强的，也可以是最脆弱的。更直观地说，硬件和软件其实是没有"天敌"的，只要不断地"水涨船高"，总能够解决已有的软硬件安全问题，但是 "人"是有"天敌"的。所以，赢人者，赢天下；胜人者，胜世界！

由于"三类人"的目标、地位和能力等各不相同，所以在网络空间安全攻防过程中，他们的心理因素也会不同。本书将重点探讨最具网络特色的黑客心理，因为若无黑客，几乎就没有安全问题。但遗憾的是，黑客过去存在，现在存在，今后也将存在，甚至还可能越来越多。所以，别指望黑客自然消失，而应该了解他们为什么要发动攻击，以及在他们的破坏行为中到底是什么心理因素在起作用。为此，我们在 2019 年出版了研究黑客心理的专著《黑客心理学——社会工程学原理》（简称《黑客心理学》），希望借助心理学和社会学来揭示网络安全界的人心奥秘！

非常意外的是，《黑客心理学》刚一出版就引起了社会各界的广泛关注并很快成为经久不衰的畅销书，每年都被印刷好几次，甚至许多高校和培训机构都将此书作为相关课程的教材。经过五年多的教学实践，我们从教材角度来看，《黑客心理学》确有许多不足。幸好，北京邮电大学及时启动了创新教材工程，资助我们将专著改编为教材，并将《黑客心理学》的正副标题进行了互换，这便是本教材《社会工程学原理——黑客心理学及应用》的诞生背景。

本教材的内容具有以下五个特点。

一是突出了教材的目的性与重点。在每个重要的知识点处都设置了学习目标与学习提示，以便学生在初次阅读时就能锁定目标，在复习时也能够快速掌握相关的重点内容。

二是尽量做到学以致用。特别强调了黑客在各种攻防过程中，到底是如何充分利用人性漏洞（不限于人性弱点）的，从而提升我们的防御能力，以及网络安全的整体水平。本书特别注重教材的工具性，甚至让学生能够在攻防过程中直接运用某些知识来对付社工黑客的相关攻击。

三是案例导入。在每章中，我们都精心筛选了若干典型案例，尤其注重真实网络安全事件中的社工方法，同时也尽量选择那些代表性强、关注度高、影响范围大、特色鲜明的著名案例。

四是突出核心概念。每章通过对核心概念的认真提炼，希望帮助学生既能在初学时较好地掌握重要的知识点，又能在复习时将相关要点串联成完整体系，从而更好地理解社工方法的综合效能，帮助大家更有效地对付社工黑客。

五是要点回顾。在每章结尾处，我们都系统梳理了本章的重要概念，复述相关知识要点，并给出了必要的复习思考。许多复习思考都相当开放，并不要求机械地统一答案，以利于激发学生更自由地发挥想象力和创新力。

由于本教材主要面向理工科人士，我们将尽量避免使用过于专业的心理学术语和概念，哪怕牺牲一定的心理学严谨性。当然必须坦承，由于才疏学浅，我们对心理学并不擅长，当初为了完成《黑客心理学》的"采蜜"任务，我们曾翻阅了近 2000 本心理学专著或教材，并精读了其中的上百本著作，还尽最大努力，筛选、收集、整理了其中对社工攻击可能有用的几乎全部内容。为了编写本教材，我们又对《黑客心理学》的内容进行了众多专项补充、完善和精减。实际上，本教材与《黑客心理学》相比已面目一新，根本不能相互替代，建议有兴趣的学生学完本教材后，再完整阅读一次《黑客心理学》，也许将对你的职业生涯大有帮助。

与心理学密切相关的书籍和教材之所以能由信息安全界人士完成，这要归功于心理学的如下特点：虽然心理学的学习研究比较难，但是阅读心理学的既有成果并不难，即使是普通的心理学外行也能看懂。非常感谢全世界心理学家多年来的辛勤劳动，他们的众多成果是本教材的源泉，但为了不把心理学外行读者搞糊涂，本教材不得不略去众多冗长、难读、难记的心理学家姓名；况且，本书完成后，确实已很难分清"到底哪一滴蜜，采自哪一朵花"了。非常感谢全世界的计算机专家在过去数十年的伟大成果，他们发明的大数据挖掘等高精尖技术在本书素材的整理过程中发挥了作用，否则我们将陷入杂乱无章的心理学知识的海洋中。

最后必须声明：本书只是集成式创新，所有原始创新均属于全世界的心理学家。

谢谢大家！

杨义先　钮心忻
2024 年 4 月于北京温泉茅庐

目　　录

1 Chapter

第1章
黑客的攻击本性

学习目标

- 了解攻击行为的基本概念
- 掌握黑客攻击行为的主要分类情况
- 了解攻击行为的客观判断标准
- 了解人类攻击行为的本能特性
- 了解人类攻击行为的挫折理论
- 了解攻击行为的社会学习理论
- 了解外因对攻击行为的影响
- 了解如何弱化黑客的攻击意愿

案例导入

　　在市场上到处都能买到以防火墙等为代表的信息安全防御工具，它们都能在一定条件下抑制黑客攻击，提升网络空间安全的整体水平。同样，在互联网上也不难获得以木马等为代表的常用黑客攻击工具，它们都能在一定程度上帮助黑客发起攻击，对网络空间的整体安全造成威胁。反正，如今网络对抗的攻防武器已相当普及，武器的使用也不难。由此可见，技术的进步使黑客的产生更容易了，攻击更多发了，危害也更严重了。

　　因此，对付黑客的问题，已经不再是简单的"禁止武器"了，而应该从更深层次来研究，比如黑客的攻击意愿来自哪里，如何减弱他们的攻击欲望和意愿，黑客攻击与现实社会犯罪（如杀人、放火等）的区别和联系等。总之，能让大家自觉不做黑客，同时能够更科学、更有效、更安全、更便捷地防范黑客，做到"虽有兵器而不用"，这才是信息安全的最高境界。

第1节　黑客攻击行为的分类

学习提示

- 了解攻击行为的基本概念，掌握攻击行为的意图和行为这两大核心要素，以及攻击行为的常见分类。
- 掌握黑客攻击行为的主要分类情况，掌握观点表达型攻击、情绪宣泄型攻击、利益诉求型攻击和网络犯罪型攻击等四大黑客攻击的基本概念。

一般来说，攻击行为就是指任何试图从生理或心理上伤害或危害他人的行为。对攻击行为的界定需要考虑两个方面：一方面，它必须是一种行为，而不只是一种意图，尽管攻击行为也伴有意图。比如，若只有伤害他人的意图而未做出相应的伤害行为，那就不是攻击行为。另一方面，攻击行为基本上是反社会行为，比如杀人放火等；当然，在极少数情况下，攻击行为也可能是亲社会行为，比如面对恶行的正当防卫、正义战争等。

攻击行为的种类繁多，从不同角度便有不同的分类。

从攻击者的动机角度看，攻击行为可分为敌对性攻击和工具性攻击两种。敌对性攻击是一种源自愤怒或报复的行为，其目的是将痛苦或伤害施加给他人。工具性攻击虽有伤害他人的意图，但这种伤害只是达到某种目的之手段。工具性攻击的目的通常不是让对方痛苦。比如，球场上故意失手的犯规，就只是想实施某种既定战术；又如，大多数恐怖袭击也属于工具性攻击，其目的甚至与直接受害者无关，也许只是显示其存在。大多数战争，特别是雇佣兵的战争，也属于工具性攻击。当然，谋杀行为基本上是敌对性攻击行为，当事者或是出于一时冲动，或是为了复仇，或是为了教训对方。

从攻击方式上看，攻击行为可以分为语言攻击和动作攻击。前者只动口，后者要动手。语言攻击使用语言和表情等对他人实施攻击，主要伤害对方的心理，比如讽刺、诽谤和谩骂等；但别小看了它们的杀伤力，它们甚至能杀人。动作攻击则使用肢体或武器对他人实施攻击，用行动来实施的攻击，如植入木马、破解口令等，主要伤害对方的生理，当然也间接地包括心理。

攻击行为还有狭义和广义之分。狭义攻击是有意违反社会主流规范的伤害行为；广义攻击则是涵盖一切有动机的伤害行为，而不在乎这些行为到底是反社会的（如凶杀）、亲社会的（如执法），还是介于反社会和亲社会之间的、被认可的攻击行为（如家长对调皮蛋的适当惩罚）。

为了突出重点，本教材只关注网络空间中的黑客行为，即黑客实施的影响网络安全的攻击行为。若无黑客，信息安全事件就会大幅减少，当然也就很少有信息安全问题了。黑客与普通网络用户的唯一区别，就在于其攻击行为。换句话说，在网络中任何一个人，如果他对别人（或其信息系统）实施了攻击，那么此刻他就是一个黑客；或者说，他的这个行为，就是黑客行为，又称为黑客攻击。

粗略地说，黑客攻击，是指违背他人意愿而采取信息手段等非身体接触方式，以伤害他人为目标的行为。无论攻击行为是发生在网上还是网下，黑客行为的最终效果都主要体现在网络空间中。按攻击目的划分，黑客攻击行为可大致分为四类：观点表达型攻击、情绪宣泄型攻击、利益诉求型攻击和网络犯罪型攻击。

1. 观点表达型攻击

观点表达型攻击在网络中最为常见，其典型代表就是网上的各类骂人帖等。当某件事情发生后，网民会片面地发表评论，对相关人、事进行攻击，或者对该事件中持不同观点的网民进行攻击。若涉事人员具有某些特殊身份，可供新闻炒作，那么相关的攻击将更加激烈。不过，由于此类攻击往往不涉及攻击者的切身利益，所以攻击行为的持续时间通常都很短，特别是随着新闻事件影响力的逐渐衰退，或涉事某方的淡出，攻击行为也就相应结束了。另外，此类攻击主要以讽刺、诽谤和谩骂等语言攻击为手段，具有典型的偶发性，没有明确的组织性；其后果不十分严重，特别是当相互攻击的各方都处于匿名状态时，更是如此。

2. 情绪宣泄型攻击

情绪宣泄型攻击，是指网民将自身在线上或线下所遭受到的各种不满以攻击方式表达出来的行为。特别是当其不满已积压许久，而又恰遇某个导火索事件发生时，相应的攻击行为将借题发挥，突然剧烈爆发。此类攻击，通常也是事先没有组织性的，或者至少可以说组织性不强；但是，如果平常积怨较多，也可能在很短的时间内变得有组织性，从而产生强大的攻击力，甚至危害社会的稳定。此类攻击的非理性成分较多，真正被攻击的对象，既可能是事件当事人，也可能是事件旁观者，还可能是"替罪羊"；攻击群体之间极容易相互影响、相互刺激，甚至产生"共振现象"，使得攻击者"……不再是他们自己，而变成了不再受自己意识支配的玩偶"。受此影响，攻击者有可能做出违规甚至违法的行为。除言语攻击外，为了发泄不满，攻击者可能发动任何其他类型的攻击，包括（但不限于）破坏对方的网络和计算机，公开其隐私，甚至从物理上捣毁相关财物等。

3. 利益诉求型攻击

利益诉求型攻击以信息和网络为手段，力图达到攻击者自己的既定利益目标。此类攻击者，通常是利益受损者或其同情者；而被攻击者，可能是曾经的"害人者"，有时可能是无辜的人。比如，攻击者希望借助网络媒体引起大众关注，以此向对方施压，维护或追索自己的利益。当然，大部分攻击者，会严格将其行为控制在法律允许的范围内；但是，个别攻击者，则可能突破法律范畴，甚至通过揭露他人隐私、夸大事实或编造谎言来达到自己的目的。此类攻击，早期多数是维权者的自发行为，但是随着网上"职业推手"和

"网络水军"的出现，也会出现一定的组织特征。当利益诉求者的目的达到或事件热度过去后，此类攻击一般也就停止了。

4. 网络犯罪型攻击

网络犯罪型攻击也称为狭义的黑客攻击，它可能造成极其严重的后果，甚至使某些国家、地区、大型组织及企业或公共服务设施的网络信息系统瘫痪。此类攻击者通过信息手段，实施了"应当受到刑法处罚的行为"。比如，通过非法操作计算机网络，窃取机密数据、盗窃情报、破坏智能电网系统，造成极大的社会危害等。此类犯罪行为的科技含量较高，且目标非常明确，包括（但不限于）非法侵入他人计算机，破坏信息系统，破译机要密码，盗取别人账号或口令，造谣中伤等。此类攻击的侵害目标，既可能是硬件，也可能是软件，还可能是人。此类攻击，既有个人行为，也有组织行为。其中的"组织"，既包括网上的虚拟组织，也包括现实生活中的实体组织等，以至于许多国家已专门成立了新的军种——网络部队，来实施或对抗此类攻击。此类攻击的目的，通常是获取某种利己资源或损害他人利益。被攻击者既可能是明确的现实目标，也可能是网上的目标，或是网络控制管理的民用或军事设施。

当然，上述四类黑客攻击行为之间，并非界限分明。真实发生的许多黑客攻击事件，往往可以同时归类于数种攻击；不同类型的攻击之间，还可能彼此相互转化。其实，关于黑客攻击，还有许多别的分类法。

根据攻击方式的不同，可以划分为言语攻击和动作攻击。言语攻击是指使用语言、表情对别人进行攻击，诸如讽刺、诽谤、谩骂之类；动作攻击是指用行动来实施攻击，比如植入木马或破解口令等。

根据攻击者的动机，攻击又可分为报复性攻击和工具性攻击。报复性攻击意在伤害对方，以达到求利、复仇或警告的目的，比如，恶意泄露他人的隐私。工具性攻击意在达到某种目标，而只是把攻击行为当作达到该目标的手段，比如电信诈骗或网络钓鱼行为等。

攻击还可分为狭义攻击和广义攻击。前者是有意违反社会道德及行为规范的伤害行为，比如盗取他人的银行账号；后者则涵盖了全部有动机的伤害行为，而不论其是否违反了社会道德及行为规范。根据攻击行为是否违背社会道德及行为规范，还可细分出三个亚类：以犯罪型攻击为代表的反社会攻击行为；以打击黑客的护网行动为代表的合法攻击行为；那些既不违背社会规范，也非社会规范所必需的行为。其中第三种行为通常都是长期形成的大众习惯，比如，在自媒体中转发某些热帖，为弱者呼吁公道等行为就是介于反社会和亲社会之间的行为，毕竟热帖的真相经常可能会反转。

与普通的攻击行为不同，黑客攻击行为具有典型的赛博式特点，即黑客攻击是由"反馈+微调"形成的不断循环迭代组成的，而且黑客攻击行为既可能发生在线下（比如，许多社工黑客行为），也可能发生在网上。不过，黑客行为的内涵与普通攻击行为并无实质性差异。

作为一个人，黑客为什么要攻击别人呢？下面就从人性的更深层次来详细探讨此问题。

第 2 节 黑客攻击行为的本能说

学习提示

- 了解攻击行为的客观判断标准，掌握攻击者的外在行为表现，其行为与社会道德的相容性，以及其内在动机与意图。
- 了解人类攻击行为的本能特性，掌握相关学派的争论情况，能结合今后的实际场景做出独立判断。

网络上的所有攻击行为，都称为黑客行为，所以"黑客攻击行为"其实就是人类攻击行为在虚拟空间中的映射而已。

初看起来，判断"某个行为是否是攻击行为"好像很简单；但是仔细分析，情况完全出人意料。因为不能仅仅只看后果，而主要应看动机与意图。比如，有些行为虽然造成了伤害，但可能是误伤或善意惩罚，所以这不是攻击行为；有些行为虽然未造成伤害，但其实是攻击未遂，所以这应属于攻击行为。

那么，到底什么才是攻击行为呢？

严格地说，所谓攻击行为，是指个体违反了社会道德的、有动机的、伤害他人的行为。所以，在认定攻击行为时，必须考虑三个方面：个体的外在行为表现；是否违反了社会道德及行为规范；个体的内在动机和意图。其中，前两个方面可以直观地了解，比较容易判断；但是第三个方面（分析行为动机）是一件困难而复杂的事，因为它不能直接凭借人类感官判断，所以必须间接考察，比如考虑下列四个方面。

（1）行为发生的社会情境。结合当时的现场情境或环境特点，有助于理解行为者的动机和意图。例如，课堂上的网络安全攻防学习行为，严格讲不是攻击行为；虽然从纯技术角度看，这些行为与黑客攻击行为没有区别。

（2）行为者的社会角色。红客测试用户密码的行为，是受社会认可的，当然不是攻击行为。但是，一旦社会角色颠倒（比如，黑客测试红客的密码），那么情况马上就不一样了，即可被视为攻击行为。

（3）行为发生前的相关线索。如果"攻击者"和"受害者"是同盟成员，只是在共同对抗敌方时误伤了友方，那么相应的行为当然不是攻击。相反，如果他们本来就是敌对的双方，那么任何有可能伤害对方的行为，都会被认为是攻击行为。

（4）行为者的身份特性。行为者的社会地位、性别、种族背景、教育程度及职业和经历等，也是判断行为者动机的线索。如果相关行为与其身份不匹配，那么很可能就是攻击行为。比如：曾经有黑客案底的人，若他又试图进入别人的信息系统，那么他很可能就是在发动新的攻击；反之，网管工程师测试自己系统安全漏洞的行为，当然不是攻击行为。

上述四个方面并不是绝对的，在分析伤害行为时还需要综合考虑，借助以往的经验，全面细致地考察各种因素，以便更准确地判断攻击行为的动机是否是恶意的。那么，攻击行为到底是不是人类的本能呢？

这个问题即使在心理学界也一直是争论话题，而且各方都有自己的证据。我们不想判定谁是谁非，但是充分了解各方观点，从中获取对信息安全有用的知识，也许可以帮助我们更全面地了解黑客行为。所以，下面我们对各种观点进行介绍。

首先来看正方，他们认为攻击行为是人类本能。正方的代表人物和论据主要有：

1. 心理学界的精神分析学派

该学派用自我的概念来解释攻击本能，认为攻击与人类"性本能"密切相关，它来自性压抑所产生的困扰状态，是由遗传而得的。比如，奥地利著名心理学家弗洛伊德就认为，人类生来就有攻击本能，攻击力是由内而发的，而且人类的攻击行为是不会消失的。具体来说，人类拥有两种基本的本能：一是生的本能，二是死的本能。前者的典型代表便是性本能，由它驱使的行为不仅包括性欲行为，还包括几乎所有寻求快乐的行为。生的本能会把攻击行为推离自我，推向他人，表现为对他人的攻击。死的本能的典型代表则是攻击行为，它是一种破坏性行为，使人具有变通性，能适应现实环境，趋利避害。死的本能有内向和外向之分：当它指向内在时，当事人就会折磨自己，变成受虐狂，甚至会毁灭自己；当它指向外在时，当事人就会表现出破坏、损害、征服和攻击他人。

以弗洛伊德为代表的这种观点，对网络安全产生重要影响。比如，随着人类对网络依赖度的增强，由该观点便可推知：黑客攻击是不可避免的，毕竟死的本能所引发的攻击，实际上是一种自我保存的方式；人们相互攻击，是为了不让死亡（或受害）的愿望指向自身。这也许算是另一种形式的"以攻为守"。这种观点还启发我们采取一种释放式的减弱攻击行为的策略，即及时让当事人的攻击冲动以非破坏性的方式发泄出来。难怪心理学家詹姆斯认为，人类皆有好斗的劣根性，攻击倾向是从祖先遗传下来的、不能摆脱的本能；只有通过替代性的活动，消耗攻击动力，才能使攻击倾向得到控制。

2. 心理学界的动物行为学派

该学派受达尔文进化论的影响，把人类的动机都归因于先天本能，认为暴力倾向也是人类最强的本能之一。比如，奥地利经典比较行为学代表人物康拉德·洛伦兹比较了人和动物的攻击行为后，认为动物的攻击行为有两种：一是掠食行为，这是不带情绪的、近乎天性的反应；二是争斗行为，即群居动物之间会因分配食物、争夺配偶与疆界等发生冲突，而解决这种冲突的方式，常常就是威吓和攻击。因此，攻击行为既有助于生存，也可促进物种不断进化与繁衍。洛伦兹由此认为：攻击是人类生活不可避免的组成部分，所以必须定期加以发泄；以无破坏性发泄方式，代替破坏性发泄方式。

不过，与弗洛伊德不同，洛伦兹不认为攻击指向毁灭，反而认为攻击行为是具有生物保护意义的本能，同类之间的攻击是一种适应性行为，它并不以毁灭为目的，而是以失败者的让步为目的，因此对物种的延续和生存非常重要。动物之所以要攻击来犯的其他动物，是因为它想保护自己的领地和食物。动物为交配而争斗，使得最强的个体才能繁衍后代，弱者被淘汰，种群的过度增长趋势得以控制。以洛伦兹为代表的观点启发我们，攻击行为是人类生活不可避免的一部分。人类之所以始终存在战争和黑客行为，是由于人类的攻击本能发泄的结果，因此适当的非破坏性发泄将有助于耗散攻击本能。

在攻击的本能学说中，还有另一种理论，称为攻击的生物学理论。该理论也认为攻击源于个体内部，甚至试图找出诱发人类攻击行为的内在生物学机制，识别出那些可能与攻击行为相关的特定脑区。比如，已经发现，大脑中的海马体在攻击行为中确实扮演着重要的角色。当杏仁核的神经活动被抑制时，暴躁者会变得温和；反过来，当杏仁核受到电击时，温和者将变得暴躁。若大脑皮层受损，当事者也会表现出激烈的攻击行为。此外，攻击性较强的人，其血液中的某种神经传导复合胺的浓度明显低于正常人，这降低了当事者对攻击行为的控制力。同时，暴力犯在行凶时的睾丸激素，也明显高于正常状态。

总之，攻击行为的本能学说认为：攻击行为是由基因决定的，与遗传有关，它是人类为确保自身安全而形成的一种本能；这种本能是经过长期进化而来的，攻击性强的个体，往往更具生存优势。

第 3 节　黑客攻击行为的非本能说

 **学习提示**

- 了解人类攻击行为的挫折理论。该理论认为，攻击行为的发生总是以挫折的存在为条件，即攻击起因于挫折，攻击是受挫后的反击。
- 了解人类攻击行为的社会学习理论。该理论认为，攻击行为并非生来就有，而是后天习得的。通过直接经验和观察学习，才学会了何时以何种方式实施攻击。

现在来看攻击行为本能学说的反方，他们认为攻击行为不是人类本能！

反方的流行观点有两个，即挫折理论和社会学习理论，下面分别进行介绍。

1. 挫折理论

挫折理论又称为挫折攻击理论，它避开攻击的本能性争论，认为攻击来源于外部挫折。所谓挫折，是指某人为实现某目标的努力遭受了干扰或破坏，致使其愿望得不到满足时的情绪状态。比如，当做某件事情不成功时，我们就会产生挫折感，或者说，挫折就是对行为后果的阻碍。挫折理论也经过了多个阶段的发展，才不断完善成现在的理论。

作为挫折理论的先驱，美国心理学家和社会学家约翰·多拉德等认为，人的攻击行为是因为个体遭受挫折而引起的。其主要论点为：攻击是挫折的一种后果，攻击行为的发生总是以遭受挫折为前提的；反之，挫折的出现也必然会导致某种形式的攻击。由此可见，多拉德挫折理论在挫折与攻击之间，建立了某种简单的、一对一的因果关系。多拉德的理论虽有实验结果支撑，但是，其中的"一对一因果关系"却值得商榷。实际上，生活常识足以表明：挫折并不一定导致攻击反应；反之亦然。比如，当遭受挫折时能理智地自我反省，并找出失败原因，那么他将欣然接受而不会引发攻击行为；黑客常常会对陌生人无端地发起攻击，显然并非因为受到挫折，也许只是为了好玩。实际上，个体遭受挫折后将做出何种反应，主要是由当时的环境确定的；反应的强度，则取决于挫折所引发的攻击唤起程度，即攻击的准备状态。

多拉德还发现，挫折常引起替代性攻击，即攻击行为并不直接发生在引起挫折感的肇事者身上，而是发生在某位替罪羊身上。比如，当受挫的攻击者发现肇事者不好惹时，他就会将怨气发泄在其他人身上，甚至会攻击自己的亲友或回家发脾气等。替代性攻击有两类：

一是替代攻击对象，比如，拿容易欺负的人出气。

二是替代攻击类型，比如，被领导当众批评后，当面表示深刻反省但暗地里造谣诽谤领导。

后来，曾任美国心理学会会长的乔治·米勒对多拉德的理论进行了修正和补充。他认为，挫折作为一种刺激，可以引起一系列的不同反应，攻击只是其中一种形式而已。挫折的存在，不一定会导致攻击行为，但是攻击行为肯定是挫折的一种反射式结果。实际上，米勒保留了多拉德观点的前半部分，修正了其后半部分，即把挫折与攻击间的"一对一"因果关系修正为"一对多"。

再后来，又有学者对米勒的理论进行了修正。比如，美国社会心理学家伯克威茨认为，挫折的存在并不一定会导致个体发生实际的攻击行为，只能使个体处于一种"攻击的唤醒状态"，而攻击行为最终是否会发生，取决于个体所处环境是否提供了足够的"导火索"。如果没有这样的"导火索"，那就未必会产生攻击行为。也就是说，外在的"导火索"，是使内在攻击冲动得以实施的必要条件，并且攻击行为的反应强度，取决于攻击冲动被唤醒的程度。伯克威茨还特别强调，外在环境的"导火索"，是促使内在攻击冲动得以实施的必要条件，如果挫折引发的唤醒强度达到一定水平，也可以引发实际的攻击行为。实际上，伯克威茨把多拉德理论中的"一对一"关系，引申为"多对一"关系，即一种攻击行为的最终产生，除了受到挫折的影响，还要受到诸多其他因素的影响。从受到挫折到发生攻击，存在着复杂的作用机制，并且是各种因素的共同作用，才决定了挫折是否会导致攻击行为的发生。伯克威茨的理论还可以进一步拓展，比如，除挫折和愤怒能引起攻击外，任何的负面情绪都可能引发攻击行为等。

综上所述，无论是米勒的"一对多"，还是伯克威茨的"多对一"，挫折与攻击之间都存在着一定的联系。他们对多拉德"一对一"理论的修正，只限于对挫折引发攻击的机制，都没有最终解决该理论的基本缺陷。也就是说，他们忽视了攻击的产生有时可能与挫折无关。其实，挫折是引发攻击行为的一个条件，但不是必要条件；只不过，挫折有可能加强个人的攻击反应。

挫折理论对网络安全的启发有：无论如何，都不要在网络中激发不必要的矛盾，更不要人为地使他人遭受不必要的挫折，这样便可大幅度地减少黑客的攻击行为。看来，构建和谐的网络社会，对信息安全也是很有利的！

2. 社会学习理论

社会学习理论从人类特有的认知能力出发，探讨人类攻击的反应及表现。该理论认为：挫折或愤怒情绪的唤起，是攻击倾向增长的条件，但非必要条件；对于那些"已经学会采用攻击态度和攻击行为来对付困境的人"来说，挫折就会引发攻击行为。其实，米勒等在阐述其挫折理论时就已经意识到，个体受到挫折之后的反应，取决于过去的学习经历，或者可以被其学习经历所改变。

那么，攻击的态度和行为，是如何通过学习而获得的呢？

就人类来说，观察模仿是极其重要的学习历程。社会学习理论的代表人物美国心理学家阿尔伯特·班杜拉指出：在观察学习中，抽象认知能力起着非常重要的作用。当某人耳闻目睹某行为过程时，他就会把观察到的经验（包括行为者的反应、行为后果及该行为发生时的环境状况等）存储在记忆系统中。此后，若有类似的刺激出现，他便会将存储于记忆系统中的感觉经验取出而付诸行动。

班杜拉把此种观察学习历程称为"中介的刺激联结"。他认为，个体（或称为观察者）从观察别人的攻击行为到展现自己的攻击行为，需要三个必要条件：

一是以某个攻击行为为榜样，例如，榜样曾经用病毒攻击过仇人；

二是榜样的攻击行为曾被肯定，或观察者自认为榜样的行为合情合理；

三是观察者所处情景，相似于当初榜样表现攻击行为时的情境。

以上三者缺一不可。此外，还得有三项并非必要却充分的条件：

一是观察者有足够的动机去注意榜样表现的攻击行为及当时的情境；

二是榜样的反应与所有相关刺激必须存储于观察者的记忆系统中；

三是观察者有能力实现曾观察到的行为反应。

若上述几项条件具备，个体在观察了一种行为榜样后，便可能产生三种效果：

一是个体经过认知整理，将相关刺激线索联系起来，使观察者习得了新的反应。

二是由于榜样的行为得到奖赏或处罚，观察者体尝到了替代的奖赏或处罚，从而修正了他已习得的行为表现。比如，榜样的电信诈骗行为若受到了严厉处罚，观察者就可能会吸取教训，不再做出类似的攻击行为；反之，一个成功的电信诈骗案例，可能会激励更多的模仿者。

三是榜样的行为，可助长观察者已习得的行为，即榜样的行为提示了观察者可以做些什么。

随着黑客攻击的技术门槛越来越低，任何人都可以轻松发起黑客攻击行为。另外，网络通信（特别是自媒体）的迅速普及，提供了更多的观察学习机会。因此，根据上述模仿学习理论，黑客的攻击行为将更容易被模仿和传播。

那么，在什么情况下，黑客的攻击行为才会影响普通用户的行为，并诱发黑客行为呢？心理学家认为，其必备条件有四个：

一是某种情景下的某种黑客攻击行为频繁出现；

二是用户经常地、有规律地接触到特定的黑客行为；

三是用户已经学会了如何实施相应的黑客攻击行为；

四是用户从思想上对实施该黑客行为有某种程度上的认可。

比如，"人肉搜索"就满足以上四个条件，容易诱发普通用户的黑客行为。

归纳而言，社会学习理论从人类所特有的认识能力着手研究，并认为：人并不是生来就具有攻击能力的，这种能力必须通过学习才能获得；攻击行为是否实施，受认知的影响。虽然攻击行为同生理活动一样，也依赖于神经系统的生理机制，但是对攻击行为产生更大影响的不是生物因素，而是社会学习因素。这种学习，是通过观察榜样的行为及其后果来实现的，故又称为"观察学习"。观察了他人的攻击行为及其后果后，人便会形成攻击的感性观念，并以此指导自己的攻击行为。所以，黑客的攻击行为，具有一定的传染性。

必须承认，有大量的实际案例支持社会学习理论的主要结论，即人的攻击行为是学习的结果，是一种后天的习得行为。不过，值得商榷的是他们所认为的"人的攻击行为是否表现出来，取决于被观察榜样是否受到奖惩"。这个论断，对小孩来说，似乎还有道理，因为模仿在儿童的学习中起着十分重要的作用；但对成人来说，某种行为是否表现出来，主要取决于已经内化成型的道德观、价值观和行为规范。比如，许多黑客惯犯，明知会受到惩罚（甚至曾经受过惩罚），但仍然可能铤而走险。

总之，反方认为，詹姆斯和弗洛伊德的猜测，不足以说明攻击是一种本能；洛伦兹把对动物的研究直接延伸至人类，也欠妥当。

第 4 节　影响攻击行为的因素

学习提示

- 了解外因对攻击行为的影响。
- 掌握影响人类攻击行为的个人因素、情境因素和社会因素等。

影响人类攻击行为的外因主要有三大类，分别是个人因素、情境因素和社会因素。这里的个人因素又可细分为人格因素、敌意归因偏差因素和性别因素等。人格可分为 A 型人格和 B 型人格。其中，B 型人格之人的竞争性不强，行事从容，不易发怒，他们的攻击性较弱。反观 A 型人格之人，他们具有很强的竞争意识，喜欢为成功而奋斗；他们行事匆忙，时间观念很强；他们遇事特别容易生气，面对挫折时更容易产生敌意，因此其攻击性就远远强于 B 型人格之人。

影响攻击行为的另一种个人因素叫"敌意归因偏差"，或者说，我们对他人行为的归因将在很大程度上影响我们的攻击行为。若认为他人的行为是故意侵犯，那很可能就会引发你的报复性攻击；若认为他人的行为只是某种失误，那你也许就会原谅对方。比如，你被路人撞了一下，若对方赶紧道歉，你也许就不会生气；若对方反而怪你挡道，你也许就会将其行为归类为敌意，甚至引发你的报复性攻击行为。实际上，每个人对他人的行为都会有意或无意地进行归因，并判断它是否为敌意。这种判断具有相当大的主观性，很容易出现失误，特别是容易将不明行为判断为敌意行为，这便是所谓的敌意归因偏差。

影响攻击行为的第三种个人因素是性别。一般来说，从攻击行为的发生频率上看，男性比女性更具攻击性。男性的攻击行为以打斗为主，女性的攻击行为以语言攻击或其他间接攻击为主。这种男女之间的攻击行为差别，早在 8 岁时就开始出现。但若只限于语言攻击，男女之间的差别其实并不明显；当男女都被他人直接激怒时，其侵犯性的差异程度也会很小。

影响攻击行为的情境因素主要有气温、酒精、疼痛、拥挤、噪声、药物、唤醒水平和去个性化等。比如，闷热天气里的人们更容易发脾气，更容易产生敌意，更容易引发攻击行为。当然，气温与攻击性并不是简单的线性关系，起初攻击性会随着气温的升高而升高；但越过了某个最高点后，攻击性反而可能随着气温的升高而降低。酒精在一定程度上会导致攻击行为，这主要是因为酒精能扰乱饮酒者的正常认知，改变其处理信息的方式，降低他对行为的控制力。事实证明，当血液中的酒精浓度上升时，饮者会感到兴奋，其外倾性和刺激性都会增强，神经心理功能也会受到影响，很难对环境做出正确评估，很难正确估计自己行为的后果。但有趣的是，在醉酒状态下，偶尔醉酒之人的攻击性反而强于经常醉酒之人。疼痛也是攻击行为的诱发因素，任何人在遭受疼痛又无法逃避的情况下，都会攻击包括亲人在内的任何目标。此外，诸如拥挤和噪声等也会诱发攻击行为。

影响攻击行为的社会因素主要有文化因素和媒体暴力因素等。某些特定的文化崇尚暴力，某些文化则不然。但从本质上看，文化因素虽然会在一定程度上影响攻击行为，但文化因素并不能决定攻击行为是否发生，反而是文化规范了攻击行为的发生方向。

影响攻击行为的另一个重要社会因素是媒体暴力，即各种大众媒体传达的暴力内容会对社会生活造成负面影响，增加公众（特别是青少年）的攻击性。究其原因可能有三：

一是媒体暴力会影响观众（特别是青少年）对暴力的认知。经常观看影视中的角色用暴力行为达到自己的目的，就可能会在不知不觉中认为暴力行为是解决问题的有效方式。特别是当影视中的英雄暴打"坏人"时，他们就会认为"好人"也会使用暴力，因此自己也会将暴力作为解决问题的重要手段。影视中的英雄还经常会因其暴力行为获得奖励，这无疑会强化青少年观众的替代性，让他们也希望通过暴力来解决问题，甚至希望因此而获得奖励。

二是媒体暴力会改变青少年对暴力的态度。频繁出现的暴力镜头，容易让青少年习以为常，不再产生新奇感，甚至以为现实社会也充满暴力，或者说现实应该充满暴力。总之，暴力节目减弱了青少年对暴力行为的敏感度，减弱了他们对受害者的同情心，使他们不再从受害者角度去思考问题，从而对暴力行为产生免疫力，助长更多更强的暴力。

三是媒体暴力可能引发青少年的模仿，甚至影响其道德观和价值观。如果影视中逼真的暴力行为并未受到惩罚，就很可能激励他们在学校或家庭中也倾向于施用同类暴力，比如摔打玩具、推倒同伴等。如果他们误以为暴力行为很酷，误以为硬汉可以永远也打不死，就很可能使他们忽略暴力后果的严重性，从而更加轻易地使用暴力。

第 5 节　黑客攻击意愿的弱化

学习提示

- 了解如何弱化黑客的攻击意愿。
- 掌握弱化黑客攻击意愿的各种方法，比如无害宣泄、习得的抑制、置换和"替罪羊"等。

作为信息安全人员，没必要介入不同心理学派有关攻击理论的学术争论。一个观点只要有事实支撑，且有助于了解并对付黑客，我们就可以接受它。因此，结合前面各节不同的黑客攻击理论，便可归纳出以下四条减弱黑客攻击意愿的思路。

1. 无害宣泄

宣泄是指把心理创伤、心理遭遇和感受到的消极情绪发泄出来，以达到缓解和消除负面情绪的目的。宣泄的概念，最早由亚里士多德提出，其意是用悲剧文学作品来释放人们的恐惧与忧虑等情感，以达到心灵净化的效果。后来，此概念被弗洛伊德引申，他认为攻击是一种本能，是与生俱来的驱动力，攻击性的精神能量是一个常数，能量聚焦越多，发生攻击行为的可能性就越大。如果负面情绪得以合理宣泄，就可以减小攻击的强度，使攻击行为变弱。总之，无论是实际的攻击行为，还是想象中的攻击行为，都可以释放攻击性的精神能量，从而减少攻击性冲动，减弱攻击行为。换句话说，既然人人都有一个本能性攻击能量的存储器，那么就应当不断地以各种方式，使攻击性能量以无害或低危的方式发泄出来；否则，如果攻击性能量滞存过多，突然集中爆发后将更加危险。

虽然不必全盘接受攻击本能说，但是，挫折与攻击行为确实有关。因此，在可控程度上，为那些遭受挫折、感到愤怒的人，提供一个合适的环境，让其适当表现一些攻击性行为，也能起到宣泄作用。也就是说，让遭受挫折的人，有机会发泄其愤怒。于是，他随后的攻击意愿将会被减弱。当然，除了直接发泄攻击行为之外，在某些特殊情况下，通过观看他人的攻击行为，也有利于减轻愤怒；不过，在有些情况下，他人的攻击行为，也可能适得其反，使得模仿者的攻击意愿更强。

从挫折理论角度看，某人一旦被挫折情境所惹怒，这种愤怒就会作为一种有攻击危险的心理准备而存在。若被激怒的情绪得到宣泄，当事者的攻击性就会随之降低，曾被愤怒激发的快速心跳和血压升高也会随之恢复正常，生理紧张性也会大大缓解，攻击的唤醒状态也会逐渐消失。总之，宣泄对于减少攻击的作用，已得到大量事实的支持。

当然，我们不能夸大宣泄的作用，也不能过分依赖于宣泄方式，毕竟还得遵守各种社会道德与行为规范，不能因挫折而毫无顾忌地实施报复。况且，某些挫折是不可避免的，并非由某人或某机构有意造成的。因此，寻求合理、合法的宣泄，就显得十分重要了。

2．习得的抑制

所谓习得的抑制，是指人们在社会生活中所学到的对攻击欲望与行为的控制，主要指社会规范的抑制、痛苦线索的抑制和对报复的畏惧这三点。

1）社会规范的抑制

在社会化过程中，人会逐步顺从、接受社会规范，懂得哪些事情可以做，哪些不可以做；当然也包括哪些攻击可以做，哪些不可以做等。任何遵守社会道德和行为规范的人，在准备实施违反规范的攻击行为时，都会产生一种对攻击行为的忧虑感，从而有利于抑制攻击倾向。对攻击行为的忧虑越重，其抑制能力就越强；反之亦然。

公平的社会规范在抑制攻击行为方面也扮演着重要角色。这里的公平至少包括权利公平、规则公平、分配公平、社会保障公平等，尤其是分配公平更为关键。实际上，如果当事者认为自己受到了不公平的对待，他就可能产生被剥夺感，从而引发嫉妒、不满、仇恨甚至报复等不良情绪，直至最终爆发攻击行为。

2）痛苦线索的抑制

痛苦线索，是指想象被攻击者受到伤害的状态。这种状态可能导致攻击者的"感同身受"情绪被唤醒，使他把自己置身于受害者地位，设身处地体会受害者的痛苦，从而抑制自己的攻击欲望，停止攻击行为。曾经的被攻击体验，在某种程度上也能抑制攻击行为。

痛苦线索与移情能力密切相关。所谓移情，是指当一个人感知到对方的某种情绪时，他自己也能体验到相应的情绪，即能够体察到他人的情绪状态并产生共鸣。移情包括两个方面：一是识别和感受他人的情态；二是在更高的层次上接受他人的情态。移情对攻击行为有明显的抑制作用，对别人的痛苦状况体会得越深刻，就越不倾向于伤害别人。因此，移情能力越高的人，其攻击性就越弱。移情能力是可以培养出来的，角色扮演游戏是培养移情能力的有效方法。比如，若让某位儿童扮演受害者，他就更能想象受害者的痛苦，从而产生感情共鸣，久而久之，其移情能力就得以增强。

3）对报复的畏惧

如果某人知道自己伤害他人后他人可能报复，那么在一定程度上他会抑制自己的攻击行为。

一般地说，成熟的个性有助于抑制攻击行为。反之，个性不成熟的人，其自我意识水平较低，自我控制能力较弱，用合规方式满足自我需求的能力较弱，因此他常常倾向于使用突发性和破坏性的攻击手段来达到目的。此处个性的成熟性主要体现在四个方面：

一是有道德责任意识和成熟的敏感性；

二是关心别人的福利和得失；

三是不长期保留敌意与怨恨；

四是不歪曲现实等。

3. 置换

常有这样的情况，当某人遭受挫折，但他又对施害者无可奈何时，他就会通过另外的方式满足自己的需求。其中的方式之一，便是置换对象，攻击那些与施害者相似的对象。比如，当两国关系突然紧张时，双方黑客通常就会攻击对方国家的网络，而且相似度越高的对象，所受到的置换攻击就越厉害。又如，某个外国大学的行为伤害了另一个国家的民众情感，那么对方国家的大学网络就容易成为被攻击的对象。

4. "替罪羊"

用置换对象来表现攻击行为，一般发生在施害者身份很明确的情况下。当个体虽遭受挫折，却不知道施害者是谁时，受害者通常就倾向于去寻找一只"替罪羊"，把自己的不幸归咎于他人或者寻找一个发泄对象而不管与受挫是否有关，并通过对他人的攻击来发泄自己的愤怒与不满。"替罪羊"往往具有以下两个特征：

（1）软弱性。"替罪羊"一般是软弱的，没有或只有很小的还击可能。攻击者一般会下意识地以"欺软怕硬"的方式来寻找"替罪羊"。

（2）特异性。"替罪羊"不仅是软弱的，而且往往有某种特质或不同于常规之处。

因为人们总是对那些不同于自己的人抱有好奇心，而当此人又显得较弱小时，便会敌视并看轻他，在遇到挫折时就会拿他出气。

至此，我们已经知道，无论是否出于本能，虽然有办法可以适当降低黑客的攻击意愿，但是网上的黑客行为是不可能完全杜绝的。

所以，下面几章就来研究具有攻击意愿的人，以及他们是如何实施其黑客行为的。

📖 重要概念

攻击行为、语言攻击、动作攻击、报复性攻击、工具性攻击、广义攻击、狭义攻击、观点表达型攻击、情绪宣泄型攻击、利益诉求型攻击、网络犯罪型攻击、挫折理论、社会学习理论、个人因素、情境因素、社会因素、B 型人格、媒体暴力、移情、宣泄、置换。

📋 知识要点

攻击行为是指任何试图从生理或心理上伤害或危害他人的行为。黑客攻击是指违背他人意愿，采取信息手段等非身体接触方式，以伤害他人为目标的行为。

弗洛伊德等认为，攻击行为是人类的天生本能，是不可避免的，比如，攻击是对挫折的反应等。另一些心理学家则认为，攻击行为并非本能的，是由后天的环境因素促成的。比如，挫折理论认为，攻击行为的发生总是以挫折的存在为前提，即攻击只有一个原因（挫折），挫折也只有一个反应（攻击）。又如，社会学习理论认为，人类的攻击行为并非生来就有，而是后天习得的。通过直接经验和观察学习，人类才学会了何时以何种方式实施攻击。

影响攻击行为的因素主要包括个人因素、情境因素以及社会因素等。个人因素包括人格、敌意归因偏差、性别。情境因素包括气温、酒精、药物等。社会因素包括文化和媒体暴力等。

理解并掌握弱化攻击行为的方法，比如，培养移情能力，培养个性的成熟性，无害宣泄，建立社会的公平性等。

❓ 复习思考

1-1 攻击行为的核心要素有哪些？主要的客观判别标准又有哪些？

1-2 典型的攻击行为有哪几种？请各举一例。

1-3 黑客攻击主要有哪几种类型？请各举一例。

1-4 黑客攻击与普通攻击之间的区别与联系是什么？

1-5 攻击行为的本能学说的要点是什么？请用实例说明。

1-6 攻击行为的非本能学说的核心是什么？请用实例说明。

1-7 影响攻击行为的主要因素有哪些？请用实例说明。

1-8 弱化攻击行为的主要方法有哪些？请分别用实例阐述弱化攻击行为的无害宣泄和习得的抑制方法。

1-9 请认真思考，如何充分使用彼此冲突的心理学成果来对付黑客攻击？

2

第2章
社工黑客的世界观

学习目标

- 了解社工攻击简史
- 掌握社工攻击的特点
- 了解职业社工的基本素质要求
- 掌握社工攻击渗透测试的基本技巧
- 掌握对抗社工攻击的基本思路
- 了解社工黑客如何看待单个攻击对象
- 了解社工黑客如何看待和利用被攻击的群体
- 熟悉黑客的常用心理学工具
- 了解心理生理特质与安全的关系
- 了解失误与安全问题之间的关系

第1章回答了人为什么会产生攻击行为，以及如何弱化这种行为。但是，无论如何，任何时候都会有一些人想攻击别人，所以本章就来研究某类特殊攻击者（社工黑客）的世界观。

为什么要花大力气来研究他们的世界观呢？原因有二：

一是知己知彼，百战不殆。要想对付社工黑客，就必须充分了解他们；要想充分了解他们，最有效、最彻底的办法，就是了解他们的世界观。

二是若从"事后诸葛亮"的角度来看，社工黑客的所有攻击方法都非常笨，至少可以说不算聪明。但事实是：许多聪明人（包括教授和科学家）都被半文盲的社工黑客打得惨不忍睹。那么，到底应该怎样对付社工黑客呢？"聪明人"，特别是聪明的计算机专家，马上就会想到：为什么不把社工的攻击方法建成案例库，让大家了解此库，避免重复上当呢？可是，这是不行的，或者说其效果是有限的，因为社工攻击方法无穷无尽，既不可能建成完整的案例库，普通网民也无法记住并避免库中的骗术。因此，只能从更深层次去研究社工攻击，特别是要争取穷尽"组成无数社工攻击"的少数几个基本模块。为此，需要首先搞清楚他们的世界观。

案例导入

凯文·米特尼克被称为"世界头号黑客"，但可能出乎许多人意料的是，他其实从未掌握任何尖端的黑客技术，只是凭借其出色的社工技巧，就单枪匹马让全世界目瞪口呆，更让 FBI 等强力机关丢尽面子，以致不得不将他作为首位公开高价悬赏捉拿的要犯。

实际上，这位生于 1963 年，早在 3 岁时父母就离异并由其母亲养大的单亲学渣，从小就尝尽了生活的艰辛，同时也练就了一身社工绝技。12 岁那年，他发现整个洛杉矶地区公交车换乘票的防伪性仅仅依赖于某种特殊样式的打孔机，司机只是利用这种打孔机在换乘票上打出日期和线路。于是，他巧妙地从一位司机大叔口中套取了此种打孔机的厂商信息，此后就过上了在洛杉矶全境免费出行的"幸福生活"。实际上，他只需在公交车终点站的垃圾箱中翻捡出被司机扔掉的未用完的空白换乘票本，然后用家里打孔机轻松打出自己想要的换乘票就行了。尝到甜头的米特尼克，从此就走上了社工黑客的不归路。

在上中学时，米特尼克就向电信公司发起了社工攻击，实现了自己免费打电话并将话费记到别人账号上的"小目标"。实际上，他首先获取任何一名正常电话用户的信息，然后用一个秘密的测试号码就拨打了他自己的免费长途电话，甚至还可以轻松欺骗电话公司的职员，让他们心甘情愿地为自己服务。

中学毕业后，他在洛杉矶计算机中心混了几个月，并很快发现了当时操作系统的一个缺陷，巧妙获取了该中心 IBM 计算机的管理员权限。然后，他就成了一名早期的"雇佣黑客"，不断承接雇主的各种攻击任务。15 岁那年，他干脆干了一件大事，通过计算机闯入美国五角大楼的"北美空中防务指挥系统"，还顺便翻阅了美国瞄准苏联及其盟国的所有核弹资料，然后又悄无声息地安全撤退。幸好他未将这些情报卖给克格勃，否则，用美国军方相关人士的话来说，"政府将花费数十亿美元来重新部署这套防务指挥系统"。幸好当时他还未成年，所以只被美国加州青年管教所监禁半年了事。

首次出狱后，米特尼克这位初生牛犊更加放肆。他不但将自己的汽车牌照换为"XHACKER"（前黑客），开着车四处炫耀其黑客身份，还数度侵入多家重要机构的计算机系统并造成重大损失，以致在他 25 岁那年再次被捕。

一年后，刚刚"二出宫"的米特尼克又施展绝技，给相关单位造成高达 3 亿美元的经济损失，然后又突然消失在前来逮捕他的 FBI 眼前并与之玩起了长达六年多的"老鼠戏猫"游戏，以致他被 FBI 骂为"地狱黑客"和"最出色的网络窃贼"。在遭通缉期间，米特尼克还不时侵入警方的计算机系统"问好"。最终 FBI 在收买了其密友后，总算于 1995 年

2 月，在米特尼克再次侵入 FBI 内部时，将他第三次捉拿归案。从此，网络世界的这位"地狱黑客"才被压进了 FBI 的"五指山"。

米特尼克在被捕后的庭审会上承认道："我在未经授权的情况下，访问了全球若干大型机构的计算机系统，并成功侵入了至今最为安全的一些计算机系统。我使用技术和非技术手段来获得各种操作系统和电信设备的源代码，以便研究它们的弱点和内部机理。"当然，他也没忘记补充说："所有这些活动都只是为了满足我的好奇心，是想看看我到底能做些什么。"再次出狱后，米特尼克承认自己的行为是违法的，他深刻反省道："我从一个喜欢变戏法的毛头小子蜕变成全球最臭名昭著的黑客，让商业界和政府机构都畏惧三分。回顾过去三十年所走过的路，我承认，在好奇心的驱使下，我做了一些极不恰当的事情。"幸好，米特尼克自豪地宣称："现在我已变了，我开始用自己的社会工程学天分和其他知识来帮助政府、商业机构和个人，帮助他们预防和检测各种信息安全威胁，并及时做出反应。"果然，为了更有效地打击社工黑客，米特尼克结合自己的亲身经历，撰写了人类历史上第一部社会工程学专著《反欺骗的艺术》，揭露社工黑客的若干秘密，让他人免遭社工攻击。

第 1 节　社工攻击简史和特点

学习提示

- 了解社工攻击简史。
- 掌握社工攻击的特点，如社工对象是人，手段是信息，发动攻击的时机通常都在技术攻击之前，方式是由反馈、微调和迭代组成的赛博方式。
- 了解职业社工的基本素质要求，如成功的专职社工黑客必须具有谦逊、勤奋、外向、胆大和心细等特质，同时还要掌握心理学、社会学和网络技术等专业技能。

信息安全中的"社会工程学"的出现与"世界头号黑客"凯文·米特尼克有着某种联系。2000 年 1 月 21 日，凯文·米特尼克获得假释出狱，他结合自身经历，在 2002 年出版了一本畅销书——《欺骗的艺术》（*The Art of Deception*）。该书详细介绍了他（和其他黑客）专门利用人性的善良、人的轻信和人性弱点的攻击手段，并美其名曰"社会工程学攻击"。虽然至今没有公认的对"社会工程学"的严格定义，但是从该书题目的关键词"欺骗"两字，便可粗略知悉"社会工程学"的大意。其实，这本书中的主要内容，也是炫耀他曾经玩得炉火纯青的"坑蒙拐骗"技艺。当然，必须从学术上严肃正名的是：研究社会工程学，绝不是想当骗子，更不是要培养骗子；社会工程学，也绝不仅仅是"厚黑学"中的"欺骗"，而是有更深刻内涵的心理学核心。

有趣的是，米特尼克的《欺骗的艺术》一书，传到中国后却被善意地反译为《反欺骗的艺术》，好像"世界头号黑客"是"反欺骗"的英雄一样！无论出于何种原因，将"欺骗"改为"反欺骗"都显得意味深长。这到底是想"此地无银三百两"呢，还是想采取"鸵鸟政策"，假装不存在社会工程学这种攻击手段？我们无意深挖其原因，只是想严肃地指出：全球信息安全界必须认真正视并全面深入研究社会工程学攻击，除非红客和用户乐于挨打，并心甘情愿向黑客投降！

其实，社会工程学攻击，以下简称为"社工攻击"，是黑客众多攻击手段中的一类，它们具有下列特点：

（1）攻击的直接对象是鲜活的"人"（用户或红客），而不是冷血的"设备"，虽然可以运用各种设备来当武器。由于"人"是所有信息系统的核心，所以一旦"人"被攻破（如用户的银行密码被骗取），那么接下来再辅以其他硬件或软件攻击手段（如克隆一张银行卡），便可轻松达到黑客的最终攻击目的（如取走你的钱）。

（2）虽然攻击的是"人"，但是黑客与被攻击的"人"之间，并无直接的身体接触（如绑架、"碰瓷"、入室盗窃等手段，都不属于社工攻击，至少不是网络黑客所关注的社工攻击）；所以，社工攻击的武器其实只是"信息"，攻击成果的表现形式也是"信息"。反正，即使是"人"被攻破了，受害者也几乎感觉不到痛，甚至"自己被卖了后，还在帮骗子数钱"；待到黑客的全套攻击最终完成时，受害者再哭天抢地，都已晚了。

（3）社工攻击仍然是一种赛博式攻击，即攻击并非一蹴而就，而常常需要与被攻击者之间进行多次信息互动，诱导受害者有意无意地协助黑客一步一步地逼近最终目标。换句话说，在攻击过程中，黑客需要针对被攻击对象的具体反应（反馈）进行"微调"；然后，对相应的"反馈→微调→反馈"封闭循环链再进行反复迭代，直到黑客达到目标为止。社工攻击的最典型例子，便是大家熟悉的电信诈骗：按照事先准备好的剧本，骗子设法使受害人落于陷阱，对骗子坚信不疑，诱导受害人乖乖地把钱交出来，甚至连警察想拦都拦不住！如果我们还没把"赛博式"过程描述清楚的话，那么请回忆一下赤壁大战中，曹操是如何被"赛博式"手段、一步一步地诱致失败的：先让曹操杀掉自己的水师头目，然后把自己的船连成一体，再逆风迎接黄盖送来的火种，最后把自己送上华容道等。由此可见，黑客的社工攻击，是一种赛博式攻击；但是，赛博式攻击，可不仅仅限于黑客的社工攻击。

（4）社工攻击正在成为黑客攻击的常用手段，甚至在所有重大黑客事件中，社工攻击几乎都是先锋队的主力。

（5）社工攻击的另一个突出特点是：如果你不了解它，那么它将威力无穷；如果你知道它正在攻击你，那么你很容易化解。比如，当你判断出正在接听的电话是诈骗电话时，即使骗子再高明，你也不会上当，甚至还可以随心所欲地戏弄骗子。可是，情形的严峻性在于，社工的攻击对象，往往是毫无防备的、善良的普通网民，而且每一个网民都可能成为受害者。因此，对付黑客的社工攻击，绝不只是安全专家的任务，必须"全民皆兵、众志成城"。这也是出版本书的原因之一。

综合社工攻击的上述特点，请问：我们还有必要假装"清高"，而对"社工攻击"不屑一顾吗？我们还能假装强大而视"社工攻击"为无物吗？

更进一步地说，"社工"的本质虽然简单，但其心理学底蕴相当深厚。比如，需要搞清楚人类到底是如何做出决定的，动机是如何影响行动的，如何在控制自身情绪的同时还要利用（甚至控制）别人的情绪。社工的名称虽是新的，但其思路却绝不是新的。古今中外的正史、野史、传说、神话等，无不留下社工的身影。想当年在伊甸园中，那条蛇就是利用社工思路引诱夏娃吃了一个苹果，并让亚当也吃了；在另一个"当年"，铜制兵器精良、部众勇猛、生性善战的蚩尤，本来可以轻松战胜炎黄联军的，但由于后者善于社工谋略，最后竟然以弱胜强。历史上社工思路的成功故事多如牛毛：诸葛亮七擒孟获，其目的就是要用社工思路最终征服南人，达到长期稳定的效果；猛张飞在长坂坡"当阳桥头一声吼，吓退数十万曹军"，就是平时积累的社工信息在关键时刻突然爆发的结果；至于那位三天一大哭、两天一小哭的刘备，则早已出神入化，用泪水把社工玩到了极致；观音菩萨教唐僧用社工，愣是骗得悟空把紧箍咒戴在了自己的头上；悟空依靠社工小技，钻进了铁扇公主的肚子；八戒更是常常采用社工激将法，把那悟空玩得滴溜儿转。甚至可以这样说，历史上的许多成功人士，都是运用社工思路的高手。关于社工的学术专著，绝对不止车载斗量，只不过书名有所变化而已。比如，《三十六计》中，计计皆含社工精华；《孙子兵法》十三篇中，篇篇都是社工的杰作。

总之，虽不敢说整个人类史就是一部社工史，但如果抽去社工思路，历史可能将会变得相当苍白无趣。社工攻击的招数变化之多，真实案例之精彩，完全不亚于任何小说、科幻片和谍战片。

如果仅仅停留在外观层次，那么人类将无法搞清社工攻击的运行规律，更不知到底有多少种"社工攻击"手段，就像站在分子层次人类将永远无法知道"世界上到底有多少种物质"一样。但是，如果深入到元素的层次，那么形成世界上所有物质的元素个数就少得可怜了，只需一张小小的"门捷列夫元素周期表"便能穷尽。本教材将借助心理学和社会学，深入到人性的底层本质，力争穷尽组成无数种社工攻击的有限个"元素"！为此，首先得搞清社工黑客的世界观，正如现代心理学鼻祖卡尔·古斯塔夫·荣格所说：决定一切的是我们看待事物的方式，而非事物本身。

社工攻击的效果在很大程度上取决于攻击者在攻击过程中的具体表现，同样的动作和演技，经验丰富者可能满载而归，新手则可能前功尽弃。因此我们需要从人的角度来充分了解社工的基本素质，这既有利于今后及时识破社工黑客的伎俩，也有利于以毒攻毒对付他们。

具有什么样的基本素质才适合成为专职社工黑客呢？这当然没有标准答案，不过全球著名的社工黑客、《社会工程：安全体系中的人性漏洞》一书的作者海德纳吉，从正面归纳了仅供参考的社工黑客的若干基本要求。

从特质角度看，出类拔萃的社工黑客必须足够谦逊，以便他既能够接纳别人的意见和建议，也能够充分发挥自己的创新潜力，还愿意与别人合作，互惠互利。他还得足够勤奋，毕竟社工攻击的意外情况太多，随时都得做个有心人，充分积累相关的知识和经验，哪怕是看起来毫无用处的东西也不能轻易放过。开朗的性格有助于社工攻击的顺利实施，即使你性格本来稍显内向，也必须努力使自己变得容易相处，否则你将很难与待攻击目标之间建立沟通渠道，自然也就不能向对方发起社工攻击。社工攻击的失败率很高，特别是当对方意识到你在发起攻击时，你基本上必败无疑。因此，职业社工黑客必须经得起打击，即使屡战屡败，也要屡败屡战。创新是社工攻击的法宝，只有出乎对方的意料，才可能达到你的既定目标；若无创新，可能就很难让对方就范。此外，职业社工黑客必须胆大心细，否则就很容易露出破绽，甚至被对方当猴耍。

从专业技能角度看，职业社工所掌握的知识当然是越多越好，很难给出一个完整的清单。比如，你若想在网上发起社工攻击，你或你的团队至少应该知道一些计算机的基本知识，包括但不限于办公软件、操作系统、网络信息、图文编辑、数据挖掘和服务器等。对手若是安全专家，你还得至少掌握足够的网络安全技能，否则根本无法与他建立沟通渠道，更谈不上对他发起社工攻击了。

至于职业社工黑客的教育背景要求嘛，反而可以宽松一些。且不说"世界头号黑客"米特尼克本身就是一名没上过大学的学渣，即使是那些正在著名大学里求学的社工黑客，没准哪天就会被学校开除，或被特殊机关请去"喝茶"。所以，若想成为一名职业社工黑客，你必须首先拥有强劲的法律意识，然后自学必要的心理学、语言学和社会学等知识。

第 2 节　社工攻击渗透测试与识别

📝 学习提示

- 掌握社工攻击渗透测试的基本技巧，尤其是社工攻击渗透测试的注意事项，比如怎么实施网络钓鱼测试和冒充测试。
- 了解社工渗透的常见问题，尤其是电话诈骗测试和短信诈骗测试等问题。
- 掌握对抗社工攻击的基本思路，尤其是社工攻击防治规划的四大步骤：学会识别社工攻击，制定切实可行的安全规章制度，定期检查实际情况，努力提高安全意识。

1. 社工攻击的五个阶段

虽然至今没有社会工程学的准确定义，但可从普适和宽泛的意义上将社会工程学定义为，任意一种能影响他人采取可能符合或不符合自身利益的行为。由此可知，社工行为并非只是负面的，而应属于中性词，就像黑客也是中性词一样。当然必须承认，在社工攻击中，确实充斥着诸如短信诈骗、电话诈骗、网络诈骗和各种假冒行为等。粗略地说，社工攻击过程可以大致分为五个阶段：

一是广泛收集和存储各种信息，这是每次社工攻击花费时间和精力最多的基础工作，否则后续阶段将无从谈起。

二是伪装设计，即基于前期收集的信息，针对欲攻击的目标设计攻击者的伪装角色，并做好相应的准备工作，如支撑条件和攻击工具等。

三是规划攻击测试，此时至少需要搞清楚攻击计划是什么，预期效果是什么，被攻击者的软肋是什么，何时是发起攻击的最佳时间，需要什么人在什么地方提供什么支持和配合等。

四是发起攻击测试，此时很可能出现意外情况，需要攻击者随机应变，及时做出适当调整。如果攻击效果能够达到预期目标，就可以正式展开相应的攻击。

五是结果报告，此阶段工作只针对那些受雇的社工黑客，他们需要将尽量达到预期目标的最终攻击结果报告给雇主。

别小看了社工攻击的上述五个步骤，它们的威力将出人意料。实际上，只要对方能准确地触发你的情绪，只要对方营造的场景击中了你的软肋，只要对方的伪装足够巧妙，那么包括安全专家在内的任何人都可能中招。

2. 渗透测试及其原则

及时的以毒攻毒的渗透测试是对付社工攻击的关键之一。这是因为，通过渗透测试，你也许能赶在恶意攻击者之前找出你的系统中可能被对方利用的安全漏洞，并及时予以修补。可惜，过去没有，今后也不可能有绝对安全的渗透测试标准工具，渗透测试的效果在一定程度上取决于测试人员的技能，而非现成的测试工具。假如你正在受雇进行渗透测试，那么你最好应该遵守如下原则：

一是尽量做好整个过程的记录工作。这样既有利于回放并分析可能存在的漏洞，也有利于收集更多的相关信息，毕竟社工攻击的基础是上述第一阶段的信息收集和存储工作。当然，此举也可能严重威胁到雇主的隐私，比如发现雇主的一些敏感信息，甚至让他难堪。因此，必须随时与雇主保持沟通，由他在隐私和可能遭遇的社工攻击之间做出选择。

二是别以为雇主真正了解渗透测试的细节，必须让他及时了解每一步的进展和遇到的实际问题，并按他的意愿进行适当的调整，以避免今后的意外纠纷。

三是确保渗透测试的每一个步骤都能按需回放，使得最终出具的渗透报告能够经得起事后审计与验证。

四是要全面、准确、及时地向雇主汇报渗透过程中所发现的问题和漏洞，但又不能向任何第三方（更不能在社交媒体上）公布这些漏洞。若雇主有特殊需要，还应该积极提供可能的漏洞修补方案等。

3. 渗透测试技巧

为了不使上述渗透测试原则显得过于空泛，下面以网络钓鱼测试、电话诈骗测试、短信诈骗测试和冒充测试为例，介绍一些具体的小技巧。

1）网络钓鱼测试

所谓的网络钓鱼，就是引诱受害者点击看似可信的网络链接或邮件。其目的可能是：发送带有恶意附件的邮件，以便实施后续的远程入侵；收集受害者的口令等敏感数据；广泛收集其他信息，以便进行后续的攻击。

雇主公司进行钓鱼测试的动机各不相同，有时只是想测试内部员工的人性，此类测试称为教育型网络钓鱼测试。此时只需向被测员工发送一封特殊邮件，称为教育邮件，其中并不含有任何恶意代码，也不会引发任何远程攻击，它只返回一个测试信息，报告被测员工是否"上钩"。这种钓鱼测试主要利用当事者的好奇、贪婪、快乐或恐慌等心理状态。比如，若向某位员工发送一封貌似某家著名公司的高薪邀请函，便可在一定程度上知悉该员工是否准备跳槽等。

另一种钓鱼测试叫作"渗透测试型网络钓鱼"。它的操作步骤与教育型网络钓鱼测试很相似，其最终目的却大不相同。它并非想教育员工，而是想进行远程访问、获取敏感信息或收集证据等黑客攻击。这种钓鱼测试主要利用当事者的恐惧、贪婪、惊喜和悲伤等情绪。此时的受害者将在适当的引诱下，多次点击危险链接，比如，引诱他打开一个文档，忽略相关的安全警告，甚至输入账号口令等。由于这些点击需要花费更多的精力和时间，因此在选择攻击时机等方面也必须小心谨慎，最好在对方情绪不佳时发起攻击，以便增加"上钩"的可能性。

还有一种钓鱼测试叫"鱼叉式网络钓鱼"。这是一种个性化的钓鱼测试，需要对攻击对象及其亲朋好友的信息进行全面而深入的挖掘，然后找出向受害者发送信息的假冒对象。比如，只要能足够真实地冒充受害者的老板，发出一封指责员工业绩的信件，那么受害者中招的可能性很大，而且会在第一时间点击信件附件或危险链接，并按需做出回应。

2）电话诈骗测试

所谓电话诈骗，其实就是一种基于电话的钓鱼式攻击，目前已成为最常见的社工攻击之一，它既能获取敏感信息，也有助于发起随后的入侵，更能丰富信息收集内容。据统计，目前国内最常见的电话诈骗主要有三：

一是冒充社保、银行和电信等工作人员，以欠费、扣费、消费确认、信息泄露、案件调查、系统升级、验资证明等为借口，并以提供所谓的安全账户等为手段，引诱受害人将资金汇入施计者指定的账户。

二是冒充公检法或邮政人员，以递送法院传票和涉嫌邮包毒品等为借口，并以传唤、逮捕、冻结存款等为恐吓手段，逼迫受害人向指定的账户汇款。

三是以销售廉价机票、车票或违禁品为诱饵，利用当事者贪图便宜的心理或好奇心理，引诱受害人就范，自愿预交订金等子虚乌有的款项。

成功率最高的电话诈骗是利诱式电话诈骗，它又可细分为以下六类：

第一类是冒充知名企业，通知中奖。冒充某些知名企业，以多种方式广泛发送给潜在的受害者，再以交纳个人所得税等各种借口，诱骗其中的某些爱占小便宜的人向指定银行账号汇款。

第二类是冒充娱乐节目组，通知中奖。施计者以热播影视栏目节目组的名义向潜在的受害人手机群发短消息，称其已被抽选为幸运观众并将获得巨额奖品，然后再以预付保证金或个人所得税等借口实施诈骗。

第三类是以兑换积分为名进行诈骗。施计者广泛拨打电话，谎称潜在受害者的手机积分可以兑换精美礼品，诱使受害人点击钓鱼链接。若受害人按其网站中提供的网址输入银行卡号、密码等隐私信息，其银行账户的资金将被瞬间转走。

第四类是二维码扫码诈骗。以加入会员享受特价或奖励等为诱饵，引诱受害人扫描特定二维码，趁机将二维码中附带的木马病毒植入受害者的手机。一旦病毒被激活，其中的木马就会盗取受害人的银行账号和密码等个人隐私信息。

第五类是以重金和美色为诱饵的求子诈骗。施计者以美女之名谎称愿出重金借精求子，引诱当事人上当，之后再以缴纳诚意金、检查费等为由实施既定诈骗。

第六类是以高薪招聘为诱饵的诈骗。施计者通过群发信息，以高薪等优厚条件为名招聘某类专业人士，并要求事主到指定地点面试，随后再以缴纳培训费、服装费、保证金等为由实施既定诈骗。

3）短信诈骗

与电话诈骗类似的是短信诈骗，只不过此时用短信代替了打电话而已，其他方面基本上大同小异。特别是在如今智能手机已经普及的情况下，短信诈骗与网络诈骗已难分彼此了。不过，在进行短信诈骗的渗透测试时还需要注意以下四点：

一是社工短信必须简洁明了，只需陈述事实和一个链接；

二是社工链接必须与假冒目标有足够的相似度，以便受试者稍不注意就会中招；

三是若需获取口令等敏感信息，就必须更加小心谨慎，切不可让社工短信露出破绽；

四是引诱受试者完成的操作步骤越少越好，尽量不要超过三步。

4）冒充测试

所谓冒充，就是假扮受试公司的员工或权威人物而进行的攻击，比如，引诱受试者执行预期的操作等。冒充既是最危险的社工攻击，也是最容易被识破的攻击。幸好，若是受雇主邀请而进行的冒充，即使被员工识破也不会带来牢狱之灾。不过，为了增加冒充的成功率，事前还是必须做好准备工作，毕竟在冒充过程中需要考虑受试者的所有感官，而不只是网络钓鱼中的视觉、电话诈骗中的听觉等。

在进行现场冒充时，广泛收集信息更显得尤其重要，否则稍有差错就可能前功尽弃。

比如，冒充矿工时就别选派细皮嫩肉者。制订了初步的渗透规划后，最好多做几次彩排，并根据彩排结果来调整冒充计划。进入伪装阶段后所考虑的因素就更多了，比如，与伪装身份匹配的服装、工具和形象等。在正式启动渗透测试后，伪装者还必须牢记自己的权限和相关禁忌。比如，当你混入受试的办公大楼后，就必须记住你有权使用远程终端吗？有权进入服务器吗？有权动用楼内的相关设备吗？反正，别做与假冒者身份不相配的事情。完成了渗透测试后，还必须向雇主详细汇报渗透过程和结果，最好是能让雇主感到自己好像是亲身经历了这次冒充测试一样。当然，这里的冒充攻击并非只限于人员冒充，也包括设备冒充。比如，故意将装有木马的精美 U 盘遗失在适当地方，让受试者捡到并插入相关电脑，从而实施预期攻击。

4．防治社工攻击的步骤

作为一本完整的社会工程学教材，当然不能只考虑社工攻击，还必须同时考虑社工攻击的防治问题。幸好，有人将该问题的解决方案归纳为一种名叫"防治规划"的四大步骤，即学会识别社工攻击、制定切实可行的安全规章制度、定期检查实际情况和努力提高员工的安全意识。下面对这四大步骤进行一些简要介绍。

第一步，学会识别社工攻击

社工攻击有个明显的特点，那就是你若能及时发现它，那它基本上就不再对你构成威胁了。比如，当你知道对方是电话诈骗时，无论如何你也不会上当。对社工攻击的识别既相当困难，又相当容易。

一方面，说它相当困难，是因为你只需稍加注意就会发现，不知有多少人曾被网络钓鱼、电话诈骗、短信诈骗或冒充等社工攻击打得惨不忍睹，不知有多少人未曾意识到自己随手扔掉的垃圾能让社工黑客如虎添翼，不知有多少人遭遇了社工黑客常用的恶意代码、勒索软件或木马病毒等。总之，被社工攻击打败的人太多了，他们都是没能及时识别社工攻击的牺牲品。

另一方面，识别社工攻击又相当容易。想想看，当你被社工攻击打败后来回放整个过程时，你几乎肯定会对自己当初的愚蠢表示惊讶：在如此低劣的社工攻击面前，自己为什么会上当受骗呢！换句话说，只要你足够警惕，基本上就能发现所有的社工攻击。可惜的是，任何人都不可能在任何时间和任何事情上保持足够的警惕。如果能借助相关设备，以及有足够优秀的团队合作，那就更有利于发现社工攻击了。如果能够做好网络安全的科普工作，让普通网民及时知悉各种典型的社工攻击手段，社工黑客的成功率将大打折扣。

第二步，制定切实可行的安全规章制度

在对付社工黑客方面，规章制度扮演着不可替代的关键角色。但在制定预防社工攻击的规章制度时，必须在安全性和方便性等方面做出合理的权衡。比如，规章制度不能过于宽泛而笼统，否则就会使执行者不知所措，难以把握力度。一般来说，规章制度越简单越好，越具体越好。为了确保规章制度能够得以贯彻落实，还应该组织必要的培训，让大家都知道自己该做什么和不该做什么。

为了确保规章制度切实可行，也可以安排一个试行期，此时可以根据实际情况对相关条款进行适当调整。但规章制度一经正式公布，就必须严格执行，切不可法外施恩。对违规者不能盲目同情或以"下不为例"等方式草草处理。当然，对违规人员也不能为了惩罚而惩罚，为了严厉而严厉，否则就会埋下隐患。

第三步，定期检查实际情况

既然大家都有了足够的警惕，那基本上就能及时发现某些社工攻击。既然已经制定了切实可行的规章制度并已公开执行，那就可以对真实效果进行检验。比如，定期对相关员工进行渗透性检测，看看他们是否真能抵抗相关的社工攻击。如果定期检查的结果不够理想，就必须全面分析相关原因并做出相应的调整，要么加强对员工的教育，要么改进包括规章制度在内的安全保障体系。

第四步，努力提高员工的安全意识

针对不同的企业，量身定制相应的培训活动，提高大家的安全意识，特别是要弥补各自的短板。实际上，根据安全的木桶原理可知：整体的安全强度，取决于最薄弱环节的安全强度。

包括防治社工黑客在内的任何安全措施都不可能一劳永逸，即使上述四步都已得到很好的落实，也不可能实现所谓的绝对安全。实际上，若想保持安全状态，就必须做到及时更新。比如，安全系统要及时升级，新的社工攻击手段出现后要及时加以防范，新员工入职后要及时进行安全培训，若发现安全漏洞更要及时修补。此外，必须及时吸取自己和他人的教训，特别是要从各种安全事件中总结经验，同样的错误决不能犯第二次。

最后，掌握一些增强员工安全意识的小技巧也很实用。比如，除前述的各种培训外，还可以通过奖励来树立榜样，达到安全意识正向强化的效果。又如，单位的高层领导应带头示范，用行动来鼓励大家重视安全，重视社工攻击的群防群治，直至让安全意识融入单位的文化，从根本上杜绝安全隐患。

第3节　社工黑客如何看待个体

学习提示

- 了解社工黑客是如何看待单个攻击对象的。
- 熟悉黑客攻击个体"人"的基本思路：将人看成是一种特殊的"电脑"——"热血电脑"；欲攻破该"电脑"，就必须使其信息失控；欲使其信息失控，只需攻破其输入、输出、存储和处理四大部分中的任何一个就行了。

历史的螺旋式循环发展很有趣！

早在 20 世纪三四十年代，在心理学重大成果（发现了"反馈+微调+迭代"赛博链）的启发下，维纳、奥多布莱扎等科学家创立了控制论。然后，在此赛博思想指导下，冯·诺依曼等科学家模仿人脑发明了计算机。接着，香农等创立了信息论，提出了现代通信模型，并用计算机建成了通信网络。再后来，互联网之父蒂姆·伯纳斯·李等又将计算机连成网络，形成了互联网。其实仔细想来，计算机可以被看成浓缩了的网络，即各种器件之间的连通网络；反过来，网络（无论是局域网还是互联网）也可以看成放大了的计算机。总之，经过半个多世纪的不懈努力，人类已进入移动互联时代，享受着信息化的种种便利。

不过，别高兴得太早，因为黑客来了！他们不但攻击赛博空间这个"大脑"，还攻击人本身的这个"小脑"。实际上，黑客常常先用社工来攻击"小脑"，然后顺藤摸瓜去攻击"大脑"。

更具体地说，与上述赛博空间的演化顺序（让计算机尽可能像人）相反，黑客在使用社工方法攻击人时，他们将个体"人"看成一台特殊的"电脑"或"热血电脑"，即让人尽可能像"电脑"。从社工黑客的视角看，个体"人"由输入、输出、存储和处理四部分组成。

一是输入部分，包括外部输入（视觉、感觉等）、内部反馈输入（知觉、动机、情绪和情感等）和噪声输入（无意识等）。

二是输出部分，包括信息输出（语言等）、行为输出、内部反馈输出（动机、知觉、情绪和情感等）和噪声输出（无意识等）。

三是存储部分，包括记忆、习惯、无意识等。

四是处理部分，包括计算（思维、联想和认知等）、去噪（思考、整理和注意等）、优化（学习和推理等）。

上述四部分中，括号内的名词都是心理学术语，括号外的名词是计算机术语。需要强调的是，由于社工黑客使用的是赛博式攻击，所以他们特别重视循环-反馈部分，这也是为什么此处要单独重复列出"内部反馈输出"和"内部反馈输入"的原因；虽然它们（括号内的东西）几乎相同，但是本轮输出的一部分（或全部）将有可能作为下一轮循环的输入。同理，本轮输入的一部分可能来自上一轮循环的输出。人类本身的反馈循环机制（赛博机制），正好是社工黑客的用武之地，这也是社工攻击具有赛博式特点的原因。

另外，"无意识"虽然同时出现在上述"噪声输入""噪声输出""存储"中，它们的含义却各不相同：在输入部分，无意识的观念、愿望和想法等，会在不知不觉中，对输出、存储和处理等"人"的其他部分产生影响，正如信号噪声会对通信系统产生影响一样；在输出部分，无意识的动作、表情等，会泄露当事人的某些相关信息，这就像是屏幕的电磁辐射一样，初看起来这些被泄露的信息好像是毫无意义的噪声，其实它们却是含义丰富的重要信息；在存储部分，无意识则是人的本能反应，比如应急反应等。

至此，黑客攻击个体"人"的基本思路就很清晰了：欲攻破"人"这个"热血电脑"，就必须使其信息失控；欲使信息失控，只需攻破输入、输出、存储或处理四部分中的任何一部分；欲攻破任何一部分，可利用心理学家已揭示的人性漏洞或弱点；欲利用这些漏洞或弱点，需设法使攻击对象在赛博式反馈循环中被诱入歧途，或者截获并利用无意识的噪声输出等。至于如何达到这些目标，将是本书随后几章的任务，我们将逐一介绍。

在上述"热血电脑"的四大组成部分中，为什么不含特别重要的"传输部分"呢？因为社工不仅能攻击个体"人"，而且还能攻击人群，即群体"人"。在下一节中，"群体"将被看成若干个体"热血电脑"连成的"热血网络"，那时"传输部分"便是重点了，所以本节暂时忽略。那么，判断某台"热血电脑"品质好坏的关键指标又是什么呢？按心理学家的回答，主要指标有两个："能力"和"人格"。

第 4 节　社工黑客如何看待群体

学习提示

- 了解社工黑客是如何看待和利用被攻击群体的。
- 熟悉社工黑客在攻击群体时可利用的各种机会，如合群的机会、遵从和依从的机会、模仿的机会、暗示的机会、单核心和双核心信息传输模式等。

社工的攻击对象，肯定不只个体的"人"，还包括群体的"人"（称为"群体"）。人类本身就是群集动物，黑客攻击不可能回避"群体"。那么在社工黑客眼中，"群体"又是什么呢？本节就来探讨此问题。

首先，黑客攻击群体的武器是"信息"，同样他们的攻击成果也是"信息"。因此，社工黑客只需从信息的角度去观察"群体"，而没必要像心理学家那样去全面考虑"群体"。

如果把群体的个体之间完全隔离，即群体成员彼此没有任何信息的交往，那么黑客便可把这种群体看成一些独立的"热血电脑"的堆集；既可以独立地分别攻破这些"热血电脑"，又可以找出他们的共同特点，然后"一箭多雕"。比如，若组成某群体的成员都是产品推销员，且他们彼此无任何关联（销售的产品不同，居住的地方不同，也互相不认识，更无彼此的信息交流等），那么，社工黑客只需以买家的身份出面，便可轻松获得该群体所有成员的通信联系方式等个人信息。这是因为，所有产品推销员都有一个共同的愿望：尽可能多地找到潜在买家，并让他们尽可能方便地联系上自己。

其实，绝大部分群体成员彼此之间存在着或多或少的信息交流。因此在社工黑客看来，群体只不过是由"热血电脑"组成的网络而已，更准确地说，这个"热血网络"还是一个"网络之网"的互联网！也就是说，任何群体都可以再细分为若干子群体，使得子群体成员之间的信息交流更密切，以至于在某些子群体中，还存在着"核心节点"。总之，在社工黑客眼里，群体的信息交流架构与互联网的信息交流架构相似。因此，黑客可以借用他们攻击网络的思路来攻击群体这个"热血网络"。

如果非要在"热血网络"和"冷血网络"中找出什么差别的话，那么针对"热血网络"的活性（它会不断演化、生长），社工黑客还有以下更多的、有利的攻击机会。

1．合群的机会

所谓合群，是指每个人都需要与其他人密切交往，这种交往不仅局限于家庭成员之间；每个人也都生活在不同群体中；每个人既会受到其他群体的影响，也会影响其他群体。

至于人类为什么会有合群倾向，心理学家给出了解释：

（1）合群可能是人类的本能，特别是人的内在特性会强迫我们去合群。比如：婴儿为了生存，就得长期依赖他人；成年人也常常需要别人的帮助。

（2）学习和各种需要的满足，也会促使合群。

（3）当人们害怕时，就更需要借助合群来减小恐惧。当然，与恐惧增加合群倾向相反，忧虑则会减少合群倾向。

（4）由于人们不能确定自己的感觉是否正确，所以需要依靠合群来与其他人进行比较。当然，通常选择与自己相近的人来比较，这又更促进了合群倾向。

不过，黑客并不关心人类为什么合群，他们只在意合群带来的攻击机会。

（1）合群倾向，有助于社工黑客"打入敌人内部"，从而有利于后续攻击。

（2）充分合群后，群体成员之间行为方式或价值观念会越来越趋同，从而有利于提高攻击效率，甚至出现这种情况：攻破一个成员后，与其相似的其他成员也将全被攻破。

（3）充分合群后，"热血网络"中成员的信息交流更密切。于是，篡改、破坏或截获相关信息的机会将更多；通过一台"热血电脑"做跳板，去远程攻击另一台"热血电脑"将更加容易；黑客隐藏自身也更简单。

总之，当初电脑未连接成网络时，信息安全问题尚不严重。后来，网络越发达，信息交流越通畅、越频繁之后，信息安全问题才变得越来越突出，因为这时黑客攻击已变得越方便。而人类的合群倾向，就相当于把若干台孤立的"热血电脑"连接成了四通八达的"热血网络"，所以社工黑客的攻击就更方便，社工攻击的威力也就更大。

2．遵从和依从的机会

当某人的活动符合群体的习惯时，这种行为就称为遵从。在他人要求你做某事时，无论你是否愿意，还是照章执行了，这叫作依从或服从。遵从可看成依从的一种特殊情况，即屈服于群体压力的情况。

心理学家发现，人类普遍存在遵从和依从的意识，特别当来自群体的压力很大（如群体中每个人都做出同样的反应）或影响力很强时，个人就会有强烈的动机去赞同群体其他成员的意见。

关于遵从和依从的心理学结果主要有：

（1）遵从常常使个体更适应群体，因为人类需要与他人保持一致。

（2）在特殊环境中，他人的行动可以为你提供最好行为方式的样板。

（3）人们之所以遵从，是因为他们采纳了从他人那里得到的信息，他们信任别人，害怕偏离。

（4）当群体中与其他人的意见不一致时，遵从率会急剧下降。

（5）产生更大遵从性的其他因素有：较大的群体（群体规模越大，遵从性也就越大）、群体的专长（群体的专长越突出，个体对专长的遵从性就越大）、个体自信心的缺乏（自信心越不足的个体就越容易遵从他人）等。反过来，对最初立场负有的责任越大，其遵从性就会越小；当情境有相应变化时，男性和女性的遵从率几乎相同。

（6）用奖赏、惩罚、威胁和环境压力的方法，可以增加遵从性和依从性。但是太大的外在压力也可能适得其反，令人产生对抗心理，即出现"对限制个人行动自由进行抗拒"的倾向，它会导致个人做出与要求相反的事。

（7）首先提出小的要求，然后提出较大的要求，可以增加依从性。但是，在有些条件下，相反的战术也可以增加依从性，即一个很大的要求后面，紧跟着一个小的要求。

充分利用人类的"遵从和依从"本性，黑客便能对"热血网络"发动非常有效的攻击。比如，将被攻击目标（个体或小群体）纳入事先伪造好的某个大群体，然后通过操控这个"假冒群体"来达到操控受害者的目的。其实，群体诈骗和各种依靠"托儿"来坑人的骗子们早就在用这个办法了，虽然他们并不懂得心理学。黑客会充分地利用"遵从和依从"，例如：

（1）"假冒群体"的规模要足够大（"托儿"足够多），以至于能够给被攻击的目标（个体或小群体）造成足够大的压力，迫使他们遵从或依从。

（2）"假冒群体"的可信度要足够高（如"医托"以病人的身份出现），以至于能给被攻击的对象提供足够的信任度。

（3）"假冒群体"成员本身的意见要尽可能一致，因为一旦出现意见相左，遵从或依从的效果将大幅度减弱。

（4）社工黑客常常会选择那些自信度较低的攻击目标，而较少选择领导作为攻击目标，因为领导的态度改变后其责任更大，所以他的态度就更难被改变。

（5）如果能够辅之以名利等诱惑，被攻击目标将更容易就范。

（6）适时采用惩罚和威胁等压力手段，有时也有助于被攻击对象"遵从或依从"。但是，压力务必要适度，不能过大；否则会引发反弹，事与愿违。

（7）有时对被攻击对象的引诱，需要循序渐进：或者先提出小目标，再提大目标，以增加其依从性；或者先提大目标，被拒后再退为小目标，以讨价还价的方式来启动对方的依从性。

3. 模仿的机会

模仿是指在没有外界控制的条件下，个体受到他人行为的影响，自愿仿照他人的行为。模仿是一种普遍的社会现象，涵盖的领域涉及衣食住行等生活和工作的方方面面。虽然模仿只限于外显行为（内心真相是无法被模仿的），但社工黑客若能让受害者模仿所期望的外在行为，他的攻击就基本上胜券在握了。

在模仿过程中，模仿者一般是主动的，甚至是有意识的、自觉的、不受外界控制的。而被模仿者一般是被动的、无意的，但有时被模仿者也可以是主动的和有意的，社工黑客所假冒的角色便是这种主动的被模仿者。

从模仿者的角度看，模仿可以分为有意模仿和无意模仿。有意模仿是指自觉主动地仿照他人的行为，它又可细分为两类：

一是盲目的照猫画虎式的模仿，东施效颦式的模仿；

二是有目的的、有选择的对他人行为的模仿，比如，模仿偶像的衣着打扮和言谈举止等。

与攻击理论类似，模仿理论也有本能说和社会学习理论两种。

以亚里士多德为代表的本能说认为，模仿是人类的一种自然倾向，是人的本能之一。达尔文甚至认为，模仿不仅是人的本能，甚至是大多数高等动物的本能。本能说还认为，模仿是社会发展和社会存在的基本原则，正是因为有了模仿，才可能产生群体的社会规范和价值观。模仿是社会进步之源，是创新之源，是社会同化的基础。在一般情况下，模仿满足以下三定律：

一是下降律，即下层阶级具有模仿上层阶级的倾向。

二是几何级定律，即在无干扰的情况下，模仿行为将以几何级数的速度扩展。

三是先内后外律，即个体对本土文化及行为的模仿，一般优先于对外域文化及行为的模仿。

与本能说相反，模仿的社会学习理论则认为模仿是后天习得的，是强化学习的结果；还认为，模仿和观察学习，是人类获得社会行为的基本途径。

4. 暗示的机会

所谓暗示，就是用含蓄而间接的方式去影响别人的情绪和行为，其作用往往会让对方不自觉地按照既定的方式行动，或不加抵制地接受一定的意见或信念，从而使得社工黑客可以在一定程度上控制对方的行为。暗示既不同于劝说，也不同于明确的指示，还不同于感染和模仿等，它让对方从心理上接受某种观念，并按这种观念行事，而不是表现为简单的外在行为变化。暗示的作用很大，对人的心理、生理和行为都会产生严重影响，这也是"安慰剂"常常会让人康复的原因。

若以暗示的工具来分类，则有以下四种暗示：

一是以谈虎色变为代表的语言暗示；

二是以商业"托儿"为代表的行动暗示；

三是以观戏流泪为代表的表情暗示；

四是以商业广告为代表的符号暗示。

若以暗示的来源分类，则有他人暗示和自我暗示。他人暗示是由他人发出暗示信息后而引起的心理暗示，这也是社工黑客需要完成的任务。自我暗示是指自己发出信息对自己的暗示，比如，"一朝被蛇咬，十年怕井绳"就是典型的自我暗示。

若以暗示的方式来分类，则有直接暗示、间接暗示和反暗示。其中，直接暗示是社工黑客常用的一种暗示，它是暗示者有意识地把刺激信息直接提供给被暗示者，使其迅速而无意识地加以接受的一种暗示。其特点是刺激信息直截了当，比如，直陈式的说明等。间接暗示是由暗示者以其他行为或事物为中介，将刺激信息间接提供给受暗示者，使他迅速而无意识地加以接受的一种暗示。这种暗示更隐蔽，社工黑客若能成功，其效果会更好，因为受暗示者会误以为相关行为是由自己独立做出的，不会产生心理抗拒或逆反心理。反暗示是指暗示者发出刺激信息后引起了受暗示者性质相反的行为，比如，"此地无银三百两"便是不打自招的反暗示，它事与愿违地提醒路人前来寻宝。

社工黑客在实施暗示时，其实需要相当高的技巧，因为暗示的效果会受到多种因素的影响。比如，影响暗示效果的主观因素至少包括受暗示者的年龄、性别、社会地位、心理状态和个人特点等。与成人相比，幼儿就更容易被暗示，这主要是因为幼儿的知识和经验都较少，容易轻信他人提供的信息。但非常有趣的是，若幼儿的年龄太小，他也可能根本没有能力接受暗示。因此，幼儿接受暗示的能力，其实处于极强和极弱的两个极端。从性别上看，一般来说，女性比男性更容易接受暗示，这主要是因为女性的情感反应更强。从社会地位上看，越是位高权重者，越不易接受他人的暗示，或者说越容易暗示他人；反之亦然。具体说来，老者的暗示影响力大于青年，壮士的暗示影响力大于病人，教士的暗示影响力大于信众，哲学家的暗示影响力大于常人，官员的暗示影响力大于平民，富人的暗示影响力大于穷人，专家的暗示影响力大于群众，贵族的暗示影响力大于常人，等等。此外，暗示效果也与受暗示者的心理状态和个性特点有关。比如，人在疲倦、狂躁或遭受精神打击时更容易接受暗示，而在精神饱满、情绪愉悦、感情冷漠时就不易接受他人的暗示。幼稚、没主见、独立性差或自我意识不强者，容易被暗示；反之，成熟、独立性强、自我意识强或意志坚强者，则不易被暗示。

影响暗示效果的客观因素也至少有两种：一是频繁的刺激有助于提高暗示效果，难怪"谎言重复一千遍就可能变成真理"，难怪商业广告经过铺天盖地狂轰滥炸后便会产生魔力；二是刺激发生时的情境将严重影响暗示效果，比如，当多数人都认为某事正确时，受暗示者也会盲从。

5. 单核心信息传输模式

群体成员之间的沟通和交流方式很多，包括语言、文字、图像、表情和姿势等；但是，所有这些方式归根结底，其实质都是信息传输或交流。所以，由"热血电脑"组成的网络结构，其实就等同于它的信息交流结构；而社工黑客并不需要考虑此时的"信道"到底是什么，甚至根本不在乎是否存在实体的网络传输信道。

既为了形象，也为了简单，下面我们把群体成员之间的信息交流，统统都简称为说或说话；虽然有时并不是说话，而是写字或表演等。

心理学家发现：无论在什么环境下，几乎所有群体都有一个共同特征，即群体中总有某些人（意见领袖）说得很多，而其他人则说得很少；而且不论该群体是有结构的（如同班同学）还是无结构的（如随意组合的某团伙），也不论他们正在讨论的问题是特殊的还是一般的，还不论群体成员是朋友还是陌生人，总之，这种"意见领袖模式"总是存在的。更进一步地说，不管群体规模的大小，其中最健谈者完成交流信息的 40%以上，而其他成员的交流信息总量锐减。交流信息量的差别：第一健谈者与第二健谈者的交流信息量之差，随着群体范围的增加而增加；甚至可以粗略地量化，健谈者交流信息量从高到低排列出来时，遵从指数递减规律。当意见领袖滔滔不绝时，别人就讲得很少了。即使对一个刚刚形成的群体，起初这种模式还不太清晰，但是经过一段时间后，这种意见领袖模式一定会出现。

由此可见，"热血网络"的信息传输拓扑结构，远比真实互联网这些冷血网络的拓扑结构还要简单明晰。因为它只有一个明确的信息交流主节点，而其他节点的信息交流量都很少。这种单核心结构，对社工黑客显然是有利的。

6. 双核心信息传输模式

通过说话量的多少，社工黑客可以准确判断某个"热血网络"中的意见领袖——这相当于找到冷血网络中的骨干路由器节点，从而有利于准确找到其攻击目标；因为现实中经常是"领导讲话普遍偏多"，而且即使信息交流受到限制，交流受限最少的人往往也是领导。

此外，心理学家还发现了一个惊人的事实：一般人的印象是"说什么要比说得多更重要"。但是，这个直观印象几乎是不对的，因为几乎所有的研究事实都表明：对领导能力的估价，量比质更重要，并且"领导"这个概念在很大程度上取决于量。某人讲话越多，他就越被看成领袖，而不论他对讨论的实际贡献是大是小，至少在短期内是这样。"质"确实有影响，但它属于别的考虑范围。

但是，确实存在这种情况："热血网络"中的某些真正决策者（如领导，特别是由上级委任的领导），也许少言寡语。那么，这时的"热血网络"中就会出现两个核心：一是意见领袖，他说话最多；二是领导，他说话最管用。心理学家将前者称为"生活领袖"，把后者称为"工作领袖"；不过，他们都是社工黑客的重点关注对象。

那么，利用过往的交流信息，社工黑客如何才能从"热血网络"中比较准确地找出那个"工作领袖"（因为"生活领袖"已能够轻松找到），并将他作为攻击目标呢？美国心理学家罗勃特·贝尔斯提出了一套判断体系，称为"贝尔斯体系"：它使用一种相对少量的范畴，去分析复杂的交流信息，而且可以用一种可控数量的量度来描述群体成员的相互作用，从而找出那个"说话最管用"的人。

实际上，贝尔斯发现：群体的所有交流信息（包括所有的相互作用，不论是否为言语的），都可以纳入以下 12 个范畴中：反对或同意，紧张或放松，团结或对抗，提供或征求建议，提供或征求意见，提供或征求信息等。其中，前面 6 个范畴是富有感情色彩的，而后面 6 个则是认知的。

贝尔斯判断体系的操作是：每次交流信息都被分为上述 12 个范畴中的不同部分，而每一部分也被单独记录。这种相互交流信息的分类和记录并不难，而且经过简单的训练，观察者便能在复杂的相互作用条件下以很高的可靠性运用贝尔斯系统，找出那位真正的决策者。当然，贝尔斯系统仅限于评判外在行为，并不能判断一个人的内在情感。比如，有人气愤地说"我赞成你"时，文字记录显然难表其意。

总之，无论如何，至少在心理学理论的无意间指导下，社工黑客可以较准确地掌握"热血网络"信息交流拓扑结构特点，从而可以找出重点攻击对象。这远远比冷血网络中的情形容易多了。

第 5 节　黑客的心理特质与心理学工具

学习提示

- 熟悉黑客的常用心理学工具，尤其是促成黑客行为的自我表现心理、好奇探秘心理、义愤抗议心理、戏谑心理、非法占有心理和渴望认同心理等六大常见心理，以及被黑客利用的被攻击者或安保人员的心理（主要有恐惧心理、服从心理、贪婪心理、同情心理、省能心理、侥幸心理、逆反心理、凑兴心理、群体心理和注意与不注意等）。

- 了解心理生理特质与安全的关系，人的性格、能力、动机、情绪与情感、意志、感知觉、个性心理特征、气质、个性缺陷和行为退化等都与安全存在一定的关系。

黑客行为有时非常危险，很可能为自己带来牢狱之灾。黑客多是一些高智商者，他们知道其行为的法律后果，但为什么还是要那样做呢？从动机角度来看，形象地说，这主要源于以下六种心理。

一是自我表现心理。许多黑客发动攻击，只是想显示自己"有高人一等的才能，可以攻入任何信息系统"。他们喜欢挑战技术，发现问题，显示能力。他们认为，信息本该免费和公开。因此，蔑视现行规章制度，认为相关制度不能维持秩序，也不能保护公共利益。这类黑客，既有反抗精神，又身怀绝技，还有自己的一套行为准则。他们的主要原则是"共享"，所以，热衷于把少数人垄断的信息分享到网上。他们期待成为一种文化原型，盼望被人们认识。他们把"非法入侵"当作智力挑战，一旦成功，就倍感刺激和兴奋，认为这是自我价值的体现。

二是好奇探秘心理。这类黑客是因猎奇而侵入他人系统，试图发现相关漏洞，并分析原因；然后，公开其发现的东西，与他人分享。这类黑客以青少年为主，他们持逆反心态，想干些出格的事，以引起成人注意；他们藐视权威。

三是义愤抗议心理。这类黑客，讲义气，想助人，对他们认为的"不公事件"，以攻击网络的行为来替朋友或他们认为的需要帮助的"弱者"出气，或表示抗议。

四是戏谑心理。这种恶作剧型黑客，以进入别人信息系统、删除别人文件、篡改主页等恶作剧为乐。

五是非法占有心理。这类黑客也叫"物欲型黑客"，他们以获取别人的财富或数据资源为目的，是一种典型的犯罪行为。甚至有的黑客，雇用或受雇他人，专门从事破坏活动。这种黑客，危害极大。

六是渴望认同心理。这类黑客，追求归属感，想获得其他黑客的认可甚至进行黑客技能的比拼。这既是一种自我表现，也是获得伙伴认可的需要。

此外，还有自我解嘲心理、发泄心理等，都是引发黑客行为的心理因素。特别是还有少数"心理变态型黑客"，他们从小家庭变异、生活环境恶劣，或遭受过来自社会的打击，由于心理受过创伤或对社会现实不满，所以长大后就想报复社会。

反过来，黑客发动攻击时，又利用了被害者的哪些心理呢？归纳起来，至少有四种。

一是恐惧心理。这是一种负面情绪，它是"由据信某人或某物可能造成的痛苦或威胁"所引发的危险意识。比如，电信诈骗犯，利用多种途径，营造恐惧感，要求受害者"赶紧汇款，以避免血光之灾"等。

二是服从心理。利用服从心理就是假借某些人或机构的权威，迫使受害者服从其命令。比如，假冒执法机构，要求受害者配合提供相关信息等。

三是贪婪心理。贪婪心理是指受害者对事物（特别是财富）有占有欲或"贪小便宜"的心理，黑客利用它来实施攻击。比如，以祝贺"中大奖"为由，诱骗受害者上当。

四是同情心理。利用同情心理就是声称自己或亲属、朋友有难，急需好心人帮忙，诱发受害者的同情心而实施攻击行为。

除黑客的攻击外，还有许多心理因素，会引发网络保卫者和使用者的不安全行为。归纳起来，至少有以下六种。

一是省能心理。人总有这样一种心理习惯——希望以最小能量（或付出），获得最大效果。但是，从安全角度看，这个"最小"的度，如果失控了，那么目标将发生偏离，就会从量变到质变，产生包括安全问题在内的后果。许多信息系统被攻破的原因，都是因为它几乎是一个"裸网"，没有或只有形同虚设的防范措施。省能心理，还表现为嫌麻烦、怕费力、图方便、得过且过等惰性心理。这一点，在使用者身上尤其明显。比如，许多用户在设置密码时，只用 000000 或 123456 这样的"弱口令"，让黑客一猜就中。又如，许多用户不严格按照管理规范进行操作，而是自作主张，略去了一些"烦琐"环节，给黑客开了后门等。

二是侥幸心理。由于多方面原因，网络安全事件（特别是严重事件）并不会全都公布；再加上，每个人被击中的次数并不多，所以有人就会误以为"安全事件是小概率事件"。特别是当他发现"某人某天，虽有违章操作，但也安全无恙"时，就会产生侥幸心理，放松警惕，这就为安全事件埋下了"延时起爆炸弹"。

三是逆反心理。在某些情况下，人的好胜心、好奇心、求知欲、偏见、对抗、不良情绪等，会使人产生"与常态心理相对抗"的心理状态。比如，偏偏去做不该做的事情。破坏者和使用者，都会受"逆反心理"的引诱，从事不安全行为。比如，对使用者来说，许多明令禁止的操作，明明知道有危险，却偏要"以身试法"。

四是凑兴心理。凑兴心理俗话叫"凑热闹"，它是人在社会群体中产生的一种从众式和好奇相融的心理反应，多见于精力旺盛又缺乏经验的人身上。他们想从凑兴中满足好奇心或消耗剩余精力。凑兴心理容易导致不理智行为。比如，许多计算机病毒就是在用户的凑兴心理帮助下，在网上迅速扩散的。

五是群体心理。群体心理是群体成员在相互影响下形成的心理活动。所有复杂的管理活动，都涉及群体；没有群体成员的协同努力，组织目标就很难实现。群体心理的显著特征就是共有性、界限性和动态性。网络作为桥梁，将所有人连接成规模各不相同的群体，而且在一定程度上，这些成员之间将形成相互间的"认同意识、归属意识、排外意识和整体意识"。所有行为，包括安全行为，都会受到群体心理的影响和支配，无论是正影响，还是负影响。

六是注意与不注意。人的心理活动指向或集中于某一事物，这就是"注意"，它具有明确的意识状态和选择特征。人在对客观事物注意时，就会抑制对其他事物的印象。"不注意"存在于"注意"状态之中，它们具有同时性。也就是说，你若对某事物注意，那么将同时对其他事物不注意。注意和不注意，总是频繁地交替着。无论是保卫者还是使用者，他们的许多不安全行为，其实都源于"不注意"。实际上，如果大家都注意安全、小心谨慎，破坏者就无缝可钻了。比如，软件或系统的安全漏洞，都是保卫者"不注意"的产物；用户被钓鱼网站欺骗，也是因为"不注意"真假网址的那一丁点差别而已。但是，"不注意"无法根除，任何人都不能永远集中注意力。除玩忽职守者外，"不注意"不是故意的。"不注意"是人的意识活动的一种状态，是意识状态的结果，不是原因。

绝大部分网络安全问题都来自黑客攻击，但也有些安全问题可归因于用户自己的某些心理和生理特质。实际上，人的许多心理因素都与安全密切相关。比如，人的性格、能力、动机、情绪与情感、意志、感知觉、个性心理特征、气质、个性缺陷和行为退化等，都与安全密切相关。

（1）性格与安全。常见的性格有认真、马虎、负责、敷衍、细心、粗心、热情、冷漠、诚实、虚伪、勇敢、胆怯等。性格既有先天性，也有可塑性。因此，应该努力培养那些对安全有利的性格，如工作细致、责任心强、能自觉纠错、情绪稳定、遇事冷静、讲究原则、遵守纪律、谦虚谨慎等。同时，也要克服那些不利于安全的性格，下面 8 种性格的人就不利于安全。

一是攻击型性格者。这类人妄自尊大，骄傲自满，喜欢冒险，喜欢挑衅，喜欢闹纠纷，争强好胜，不接纳别人的意见。如果这样性格的人技术很好，就更容易出大事。

二是性情孤僻者。这类人固执、心胸狭窄、对人冷漠。一般这类人性格较内向，不善于处理同事关系。

三是性情不稳定者。易受情绪感染支配，易于冲动，情绪波动很大，受情绪影响而长时间不易平静，因而易受情绪影响，忽略安全。

四是心境抑郁、浮躁不安者。由于长期闷闷不乐，他们的大脑皮层无法建立良好的兴奋灶，对任何事情都不感兴趣，因此容易失误。

五是粗心大意者。这类人马虎、敷衍、粗心。这是安全的主要威胁之一。

六是优柔寡断或鲁莽行事者。在危急条件下，惊慌失措、应对不当、错失时机，这类人常常坐失发现漏洞和灾难应急的良机，使本可避免的安全事件发生或扩大其危害程度。

七是懈怠者。这类人感知、思维、运动迟钝，自由性、主动性差，他们反应迟钝、无所用心，也常引发安全问题。

八是懦弱、胆怯、没主见者。这类人遇事退缩，无主见或不敢坚持原则，人云亦云，不辨是非，不负责任，因此难于正确地应对安全问题。

（2）能力与安全。能力包括一般能力和特殊能力，它们相互联系，彼此促进。一般能力包括观察力、记忆力、注意力、思维能力、感觉能力和想象力等智力要件；特殊能力指在特定情况下的奇异能力，如操作能力、节奏感、识别力、颜色鉴别力和空间感知力等。能力是安全的重要推动因素，同时也是制约因素。比如，思维能力强的人，在面对重复的、一成不变的、不需动脑筋的简单操作时，就会感到单调乏味，从而埋下安全隐患；反之，能力较低的人，在面对力所不及的任务时，就会感到无法胜任，甚至会过度紧张，从而也容易引发安全问题。只有当能力与任务难度匹配时，才有利于避免安全问题。

（3）动机与安全。动机是人内心的心理活动过程，它是由"需求"驱动的、有目标的行为；或者说，它是为达目的而付出的努力。动机的作用是激发、调节、维持或停止某种行为。动机也是一种"激励"，是由需要、愿望、兴趣和情感等内外刺激的作用而引发的一种持续兴奋状态。动机还是促进行为的一种手段，不同的动机，会引发不同的行为。因此，在安全因素分析中，动机是重要的因素。

（4）情绪、情感与安全。情绪既有积极的，也有消极的，前者包括满意、愉快、热情、希望等，后者包括不满、郁闷、悲伤、失望等。情绪对行为的效率、质量等都有重要的影响，它与能力的发挥密切相关。积极的情绪，可提高对安全重要性的认识，具有

"增益作用"，能激发安全动机，采取积极态度；而消极的情绪，会使人带着厌恶的情感去看待安全，具有"减损作用"，采取消极的态度，从而容易引发不安全行为。此外，由于安全是一种基本需要，所以当安全问题顺利解决时，就会给当事者带来喜悦和兴奋的感觉；但是，如果被黑客攻击，受到伤害，就会不安，产生负面情绪，损失大时甚至会忧伤和恐惧。

（5）意志与安全。意志是"自觉确定目标，并支配和调节行为，克服困难以实现目标"的心理过程，即规范自己的行为、抵制外部影响、战胜自己的能力。意志对安全行为有着重要的调节作用：一是推动人们为达到既定的安全目标而行动；二是阻止或改变与安全目标相矛盾的行动。在确定了安全目标后，就需要凭借意志力量，克服困难，努力完成目标任务。能否充分发挥意志的调节作用，至少应考虑下列两方面：

一是意志的调节作用与既定目标的认识水平相联系。对安全目标的认识水平，决定了意志行动力。比如，若对安全目标持怀疑态度，则意志行动就会削弱甚至消失；只有真正理解了安全目标，才能激发克服困难的自觉性，以坚强的意志，为实现安全目标而持续努力。

二是意志的调节作用与人的情绪体验相联系。意志也体现了自制力，而自制力又与其情绪的稳定性密切相关。不稳定的情绪，对意志有负面影响。遇到挫折时，如果情绪波动，不能自我约束，从本质上讲，这是意志薄弱的表现。意志的调节作用，在于合理控制情绪，克服不利于安全的心理障碍，并调动有利于安全的心理因素，坚持不懈地实现安全目标。

（6）感知觉与安全。感知觉是指在反映客观事物过程中所表现的一系列心理活动，如感觉、知觉、思维、记忆等。最简单的认识活动，是感觉（如视觉、听觉、嗅觉、触觉等），它是感觉器官对客观事物个别属性的反映，如光亮、颜色、气味、硬度等。知觉就是"在感觉基础上，人对客观事物的各属性、各部分及相互关系的整体反映"，如外观大小等。但是，感觉和知觉（统称为感知觉），仅能认识客观事物的表面现象和外部联系。人们还需利用感知觉所获得的信息，进行分析、综合等加工过程，以求认识客观事物的本质和内在规律，这就是思维。例如，为了保证网络安全，首先要使大家感知风险，也就是要察觉危险的存在；在此基础上，通过大脑进行信息处理，识别风险，并判断其发生的可能性及后果，这样才能对安全隐患做出反应。因此，安全预防的水平，首先取决于对风险的认识水平，对风险认识越深刻，出现问题的可能性就越小。

（7）个性心理特征与安全。某人身上经常性地、稳定地表现出来的整体精神面貌，就是个性心理特征。它是一种稳定的类型特征，主要包括性格、气质和能力。它虽然相对稳定，但因与环境相互作用，也是可以改变的。由于每个人的先天、后天条件不同，因此个性心理特征千差万别，甚至独一无二。对待安全持有不同态度的人，也会表现出不同的个性心理特征。有的认真负责，有的马虎敷衍；有的谨慎细心，有的粗心大意。对待前人的安全经验，有的不予盲从，实事求是；有的不敢抵制，违心屈从。在安全应急时，有的人镇定、果断、科学、理性；有的人则惊慌失措、优柔寡断或垂头丧气。个性心理特征对安全影响很大，不良的个性心理特征，常常是引发安全问题的直接原因。

（8）气质与安全。在安全管理过程中，应针对不同气质，进行有区别的管理。例如，有些人理解能力强、反应快，但粗心大意，注意力不集中；对这种类型的人，就应从严要求，并明确指出其缺点。有些人理解能力较差，反应较慢，但工作细心、注意力集中；对这种类型的人，需加强督促，对他们提出速度指标，让他们逐步养成高效的能力和良好的习惯。有些人则较内向，工作不够大胆，缩手缩脚，怕出差错；对这种人，应多鼓励、少批评，增强其信心，提高其积极性。另外，面对高风险工作，在物色人选时，也要考虑其气质类型特征。有些工作，如个性化较强的办公自动化系统开发，需要反应迅速、动作敏捷、活泼好动、善于交际的人去承担；有些工作，如软件漏洞检测等，则需要仔细、情绪稳定、安静的人去做。这样既可人尽其才，又有利于安全。还有，在安全管理中，应适当搭配不同气质的人。比如，对偏抑郁型的人，因为其不愿主动找人倾诉困惑，常把烦恼埋在心里，所以应该由活泼的同事有意识地找他谈心，消除其情感上的障碍，使他们保持良好的情绪，以利于安全。

（9）个性缺陷与安全。一些个性有某种缺陷的人，如思想保守、容易激动、胆小怕事、大胆冒失、固执己见、自私自利、自由散漫、缺乏自信等，会对安全产生不利影响。个性对安全的影响主要表现在以下两方面：一是态度的影响，若对待安全风险的态度有问题，那么出现安全问题的可能性将很大。既然"态度决定一切"，那态度当然也能决定安全。二是动机的影响。动机是努力达到目标和用来追求这些目标的动力。总之，人的行为受各种因素的影响，可靠和良好的个性以及正确的态度和动机，均有利于保障安全。

（10）行为退化与安全。人，只有在理想环境下，才能做出最佳行为。人，易受许多因素的影响。人的行为，具有灵敏灵活性，但有时会出现缓慢而微妙的减退。比如：若劳动时间太长，就会产生疲劳；若生活节奏被强制打破，就难于发挥最佳体能；若失去完成任务的动力，就会表现出懒散懈怠；若缺乏鼓励，就会泄气；若突然面对危险，就会产生应激反应；等等。

第6节　失误给黑客提供可乘之机

学习提示

- 了解失误与安全问题之间的关系。
- 掌握失误的种类与原因，尤其是要掌握感觉过程失误、判断过程失误和行为过程失误所造成的安全隐患。

1．失误的性质

许多信息安全问题，其实都是某种失误造成的。所谓失误，就是行为的动机或结果偏离了规定的目标，或超出了可接受的界限，并产生了不良的影响。失误的性质主要有：

一是失误不可避免会产生负面的影响，同时失误率可以测定。

二是工作环境可以诱发失误，故可通过改善工作环境来防止失误。

三是下级的失误，也许能反映上级的职责缺陷。

四是人的行为，反映其上级的态度。比如，仅凭直觉去解决安全问题，或仅靠侥幸来维护安全。

五是过时的惯例，可能促发失误。

六是不安全行为，是操作员引发的、直接导致危害的失误，属于失误的特例。级别越高的人，其失误的后果常常越严重。

2．失误的分类

失误的类型很多，它们对归纳失误原因、减少失误、寻找应对措施都有帮助。所以，下面介绍两种有代表性的失误分类法。

第一种方法

按失误原因，可以将失误分为随机失误、系统失误和偶发失误三类。

（1）随机失误，是由行为的随机性引起的失误。由随机的掉电或"宕机"造成的数据丢失就属于随机失误。随机失误往往不可预测，不能重复，主要受非人为操作的影响。

（2）系统失误，是由系统设计问题或人的不正常状态引起的失误。系统失误主要与工作环境有关；在类似的环境下，该失误可能再次发生。通过改善环境等，就能有效克服此类失误。系统失误又有两种情况：任务要求超出了能力范围；操作程序出了问题。

（3）偶发失误，是一种偶然的过失，它是难以预料的意外行为。偶尔发生的违反规程的不安全行为，属于偶发失误，它主要指与人为操作有关的失误。

第二种方法

按失误的表现形式，可将失误分为以下三类：

（1）遗漏或遗忘；

（2）做错，包括未按要求操作、无意识的动作等；

（3）做了规定以外的动作。

3．失误的原因

从形式上看，用户的几乎所有失误，都源于"错敲了某几个键，或错点了鼠标"。考虑由"感觉（信息输入）、判断（信息加工处理）和行为（反应）"三者构成的"人体信息处理系统"，所谓"不安全行为"，就是由信息输入失误，导致判断失误，而引起操作失误。按照"感觉、判断、行为"的过程，可对不安全行为的典型因素做如下分类。

第一类不安全因素——感觉（信息输入）过程失误

由于没看见或看错、没听见或听错信号而产生失误。其原因主要有：

（1）屏幕上显示的信号，缺乏明确、醒目的提示效果，即信号未引发操作员的"注意"。比如：误将数字 0 当成英文字母 o；没注意到字母大小写的区别；忽略了相关的提醒信息；等等。所以，为确保及时、正确地发现信号，仅依赖用户的某一种感官是不够的，还必须使屏幕内容以多种方式呈现（如字体大小、颜色、声音等），使其具备较强的提示效果，引起用户注意。

（2）认知的滞后效应。人对输入信息的认知能力，总有一个滞后时间。比如，在理想状况下，看清一个信号需 0.3 秒，听清一个声音约需 1 秒。若屏幕信息呈现时间太短，速度太快，或信息不为用户所熟悉，均可能造成认知的滞后效应。因此，从安全的角度看，若软件界面太复杂，就需要设置预警信号，以补偿滞后效应，避免用户出现不必要的失误。

（3）判别失误。判别是大脑将"当前的感知表象信息"和"记忆中信息"加以比较的过程。若屏幕信号显示不够鲜明，缺乏特色，则用户印象不深、辨别困难，再次呈现时，就有可能出现判别失误。黑客钓鱼网站，就常利用这种失误，让用户上当。

（4）知觉能力缺陷。由于用户的感觉缺陷，如弱视、色盲、听力障碍等，不能全面感知对象的本质特征。因此，在设计软件界面时，必须充分考虑各种用户，尽量克服这些缺陷，以减小失误的概率。

（5）信息歪曲和遗漏。若信息量过大，超过感觉通道单位时间内的限定容量，则有可能产生遗漏、歪曲、过滤或不予接受等现象。当输入信息显示不完整或混乱时，特别是有噪声干扰时，人对信息感知将以简单化、对称化和主观同化为原则，对信息进行自动修补，使得感知"图像"成为主观化和简单化后的假象。此外，人的动机、观念、态度、习惯、兴趣、联想等主观因素的综合影响，也会将信息同化为"与主观期望相符合的形式"，再表现出来。

（6）错觉。错觉是一种对客观事物错误的知觉，它不同于幻觉，它是在客观事物刺激作用下主观造成的歪曲知觉。错觉产生的原因很多，如环境、事物特征、生理、心理等。此外，照明、眩光、对比、视觉惰性等，都可引起错觉。

第二类不安全因素——判断（信息加工处理）过程失误

正确的判断，来自对客观事物的全面感知，以及在此基础上的积极思维。除感知过程失误外，判断过程产生失误的原因主要有：

（1）遗忘和记忆错误。常表现为没有想起来、暂时遗忘或记忆差错。比如，突然受外界干扰，使操作中断，等到继续操作时，就忘了应注意的安全问题。

（2）联络、确认不充分。比如，联络信息的方式与判断的方法不完善，联络信息实施得不明确，联络信息所表达的内容不全面，用户没有充分确认信息而错误领会了所表达的内容等。

（3）分析推理失误。在紧张状态下，人的推理活动会受到抑制，理智成分减弱，本能反应增加。所以，需要加强危急状态下的安全操作技能训练。

（4）决策失误。主要指决策滞后或缺乏必要的灵活性。这主要取决于用户个体心理特征及意志品质。

第三类不安全因素——行为（反应）过程失误

此类失误的常见原因有：

（1）习惯动作与操作要求不符。习惯动作是长期形成的一种动作序列，它本质上是一种"具有高度稳定性和自动化的行为模式"，很难被改变，尤其在紧急情况下，用户会用习惯动作代替规定操作。减少这类失误的措施是，相关软件操作方法设法与人的习惯相符。

（2）由于反射行为而忘了危险。反射，特别是无条件反射，是仅通过知觉而无须经过判断的瞬间行为，即使事先对安全因素有所认识，但在反射发出的瞬间，脑中也会忘记了安全问题。

（3）操作和调整失误。其原因主要是，相关标识不清，或标识与人的习惯不一致；或由于操作不熟练或操作困难，特别是在意识水平低下或疲劳时，更容易出现这种失误。

（4）疲劳状态下行为失误。人在疲劳时，由于对信息输入的方向性、选择性、过滤性等功能不佳，所以会导致输出时的混乱，使其行为缺乏准确性。

（5）异常状态下的行为失误。比如，由于过度紧张，导致错误行为；又如，刚起床处于蒙眬状态，就容易出现错误动作。

📖 重要概念

渗透测试、冒充测试、钓鱼测试、电话诈骗、短信诈骗、网络诈骗、赛博式攻击、本能反应、应急反应、合群、遵从、依从、模仿、暗示、自我表现心理、好奇探秘心理、义愤抗议心理、戏谑心理、非法占有心理、渴望认同心理、恐惧心理、服从心理、贪婪心理、同情心理、省能心理、侥幸心理、逆反心理、凑兴心理和群体心理等。

⏱ 知识要点

社工黑客的世界观到底是什么呢？虽然社工黑客的攻击方法都有心理学的依据，但可以肯定的是，在网络空间中，绝大部分社工黑客都不是心理学专家。因此，他们的世界观应该更靠近计算机网络，而非心理学。事实上，本章指出，他们其实是把人的个体，看成一台特殊的电脑——"热血电脑"；把人的群体，则看成由若干"热血电脑"连接成的"热血网络"。

世界观知道后，方法论也就不难了。事实上，社工黑客的攻击思路可概括为：

（1）针对"热血电脑"，他们可充分利用熟悉且惯用的攻击方法，去攻击输入、输出、存储、处理等部分。

（2）针对"热血网络"，他们或者把该网络中的某些电脑攻破，或者在传输信道上大做文章。至于他们到底如何做，随后相关章节将逐一介绍。

复习思考

2-1　如何将普通黑客攻击电脑的思路用于理解社工黑客攻击人脑？

2-2　职业社工黑客的代表性心理素质、生理素质和专业技能是什么？

2-3　社工攻击过程大致可以分为哪几个阶段？其中哪个阶段最重要？

2-4　提供社工攻击渗透测试时，都有哪些注意事项？为什么需要其过程可回放？

2-5　钓鱼测试的种类主要有哪些？请选某个案例进行详细介绍。

2-6　防治社工攻击的主要步骤都有哪些？请选某个案例进行详细介绍。

2-7　从便于社工攻击的角度看，人的大脑与电脑之间存在着哪些相似之处？

2-8　从便于社工攻击的角度看，群体与信息网络之间存在着哪些相似之处？

2-9　社工黑客在攻击群体时，都有哪些可供利用的机会？请举例说明。

2-10　请用一个例子说明社工黑客如何利用群体网络的单核心信息传输模式。

2-11　请用一个例子说明社工黑客如何利用群体网络的双核心信息传输模式。

2-12　个人的心理和生理特质将如何影响系统的安全性？请举例说明。

2-13　失误的种类有哪些？它们将如何影响系统的安全性？

Chapter 3

第 3 章
社工黑客的常用直接攻击

学习目标

- 了解欺骗的三要素和分类法
- 了解构成欺骗的必要条件，尤其要了解骗子经常营造的行骗环境等
- 熟悉骗子行骗的着力点和主要方法，掌握骗子的意识操控和信息操控等方法
- 掌握良好伪装的九大基本原则和四个重要特性
- 熟悉谣言、谎言与流言的特点、传播、识别与辟谣
- 掌握有关态度改变的主流理论
- 熟悉说服的主要模型，掌握影响说服效果的因素和说服的实用技巧
- 了解动机与行为的关系
- 了解需求与诱惑的关系
- 熟悉社工的常见诱惑手段
- 了解社工黑客操控他人的主要规则

案例导入

　　社工黑客的几乎所有攻击行为都或多或少地涉及欺骗，故有关欺骗的可选案例非常多。不过，我们只介绍一个由"世界头号黑客"米特尼克讲述的曾被《吉尼斯世界纪录大全》评为"最大的计算机诈骗"的真实案例。该故事的主角名叫瑞夫金，他是米特尼克崇拜的社工黑客偶像之一。

　　话说，1978 年的瑞夫金还只是某公司的安全工程师。当时，他受命前往太平洋实业银行承建一个安全系统，以便应对可能发生的安全事件。于是，他借机熟悉了该行的转账过程，更知道每天早晨该行都会将当日有效的操作口令临时告知电汇室核心人员，供他们在

打电话汇款时验明正身，避免被假冒。可是，由于口令更换过于频繁，电汇员们害怕混淆，就自作聪明地将当日口令写在桌面的纸条上，这让瑞夫金乐得合不拢嘴。

经过一段时间的精心准备后，瑞夫金的社工攻击开始了。一天，他以维护安全系统的名义，早早来到银行，假装忙忙碌碌地埋头苦干，双眼和双耳当然都没闲着。果然，他很快就如愿以偿地记下了当日的操作口令，并转身离开电汇室。大约当天下午 3 点，瑞夫金以该行国际部经理汉森的身份，通过街边公共电话拨通了电汇室的电话。

"喂，是电汇室吗？我是国际部的汉森"，他对接电话的电汇员说道。

电汇员按标准程序询问了他的办公室号码。"286 房间"，瑞夫金胸有成竹地按预定剧本回答道。

接着，电汇员问出了那个最关键的问题："今天的操作口令是什么？"

早已因害怕露馅而心跳不已的瑞夫金，仍然平静地答道："4789。"然后，他熟练地给出了转账指令"请转 1020 万美元到瑞士×××银行的×××账号"，其实该账号是瑞夫金在前几天专门为自己开设的账户。

本以为已经马到成功的瑞夫金怎么也没想到，那位电汇员又突然问出了另一个意外问题："好的，我马上汇款。另外，请问电汇室的跨部门授权号是什么？"

瑞夫金一听就傻眼了，他压根儿就不知道还需要跨部门授权号这件事。幸好，他一边直冒冷汗，一边赶紧机智地答道："请稍等，我一会打电话给你！"

放下电话后，他又摇身一变，以电汇员身份给银行的另一个部门打电话。果然，对方很熟练地就告诉了他电汇室的跨部门授权号。于是，刚才那位负责转账的电汇员经过一番熟练操作后，满足了瑞夫金的要求。

几天后，瑞夫金飞到瑞士，取出了现金，买回了一堆钻石，从而不费吹灰之力就创造了一项吉尼斯世界纪录。

第 1 节　欺骗的一般规律

🗂 学习提示

- 了解欺骗的三要素，以及分类方法。
- 熟悉构成欺骗的必要条件以及骗子营造的欺骗环境。
- 熟悉骗子的一些常用面具，以便更好地识破和对付骗子。
- 熟悉骗子行骗的着力点和主要方法，以及骗子的意识操控和信息操控等方法。
- 了解骗子为了营造假象所进行的隐瞒、选配、作假、曲解、颠倒等信息操控方法，以及若干意识操控方法。

如何面对各种可能的欺骗，这是一个问题。如果我们过于单纯，认为世界很美好，那就很容易成为骗子的牺牲品。如果我们过于担心自己可能会被他人欺骗，从而随时保持高度警惕，随时怀疑一切，那我们的日子将备受煎熬。不过，作为网络安全领域的从业人员，为了对付无处不在的社工黑客，我们有必要适当了解欺骗的一些基本知识。

关于"欺骗"的定义，你只需意会，不必去言传，因为翻开任何一本词典，你不仅可以查到"欺骗"的释义，而且还可以找到众多与"欺骗"意义相近的词，比如：《现代汉语词典》第 7 版中，对"欺骗"释义为"用虚假的言语或行动来掩盖事实真相，使人上当"；其意义相近的词有欺诈、诱惑、迷惑、哄骗、愚弄、瞒哄、诓骗、诈骗、障眼、戏弄、开涮、诱骗、诓人、尔虞我诈、狡诈、伪善、逢迎、诋毁、诽谤、讹诈、耍花招、摆噱头、作假、耍奸、耍滑头、弄虚作假、欺上瞒下、上当受骗、瞒天过海、挂羊头卖狗肉、妖言惑众、故弄玄虚、迷人眼目、偷梁换柱、偷天换日、弄鬼、做手脚、浑水摸鱼等。

这里研究欺骗的目的，当然不是教唆大家去行骗，而是要提醒大家识别欺骗和反欺骗。所谓欺骗，是一种社会行为，它通过捏造事实或掩盖真相，达到某种预期目的。更具体地说，欺骗具有三要素：

（1）虚假性。从真伪角度看，欺骗的突出特点是"伪"，即捏造事实，或者掩盖事实真相。

（2）目的性，即行骗都有预期目的。否则，即使某行为是假的（比如魔术），却不具有目的性，那就不能算作欺骗；对行为对象来说，这种假动作更像误会。

（3）社会性，即欺骗是一种社会行为，产生于互动过程中：或者由一个人指向另一个人，即一个人欺骗另一个人；或者在外界影响下，同一人的人格中，某些结构的相互作用，即自欺欺人。

凡不具备这三个要素的行为，均不是欺骗。

欺骗的种类非常多。从善恶角度来分类，既有善意欺骗，也有恶意欺骗；当然，本书重点研究恶意欺骗。善意欺骗的特征是：对于个人之间来说，表现为利他，比如，大夫对绝症病情的隐瞒。对于群体间的善意欺骗来说，则表现为利己，即有利于行骗者的群体，比如，战场上的使诈。恶意欺骗的特征：对于个人之间来说，表现为利己而害他，比如，电信诈骗；对于群体间的恶意欺骗来说，表现为利己（包括利己利他、利己害他）。

从涉及欺骗各方是否为个人来看，欺骗又可分为个人之间的欺骗、双向欺骗、自我欺骗、个人与集团之间的欺骗、社会欺骗（比如邪教）等。

根据欺骗的内容，又可分为经济欺骗、政治欺骗、军事欺骗、感情欺骗、情报欺骗、舆论欺骗、新闻欺骗、信仰迷信欺骗、艺术欺骗、科技欺骗、游戏欺骗等，以及上述各种欺骗的综合。

按欺骗延续的时间来分类，又可分为瞬时欺骗、短时欺骗和长时欺骗等。

善意欺骗的正功能包括：保护功能（比如，防止亲人过度悲伤）、维持人际关系（比如，每个人都有自己的隐私）、创造功能（比如，家传秘籍）。善意欺骗的负功能，主要为"弄巧成拙"。恶意欺骗的正功能包括：破坏功能（比如，国家之间的情报欺骗）、阻抑功能（比如，行骗导致心虚，从而减损其自信度）。恶意欺骗，偶尔也会产生正功能，比如，喝到假农药，保下一条命等。

构成欺骗的必要条件包括：行骗者和受骗者的存在、特定的（或可行的）欺骗内容、必要的传递工具及传播渠道。行骗者的需要是产生欺骗的根源。受骗者的欲望常常是自己被骗的内在原因。

受骗者的心理特征主要包括：意志薄弱、过分慈善、认知缺陷（无知或错觉）、心理防御过分迟钝或过分敏感、信息匮乏、从众心理、贪心等。受骗者被选中的原因主要有三个：首先，对行骗者有利可图；其次，在众多潜在的、有利可图的备选中，受骗者的资源比较丰富，因此，欺骗的成功率就较高；最后，行骗比较"安全"，即使行骗失败后，后果也不太严重。

骗子在骗你前，常常会先营造欺骗环境，主要有以下四个要点。

（1）唤起你的信任感。其手段至少包括：用良好的声誉影响你（比如，让你身边的亲朋好友等都来称赞他），用诚实、正直的形象感化你，向你展示开朗而富有魅力的笑容、用可以信任的语调、讲述令你羡慕的个人传奇（比如，大额度的慈善捐款等），恭维奉承你，博取你的怜悯同情，当然还会针对你的个性营造特殊的情境等。

（2）装成老实人。这既是为了唤起你的信任，但也有它本身的特点，其本质在于，骗子让你觉得他很笨，从而使你放松警惕，以为在同老实人打交道，从而不再防备他的圈套。当然，此法的另一种变异就是：骗子让你觉得自己很聪明，于是便可让你"聪明反被聪明误"。

（3）利用伪证来引诱。骗子以间接的手段，提供某些信息，让你自己根据这些信息，自愿做出有利于骗子的判断。其技巧在于，提供了无可挑剔的定向事实后，你必然会据此做出自损的结论。

（4）设置"平行现实"。形象地说，就是制造相应的假象，吸引你的注意力，然后对你下手。

骗子行骗的着力点，主要体现在以下几个方面：

（1）利用生理和心理本身的若干缺陷。比如，注意力、记忆力、无条件反射、条件反射和行为规则、思维分析、疲劳、药理影响等方面的缺陷。

（2）利用逻辑与理智的缺陷。骗子利用偷换概念等手段，貌似合情合理地开展行骗活动，而普通人一时还反应不过来，无法揭露其逻辑推理中的某些漏洞。

（3）利用特殊的心理状态。这时行骗的主要着力点包括：利用受骗者的愿望、爱情、忌妒、崇高的动机、失控的情绪、人性弱点（贪婪、愚蠢、恐惧、虚荣、怯懦、好色等）。

骗子常用的面具包括：

（1）伪善。最难识别的欺骗，是骗子把自己隐藏于友情与关爱的面具后面，以伪善形式出现。伪君子不仅作恶，有时也会行善；当然，他会隐藏自己的卑鄙动机，而假装十分高尚。

（2）背信。对骗子来说，伪善只是手段，行骗才是目的，所以只要时机成熟，他就会毫不犹豫地露出真相，背信弃义。毕竟，骗子压制本性，自己也会不愉快。

（3）无耻的谎言。在骗子的内心深处，其实也知道自己的行为不当，所以为了让自己不受良心谴责，也为了让受骗者更容易上当，他经常会编造一些谎言。

可惜，越是无耻的谎言，就越容易让人轻信。我们需要重点识破的，也是骗子常用的行骗方法主要有：

（1）暗示法，包括被动暗示法和主动暗示法。被动暗示法成功的重要因素有三点：一是施行暗示的人，对于受暗示者拥有绝对权威性；二是受暗示者有可能接受暗示；三是具体的策划必须巧妙、严谨，使受暗示者深信不疑。最典型的被动暗示法，就是众所周知的催眠术。主动暗示法，又称自我暗示法，它常见于气功中，甚至可以说，做气功的全过程都充满了自我暗示。

（2）伪装法，包括物理伪装、心理伪装和生理伪装。伪装的最终目的是给受骗者造成判断失误，包括知觉上失误（错觉）和思维判断的失误，因此，一切伪装都可归结为心理伪装。不过，物理伪装最直观，故又称为自然伪装，它利用对方的错觉，达到隐藏目的。比如，军事中常用的物理伪装有隐形伪装、象形伪装、变形伪装、听错觉伪装、嗅错觉伪装等。

（3）假面具法。这是一种典型的心理伪装，此时骗子扮演成某种角色来行骗，比如，冒充警察等。施行此法时，骗子必须具备三个条件：首先，有一定的基础，使得所扮演的角色不容易"露馅"；其次，需要有其他方面的配合，否则成功率将不高；最后，所扮角色要有一定的稳定性，否则也会失败。

（4）行为替代法。它其实是假面具法的一个特例，它仅限于角色行为扮演（比如，假冒他人去失物招领等），不包括身份、语言、地位等的扮演。此法生效的前提是，受骗方不了解被替代者的外貌特征、语言、生活及行为习惯等相关情况。

（5）现场伪造法。此法生效的关键是，伪造得自然，丝毫不显做作，骗局难于识破。伪造的隐秘性越好，对方就越容易上当。历史上，孙膑的"减灶退敌"就是此法的经典例子。

（6）销毁痕迹法。它其实是现场伪造法的一个特例，高明的网络黑客，退出你的系统后，一定会优先考虑运用此法，以避免留下作案痕迹。

（7）抵押法，即骗子以人或物作抵押，骗取对方的贵重物品。此法主要属于经济欺骗。此法的特征主要有：首先，表面看来，抵押物的价值大于待骗物，当然，实则相反；其次，以假充真；最后，有时抵押物虽然是真的，但是有其他问题，比如，用赃物作抵押等。

（8）愚弄法，即骗子利用对方的愚昧或无知来行骗。此时，骗子的常见工具包括宗教迷信和科学技术等。

（9）插脚入门法，即先小骗，再逐步升级，施行大骗。当情感欺骗时，骗子就常用此法，一点一滴地加码，最终让对方落入圈套。

（10）报酬引诱法，即给受骗者一定的报酬，达到行骗目的。这里的报酬，既可以是物质的，如实物或钱物报酬，也可以是社会及心理的，比如，赞美报酬、情感报酬，微笑报酬，以及荣誉、社会地位报酬等。

（11）长线钓鱼法，即放长线，钓大鱼。此欺骗法有三个特征：首先，骗局布设时间长；其次，隐蔽性很强；最后，骗子的目标和行为较为统一，看起来符合正常的行为逻辑。卧底间谍，就是此类骗术的代表。

（12）证章伪造法，包括伪造证件、票证和印章等。

（13）认知协调法，即行骗者努力调整被骗者的认知，使得它与欺骗行为尽可能一致，从而达到欺骗目的。比如，在自我欺骗时，"烟虫"会找出许多理由，来让自己的吸烟行为"合理化"；在诱骗他人时，传销头目会给学员洗脑，让他们觉得"拉亲属入伙"是为亲人造福。

（14）夸张法。此法可出现在几乎所有类型的欺骗行为中，夸张的内容包括：地位、身份、能力、富有程度、家庭背景、社会关系等。在运用此法时，受骗者相信事件是真的，却不知事件的范围和规模；相信某人具有某方面的能力，却不知其能力究竟有多大。任何人都希望得到"能人"的帮忙，骗子正是利用了这种心理倾向，使用夸张法来行骗。夸张法还有一种变形，称为缩小法，即把前面夸张的东西缩小；当然，目的仍然是使对方上当，比如，前面提过的"减灶退敌"。

（15）强制法。它采取强制手段，使受害者由被迫服从，到主动遵从。强制法之所以能生效，是因为强制能导致屈从，屈从可转为内化。许多屈打成招，就是此法的"杰作"。

（16）恐怖法。此法与强制法，既有相同之处（二者均含恐吓与强迫的成分），但更有差别：强制法借助武力，而恐怖法却是以后果的严重性来威胁，使受害者极度恐惧，并渴望获得解救；当骗子提出某种"良策"后，受害者立即主动从之，并没有内化过程。从骗局的成因来看，强制法是由外力所致，而恐怖法却是由内部压力所致。恐怖法常见于迷信欺骗和科技欺骗中。

（17）信息控制法。它通过操纵信息的内容、数量等来欺骗受害者，包括信息保密欺骗法（比如，隐藏婚外情）、信息中断欺骗法（比如，新闻封锁）和信息筛选欺骗法（比如，报喜不报忧）等。信息控制法的特点主要有三点：首先，信息操纵者有明显的功利目的。其次，经选择后传播的信息可能是真的，但让受信者误以为没别的重要信息。再次，如果未传递的信息仅是偶然事件，那受信者多半不会怀疑；相反，若未传递的信息属于常规信息，且其中部分信息已由其他渠道传播，那么公众就会产生疑虑，从而形成强大的压力，迫使新闻部门适当扩大选择信息的范围。

（18）权威作用法，即骗子冒充某方面的权威，招摇撞骗。当然，也有个别权威，依仗自己的影响来行骗。

（19）调虎离山法，由《三十六计》中的调虎离山计演化而来。

（20）谣言法。此法很特殊，将在随后详细介绍。

（21）综合性骗术，即将各种欺骗方法巧妙结合起来，达到行骗目的。

总之，骗子必定要为所谓的"真相"营造一个虚假模式，并试图操控受骗者按骗子的意愿行事。骗子最主要的操控方法包括信息操控和意识操控等。

信息操控的常见方法有隐瞒、选配、作假、曲解、颠倒等，下面进行具体介绍。

（1）隐瞒。这是最简单的欺骗，即向受骗者隐瞒真实信息。此时，受骗方已对某一现象或事件有了不正确的概念，而行骗方并未告知真相。表面上看这里没谎言，结果却引起受骗方的误解。

（2）选配，即只把部分有利于骗子的（真实）信息灌输给受骗方，而不说另一部分不利于骗子的信息，这就可能让受骗者形成曲解事实的虚假概念。

（3）作假，也叫弄虚作假，即提供虚假信息，意在突出和强调一些有利于骗子的现象。

（4）曲解，包括夸大或缩小。具体地说，骗子将有利于自己的论据强化，将有利于对方的论据弱化，从而达到操控受骗者意识的目的。

（5）颠倒，比如，是非颠倒、黑白颠倒、有无颠倒、真假颠倒等。

当然，还包括上述五种骗术的各种组合。

意识操控，就是骗子设计一套步骤，引诱或逼迫受骗者，自愿做出有利于骗子的行为，而受骗者还误以为这些行为对自己有利。最常见的意识操控就是所谓的激将法。当骗子设计骗局操控你的行为时，最有效的办法就是换位思考，即以你的角度来判断：在何种情况下，会做什么动作。

第 2 节 伪装的基本原则

学习提示

- 掌握良好伪装的九大基本原则和四个重要特性。
- 掌握在充分调研的基础上确定了伪装对象后，如何提升伪装的真实性，如何将个人爱好巧妙植入交流过程，如何把握好伪装力度，如何学会使用对方的语言，如何避免不必要的信息泄露，如何尽量简化伪装，如何处理好后事等。

 案例导入

社工攻击的核心是欺骗，欺骗的关键之一是伪装。在一般性地讨论伪装之前，先做一个实验：如果要求你在白天进入一个保安措施齐全的大楼，你将会怎么办呢？你肯定不敢撬锁，也不敢翻墙或跳窗，更不敢靠武力硬闯。虽不知到底如何才能万无一失地进入该大楼，但至少应先进行适当的伪装，比如，外貌打扮必须尽可能像是楼内的办公人员，否则一进大厅就会被保安盯住，更甭想混入楼内。事先你得对大楼的结构有所了解，至少该知道出入口在哪里，总不能在大厅里像无头苍蝇那样乱撞，否则就会被保安毫不客气地赶走。事先得搞清楚入门的条件，若需通行证，你得弄一个尽量逼真的证件；若能混迹于人群，你得在高峰时期开始行动；若能尾随其他访客，你也得先混迹于某个真实的访客群体；若进楼时必须输入某个密码，你就得先想办法弄到出入门的密码。如果实在不能获得入门的证件或密码，你也可以随时紧盯门卫，万一他在某个时刻稍有疏忽，你就可以趁机溜入。当然，为了尽可能不暴露自己的行踪，避免引起不必要的注意或不被事后溯源，你还得事先摸清大厅的监控体系，尽量待在摄像头的视线之外。

总之，伪装工作非常困难，需要考虑的因素实在太多，很难不出现疏漏。作为一名合格的社工人员，必须拥有强大的心理承受能力，至少在出现疏漏时能够镇定自若地随机应变，化险为夷。

与上节的欺骗类似，伪装在许多情况下都被当成贬义词。不过，从纯学术角度看，我们宁愿将伪装理解为中性词，即伪装被定义为以他人的身份来表现自己，基于新的背景故事、衣着、仪表、个性和态度等来塑造新角色，从而达到既定目的（比如，获得他人的隐私信息等）的行为。在某些情况下，社工黑客需要伪装一个全新的身份，然后利用该身份来从事一些特殊活动。如果新身份越陌生，伪装的难度就越大。伪装得越全面就越令人信服，伪装得越简单就越容易成功，露馅的可能性就越小。伪装是社工攻击中难度最大的工作，没有任何一种伪装是万能的，每一种伪装都必须量身定制。不过，关于角色扮演式伪装，还是存在着一些普适性的基本原则。简单来说，良好的伪装必须具备四性：一是积极性，即伪装的目的必须符合既定意图，不仅要采取隐真措施，还要积极示假。二是自然性，即伪装要符合实际情况，力求逼真。该隐蔽时，要符合自然背景；该变化时，要与实际情况相适应；该示假时，假目标要尽量逼真。三是多样性，即伪装措施要灵活多样，不能千篇一律。四是连续性，即伪装过程要及时而不间断地进行，起止时刻最容易露马脚。具体来说，伪装有下面九大原则。

原则一，事前的调查越充分，伪装成功的可能性就越大。前面已经多次强调，社工攻击（当然也包括伪装）成功的关键是事前的充分调查和信息收集。事前的信息收集得越广越深，伪装效果就越好。这方面的成功典型当数"世界头号黑客"米特尼克，因为每当他要伪装成某人时，他甚至几乎就已变成了此人，而不只是在扮演此人。无论是走路还是说话的方式，甚至是肢体语言等，他都与那个人一模一样，这不但需要罕见的天分，更需要事前的充分调查研究，否则就很难入戏。实际上，伪装的质量与事前收集的信息质量直接相关。信息越多，信息的质量和相关性就越高，也就越能在伪装过程中发挥作用，从而使得伪装越容易成功。比如，你事前准备工作做得充分，信息收集得全面，当你的伪装身份被质疑时，你才可能对答如流，才可能表现得尽量自然。

原则二，选择的伪装对象越合理，伪装的难度就越小。每次伪装都有其目的，能够直接或间接达到该目的之角色，一般来说也不止一个人。到底该伪装哪个人来达到既定目的呢？这是一个重要问题，既要考虑上述原则一中所能收集到的信息有效性，也要考虑伪装者本人的具体情况。比如，虽然基于前期收集的信息可知，扮演女秘书最有利于进入目标办公室，但若伪装者是男人，那他就只好退而求其次，改扮其他角色。又如，虽然扮演清洁工是进入目标办公室的最佳角色，但若前期完全无法收集到清洁工的任何信息，那也只好另做打算了。

原则三，尽量提升伪装的真实性。锁定伪装目标后，如果你的伪装是建立在你或你的伪装目标的现实经历基础上的，那你就容易记住它。换句话说，建立在实际生活经验之上的伪装更不容易露馅，更不容易忘词，因为你可以充分运用已有的或能轻松驾驭的知识来完成伪装任务。比如，没当过妈妈的人就很难伪装慈母的若干细微情感；没当过电工的伪装者就很容易被一些专业的冷门常识问住；男人伪装女人（或女人伪装男人）会更难；伪装其他国家的居民时，也很容易被冗长古怪的人名和地名搞糊涂。

原则四，适当植入个人爱好，将会提高伪装的成功率。如果你与伪装目标拥有某项相同的爱好，那么在伪装过程中，你最好适当加强该项爱好的话题和活动，这样就既能使你侃侃而谈，也会使你显得聪慧而自信，而自信有助于让他人相信你就是那个你所宣称的人。如果伪装目标的某些爱好比较容易掌握（比如，喜欢摄影等），即使你没有这样的爱好，也不妨临时补课，然后在伪装过程中大谈特谈此爱好，从而掌握伪装的主动权，将话题控制在自己熟悉的领域内。

原则五，适当把握伪装的力度。伪装既要到位（比如，伪装富人时就要舍得花钱），也不能用力过猛（比如，伪装富人时若过于奢侈，也容易引起麻烦）。在伪装过程中也需要见好就收，不要过度发挥，伪装的细致程度要以尽早完成既定的互动环节为准则，过多的信息可能带来负面影响。比如，你若想伪装成一名小区保安，也许就该重点寻问对方：你是谁，从哪来，到哪去。如果你过度负责，追问其他隐私，也许就会惹上麻烦。

原则六，学会使用对方的语言。这里的"语言"既包括专业术语，也包括方言和其他习惯。简单来说，你若伪装一名数学家，当然就该懂得最基本的数学公式；你若想伪装一名四川人，当然应能讲得一口"川普"，甚至会说四川话；你若想伪装一名和尚，当然就不能当众吃肉喝酒；等等。

具体来说，若想伪装不同性格的人，你就该尽量表现出这种性格的言谈举止。比如，若你正在伪装某位直爽型或支配型的领导，你就该表现出开门见山的性格，谈话时喜欢设定明确的边界，交流时直截了当，通常只回答"是什么"，而不做过多解释。若你正扮演直爽型的听令者，那你就该注重逻辑，强调"是什么"而非"怎么做"，喜欢做出选择并强调结果，而不是只做听令的仆人。

若你正在伪装影响型性格的领导，那你就得处处表现出友好而轻松，让对方畅所欲言，帮助对方实现自己的想法，喜欢回答"是谁"。若你正扮演影响型的听令者时，那你就该特别关心新信息和特别信息，你的交流就该有来有往，不该处处抢占主导地位，而且要经常引用"专家言论"和可靠证据等。

若你正在伪装稳健型的领导，那你就该处处表现得客观公正且条理清晰，对他人要亲切友好，谈话时要喜欢告诉对方"为什么"，随时让对方明确你的需求等。若你正扮演稳健型的听令者，那你就该表现出足够的耐心，处处询问"怎么做"，随时关注团队情况等。

若你正在伪装谨慎型或服从型的领导，那你就该特别关注细节，办事稳重，让人觉得可靠可信，经常表扬别人，喜欢告诉对方"怎么做"等。若你正扮演谨慎型的听令者，那你就该经常使用统计数据来说话，随时提供逻辑与事实，处处强调可靠性等。

原则七，尽量避免当面交流，尽量按既定的剧本行事，不要轻易自主发挥，当然在特殊情况下，也需要随机应变。除非不可避免，伪装者尽量不要直接抛头露面，要保持低调。更进一步地，若用视频就能完成的交流最好别见面，若用电话就能完成的交流最好别视频，若用文字就能完成的交流最好别用电话，若用短信就能完成的交流最好别长篇大论，毕竟在伪装的交流过程中，暴露的信息越多就越容易出现意外，临时性的自由发挥更易漏洞百出，甚至让伪装者功亏一篑。

原则八，伪装越简单越自然，其成功率就越高。如果伪装过程太复杂，错综复杂的细节太多，伪装者就容易忘词，从而导致失败。一般来说，伪装过程应该尽可能地自然、顺畅、容易记忆，应该保持故事的情节、事实和细节的简单性，从而增强伪装过程的可信性，减少出现意外情况的可能性。如果伪装的情节很自然，回忆之前的事实和故事就不会太难，出现意外时也更容易巧妙应对。

如何才能使得伪装更自然呢？有人总结了下面五个小技巧：

一是在制订伪装计划时，尽量使用大纲模式而非剧本模式，以便伪装者可以按需加入感兴趣的话题或故事，可以更灵活地回答对方的问题。当然这对伪装者的要求也更高，缺乏经验的伪装者更适合于剧本模式。

二是在伪装过程中尽量不要考虑自身感受，尽量进入角色。如果伪装者不能及时入戏，过多的自身情绪就会引发恐惧、不安或焦虑，或引发过度兴奋，最终导致失败。

三是不要太在意伪装过程中的失误，只要你沉着应对，一般都能在对方发现它之前及时转危为安。

四是要始终留意身边出现的任何信息和状况，特别是交流对象的反应情况，然后将其应用到自己的行动中。

五是平时要注意多积累各方面的经验，这样既能成功伪装也能识破伪装。

当然，有些人天生就擅长伪装，有些人只能依靠自身的努力才能完成。

原则九，要给伪装目标提供逻辑结论或下一步安排。特别是当你要离开对方时，务必要告诉对方采取或不采取行动。即使你已经得到了自己想要的东西，也不要一走了之，否则可能引起对方怀疑，激发他采取补救措施。当然，你给对方的临别要求也要符合自己的伪装身份，如果你伪装的是保洁员，也许只是简单地说一声"房间打扫完了，再见！"就够了；如果你伪装的是维修工，也许就该留下一个联系电话（无论真假），让对方有问题时可以打电话；等等。

总之，一次完美的伪装需要很多步骤，以上原则只能算是挂一漏万，至于具体的操作技巧，则必须在实践中慢慢摸索。

第3节　谣言、谎言与流言

学习提示

- 熟悉谣言、谎言与流言的特点、传播、识别与辟谣。
- 掌握谣言的主要特点。
- 了解造谣者的动机与心理状态。
- 掌握谣言的传播规律和辟谣的要点。
- 熟悉谎言与流言的特征与识别等。

案例导入

2009年6月12日，伊朗时任总统内贾德宣布自己在大选中获胜并将连任下届总统。此事立即引发全国轰动，改革派纷纷走上街头，抗议当局在大选中的舞弊行为。于是，各种谣言、谎言与流言闪电般登场，互联网也秒变为反对派传递信息、发泄不满和争取全球同情的重要渠道。各种黑客技术或明或暗地迅速亮相：一方面，网上出现了许多专用黑客软件，供全球网民免费下载，使自媒体信息的传播更加便捷，比如，翻墙软件"自由门"及时增加了波斯语服务；另一方面，伊朗的大批官方网站被黑客攻瘫，政府几乎沦为哑巴。博客、推特、脸书和优兔等自媒体昼夜不停地向全球实况转播伊朗首都的抗议活动，不但引来国际上的更多的谣言、谎言与流言，还助长了国内反对派的气焰，让抗议活动火速升级。反过来，国内抗议活动的升级，又让全球的谣言、谎言与流言传播得更欢。总之，在信息网络的支持下，通过境内外反对派和趁火打劫者之间的彼此互动，最终引发了自 1979 年伊斯兰革命以来伊朗最大规模的骚乱，史称"伊朗绿色革命"。

借助谣言、谎言与流言趁火打劫的另一个经典案例，当数著名的"阿拉伯之春"。原来，自 2010 年底起，多个阿拉伯国家相继爆发了以反腐为导火索的大规模反政府运动，先后波及埃及、也门、突尼斯、利比亚和叙利亚等国，最终导致多个政权被颠覆，萨利赫等元首下台，特别是本·阿里被逐，穆巴拉克被囚，卡扎菲被杀等。此次运动的影响之深，范围之广，爆发之突然，来势之凶猛足以震惊全球。不过，在这些运动中，舆情操控者的趁火打劫套路也基本类似。比如，控制全球主流媒体平台的话语权，努力将政府描述为"刽子手"，将民众的抗议活动肯定为"自发革命"，给政府的同情者贴上"阴谋论"标签，把反政府者塑造为"英雄"，最后再极力推波助澜，圆满完成趁火打劫任务。

除伪装外，另一种常见的欺骗行为就是造谣，或者说是制造谣言。所谓谣言，就是故意捏造出来的蛊惑人心的假消息。造谣是独特的社会性欺骗行为。谣言的特点主要有三个：

（1）绝大部分谣言的内容，与生存及生活密切相关，因此，大众的关注度很高。

（2）参与谣言传播的人数多，传播速度快，波及范围广。

（3）社会危害大。

造谣者的动机主要有：

（1）欲望，比如谋利等。

（2）憎恶，比如抹黑别人。

（3）恶作剧，比如笑看信谣者惊慌失措的情景等。

谣言传播的途径主要有：

（1）大众媒介传播（比如，网络、社交媒体朋友圈、广播、电视、报纸、杂志等），其特点是速度快，范围广，欺骗性大。

（2）非正式通信网络传播（比如，书信、口头言语等），这是谣言传播的主渠道。

谣言接受者和传播者的心理状态主要有：

（1）需求。谣言内容与自身利益密切相关，内容越接近自己的想象、需要或愿望，人们越容易接受它，且传播速度也就越快，范围就越广。

（2）恐惧、不安。当人处于不稳定状态时，人们就容易产生恐惧、不安、紧张等心理，这就越容易接受和传播谣言。因为传播谣言对传播者来说，可以分散自己的精神压力，即与他人共同承受那些令人不安的外在压力。

（3）信息障碍。在缺乏可靠信息或信息渠道不畅的情况下，人们最易接受和传播谣言；越不清楚真实情况，就越容易传播谣言。

（4）好奇。有些人传播谣言，纯粹是出于好奇。

（5）从众心理。别人的议论，会对你形成极大的"规范性压力"；你如果与别人背道而驰，就会感到不安，所以也就随大流传谣了。

（6）关心他人。一些人得知某个坏消息（谣言）后，担心不利于亲朋好友，于是便将这些消息传给他们。

（7）不良动机。此类人属于派生的造谣者。

谣言传播的规律主要有：

（1）谣言在传播过程中会变形（包括有意歪曲和无意歪曲）。比如，某明星生病，可能传到后来就变成：某明星去世。

（2）性别与谣言传播。一般而言，男人更关注和传播重大社会事件，女人更易于传播与生活相关或恐怖性的谣言。男人喜欢向其他男人传谣，而女人的传谣对象是男女不限。

（3）谣言的传播速度。刚开始传播时速度较慢，之后逐渐加快，当达到高潮（几乎人人皆知）时又会变慢。

根据谣言的产生原因、传播特点及后果影响，对付谣言的办法，在不同的阶段也不相同。具体来说，平时预防谣言的要点包括：

（1）疏通真实信息传播的渠道，确保重要信息能及时传递。同时，提高信息内容和传播途径的可信度。

（2）提高大众对谣言的免疫力，克服盲从倾向。

（3）培养大众对事物的批判分析精神，降低受暗示性，克服从众心理，提高对谣言危害性的认识等。

（4）加强对各种谣言的分析和研究，比如，各种谣言的产生机制、传播规律、特征及辟谣措施等。

辟谣的要点包括：

（1）在积极预防的基础上，及时发现谣言，并力求尽早将其扼杀。

（2）一旦某谣言已广泛蔓延，应采取紧急平息措施，调查谣言的来源，弄清基本事实，掌握其性质（比如，传播方式、途径、规模、社会影响度等），并及时披露真相。

（3）尽早查出造谣者，并依法处理。

与谣言很相似但又不同的东西是谎言。实际上，谣言几乎都是谎言，但反之则不一定，比如暂未广泛传播的谎言就不是谣言。从语言表述上看，谎言主要有下面三个特征。

特征一，为了竭力使自己同谎言保持距离，说谎者在编瞎话时，都会无意识地避免使用第一人称"我"。比如，迟到的同事打来电话说："车出了问题，发动机坏了。"这很可能是谎言。但是，如果他反复强调"我"，比如，来电话说："我的车总熄火，我已叫人来我家抢修，我会尽快赶到。"那就可能是真话了。任何人在说谎时，都会感到不舒服，都会本能地把自己从其谎言中剔除出去。所以，当你质问某人时，他若总是反复省略

"我"，那他的话就值得怀疑了。同样，撒谎者也很少在其谎话中使用具体的姓名。比如，美国前总统克林顿在其"性丑闻"案中面向全国讲话时，就拒绝使用"莱温斯基"，而是说"我跟那个女人……"。

特征二，说谎者在编故事时通常会避免细节。比如，迟到的同事若解释："昨晚喝了太多的酒，结果醉了，所以睡过头了。"那他可能就在撒谎。但如果他描述了许多细节，比如说："老王昨天生日，他叔叔送了 1 瓶陈年茅台，我本想只喝 1 小杯，结果老王非要一杯接一杯地灌……"那可能就是真话了。撒谎者不仅要虚构一个故事，而且还要编得让人信服，所以非常心虚，于是只好省略细节，简单编个大概。

特征三，当撒谎者编瞎话时，常会强调一些消极情绪，比如生气、焦急等。例如，朋友赴宴迟到，理由是"真是太倒霉，先是车胎没气，然后又不得不送邻居去医院，总之，诸事都不顺，真是气死人……"，那很可能是谎言。说谎者通常会对撒谎行为心存内疚，同时又担心被人识破，所以撒谎时常用一些消极情绪的语言来掩饰。比如，上面赴宴迟到的真话，更可能是这样的，"路上我的车坏了，好不容易回到家，妈妈的朋友又需要我送她去医院……"。

当然，仅凭有声的语言来判别谎言，也还存在一定的局限。因为说谎者会对语言进行有意识的隐藏，不过，肢体语言更为诚实，它们是下意识的，是撒谎者难以控制的。

（1）眼睛最能暴露内心的秘密。当男性说谎时，一般不敢正视对方。而女性则相反，她们说谎时，会盯着别人的眼睛，以观察其反应。另外，撒谎前，眼神会飘移；在编好谎话后，眼神会肯定；若你冷静地反驳，说谎者会再次出现眼神飘移。

（2）为掩饰谎言，有时说谎者（特别是男性）会不自觉地摸鼻子，用手掩口或用食指掩住上唇，抓面颊或耳朵等。

（3）惊奇或害怕的表情，在脸上一般不会超过 1 秒，否则就是假装的惊奇或害怕，是在撒谎。

（4）说话时单肩耸动，可能表示对所说之词缺乏自信，这也是说谎者的常见表现。

（5）当假笑时，一般眼角不会出现皱纹。

（6）当撒谎心虚时，会出现生理逃跑反应，比如，血液回流到腿部，以做好逃跑准备，此时手部会变得冰凉。

（7）当否定某件事时，若突然放慢语速，并加重其中某些字段的发音，那他很可能在撒谎。

（8）当撒谎者面对质问时，通常都会先有点不知所措，然后借假笑的时间迅速思考，想出并不高明的谎言，然后异常坚定地回应。

与谣言和谎言既有密切联系又有重要区别的是流言，它通常也会产生消极的后果。与谣言类似，流言也是广泛传播的且缺乏确切依据的某种特定信息，但与谣言不同的是，流言并非恶意或故意，流言也不是毫无根据。它的主要特征如下：

一是口头性。流言主要是通过人们之间的口口相传而传播的，特别是在网络已经普及的今天，流言的传播会更迅速、更广泛。

二是新闻性。流言的内容通常都是稀奇古怪的或耸人听闻的，也是大众最为关心的和最想了解的，因此才会以无根无据的爆炸性小道消息形式，通过非官方的渠道广泛传播。

三是公众性。流言的传播一般都会经历"编、传、听、信"四个环节，而且在每个环节中都有大量的公众参与其中。特别是当大众心理不安和普遍忧虑时，会促使流言广泛传播。比如，在房价上涨时，有关住房的政策性流言就很容易传播。又如，当社会处于战争或灾难等危机状态时，人们容易产生恐惧和紧张感，与危机相关的流言也更容易产生和传播。

四是局部真实性。流言的内容通常都有一定的依据，甚至能反映某些真实情况或填补官方渠道缺失的信息。因此，在客观情况含糊不清，缺乏可靠消息，沟通渠道又不通畅时，流言最容易产生和传播。

流言的传播与其内容的重要性成正比，越是重要的流言传播得越快越广，比如，疫情期间的病情流言就比涨价流言传播得更快更广。流言还与其传播者的权威性成正比，比如，"大V"传播的流言就比普通人更有影响力。流言的传播还与其内容的不明确性成正比，越是不明确的信息就越难被证伪，就越难被否定，也就越容易长期传播。此外，流言在传播过程中还会发生巨大变化，经常会出现以讹传讹的情况，让流言越传越离谱。流言的传播一般会出现如下五种趋势：

一是一般化。流言在传播过程中，会丢失许多具体细节，遗漏许多信息，使流言的内容变得越来越简明扼要。比如，某校某人的言行可能会被传播为某校的言行，让众多无辜者莫名躺枪。

二是强调化。流言中的某些内容会变得越来越突出，给听者留下深刻的印象，这又反过来促使该听者继续将流言传播下去。比如，某明星与某人的一次正常拥抱，可能就会被传播成"拥抱加亲吻"，甚至更进一步地传播成一次桃色事件。

三是趋同化。流言接受者会根据自己的经验、知识、习惯、态度、兴趣、需要、情绪等主观因素来理解流言的内容，凡是符合他的这些主观状态的，他就会全盘接受，然后按照自己的逻辑进行进一步归纳整理和加工，甚至不惜添油加醋地对流言进行重新编译后，再卖力地加以传播。

四是选择化。由于每个人都更相信自己愿意相信的消息，所以流言的传播并不均匀，它会有选择地传播给与其内容相关的群体。比如，有关某教授学术造假的流言就很难传播到农村或工厂中，却会在高校引起轩然大波。

五是变速化。刚开始时，流言的传播速度都比较缓慢，然后才会逐渐加速。待到流言几乎尽人皆知时，它的传播速度又会放缓，直到最终停止并销声匿迹。有时，流言还会经历多次的"消失-重现-再消失-再重现"的反复过程。

第 4 节　态度改变与说服

学习提示

- 掌握有关态度改变的主流理论，比如，认知平衡理论和认知不协调理论等。
- 了解导致认知不协调的主要因素，掌握减少或消除认知不协调的主要方法。
- 熟悉说服的主要模型，特别是霍夫兰说服模型和说服的双加工模型等。
- 掌握说服的实用技巧以及对抗被说服的妙招。
- 掌握影响说服效果的因素。
- 熟悉成功说客或容易被说服者的个人特质，了解说服过程中的信息传递和安排。

社工黑客最感兴趣的事情之一就是改变被攻击者的态度。因为通过被攻击者的态度改变，黑客就可能改变被攻击者的行为，从而有助于他完成攻击。

所谓态度的改变，既包括态度方向或性质上的变化，也包括态度强度的变化。这里，由消极态度转化为积极态度（或相反），就是态度方向上的改变；由微弱的态度到强烈的态度（或相反），就是态度强度的改变。其实，态度改变是常见而重要的现象，因为我们随时都会收到大量的信息，或遇到各种各样的宣传与劝说等，它们都可能改变我们的态度。但是，态度为什么会改变，它又是如何改变的呢？

先来回答第一个问题，即态度为什么会改变。此方面，最著名的学说有认知平衡理论和认知不协调理论。

1．认知平衡理论

该理论的基础是：在人的认知体系中，存在着趋向一致或平衡的压力。由于人的认知对象范围很广，包括外界的一切事物、全世界的各种人、各种观念等。这些认知对象，有些是有联系的，有些则是彼此独立的。将有联系的两个对象组成的整体叫单元，单元内的联系叫单元关系。当单元对象在心理上发生联系时，都会对对象产生一定的评价和情感，称为情感关系。单元关系和情感关系会相互联系，形成特定的模式和结构；其中，最著名的模式，便是所谓的"P-O-X 模式"。这里，P 代表认知主体，称为甲；O 代表认知对象的另一人，称为乙；X 代表与甲和乙有某种关系的某种情境、事件、观念或第三个人，称为丙。考虑一个三维向量（a,b,c）。其中，a 表示甲对乙的态度，当该态度为肯定时，记 a 为"+"；当该态度为否定时，记 a 为"–"。b 表示乙对丙的态度，当该态度为肯定时，记 b 为"+"；当该态度为否定时，记 b 为"–"。c 表示甲对丙的态度，当该态度为肯定时，记 c 为"+"；当该态度为否定时，记 c 为"–"。

当（a,b,c）＝（+,+,+）、（–,–,+）、（–,+,–）或（+,–,–）时，称为平衡状态。此时，甲没

必要因受到来自丙的压力而改变态度。比如，如果甲是学生，乙是老师，丙是运动，喜欢表示肯定态度，不喜欢表示否定态度，那么：

（1）（+,+,+）就可解释为：学生喜欢老师，老师喜欢运动，学生也喜欢运动。因此，学生当然就没有改变态度的压力嘛。

（2）（−,−,+）可解释为：学生不喜欢老师，老师不喜欢运动，学生却喜欢运动。此时，学生对老师的态度，当然没必要因受到"来自对运动的态度的压力"而改变。

（3）（−,+,−）可解释为：学生不喜欢老师，老师喜欢运动，学生不喜欢运动。此时，学生对老师的态度，仍然没必要因受到"来自对运动的态度的压力"而改变。

（4）（+,−,−）可解释为：学生喜欢老师，老师不喜欢运动，学生也不喜欢运动。此时，学生对老师的态度，还是没必要因受到"来自对运动的态度的压力"而改变。

除了上述四种平衡状态之外的所有其他四种状态，就是非平衡状态，此时甲的态度或多或少会受到来自丙的压力，可能会被改变。实际上，非平衡的全部四种状态是：$(a,b,c) = (−,−,−)$、$(−,+,+)$、$(+,+,−)$ 或 $(+,−,+)$。仍然用上面的例子，可有不同的解释。

（1）（−,−,−）可解释为：学生不喜欢老师，老师不喜欢运动，学生也不喜欢运动。此时师生会有一个共同的爱好，即都不喜欢运动，因此，学生就会受到改变态度的压力：要么喜欢老师，要么喜欢运动。当然，"受到压力"并不等于就一定要改变态度，只有当压力足够强时，才可能促成态度的改变。

（2）（−,+,+）可解释为：学生不喜欢老师，老师喜欢运动，学生也喜欢运动，那么，与前一情况类似，此时学生也会受到改变态度的压力。

（3）（+,+,−）可解释为：学生喜欢老师，老师喜欢运动，学生不喜欢运动。此时，学生当然会受到改变态度的压力。

（4）（+,−,+）可解释为：学生喜欢老师，老师不喜欢运动，学生喜欢运动。此时，学生仍然有改变态度的压力。

2．认知不协调理论

认知是一个广泛的概念，也可以说是某种特定的知识。个人对有关环境、行为、知识、观点、信念的态度总和，形成了认知结构。认知结构中的基本单位称为认知元素，每个人都同时拥有许多不同的认知元素，比如，我喜欢红色、沸水很烫等，都是认知元素。众多认知元素之间的关系，大致有三种：

（1）协调。比如，"我喜欢红色"和"红色很漂亮"就是两个协调的认知。

（2）不协调。比如，"我喜欢登山"和"登山易伤膝盖"就是两个相互矛盾的不协调认知。

（3）无关。"狗好大"和"小明真胖"就是两个无关的认知。

态度改变的认知不协调理论，就是基于这样的事实：任何人，在任何时间，只要出现两个彼此不协调的认知时，就会感觉到心理冲突，该冲突又会引起紧张不安，该不安转而又形成一种内在的动机和压力，促使个人放弃或改变其认知之一，而迁就另一认知，借此消除冲突，恢复协调一致的心理状态，达到认知平衡和协调，并努力保持这种协调状态。

认知不协调的程度，有高有低，这主要取决于以下四种情况：

（1）两种认知元素之间差异的大小，即差异越大，不协调程度就越高。

（2）认知差异的多少，即互相矛盾或冲突的认知越多，它们所引起的不协调程度也就越高。

（3）协调认知的数目，即协调的认知越多，不协调的程度就越低。

（4）不同认知所具有的重要程度，即与"无关紧要的认知协调与否"相比，"关键性的协调与否"显得更为重要。

减少或消除不协调认知的方法主要有：

（1）改变某一种认知元素，使其与其他认知元素之间的关系趋于协调。比如，在前面的登山例子中，要么放弃登山，要么使自己相信"其实登山并不一定伤膝盖"；这两种做法都可以协调认知。

（2）强调某一种认知元素的重要性。比如，强调膝盖更重要，于是放弃登山；或强调登山更重要，宁愿忍受膝盖做出一点牺牲；这两种做法都有助于认知协调。

（3）增加新的认知元素。比如，强调"许多登山者的膝盖并未受伤"，从而降低不协调因素，达到认知的协调。

认知不协调理论，不但可以用来解释态度改变的原因，而且也有助于人们将自己的态度由消极转变为积极。例如，人虽不能改变现实，但可以改变自己的态度去适应现实。上面的认知平衡理论和认知不协调理论，只是解释了态度改变的原因，那么，如何才能改变态度，态度改变的实际过程和具体的决定因素都有哪些呢？下面就来探讨这些问题。

任何态度的改变，都主要是在说服性沟通中完成的；每个人都会遇到试图说服别人和被别人说服的情形，从而经常都有态度方向的转变和强度的增减。关于"说服"的定义，大家都可以去自行意会，这里就不再费劲言传了。如果以自己坚信不疑的东西去说服别人，会相对容易；否则，便是灌输或洗脑，本书不考虑洗脑之类的说服。

说服，以声音开始，以行动结束。其核心是论据，使被说服者在某种动机引导下，转变或调整行动。如果论据充分，那么说服力就强，就容易令人信服。当然，在特殊情况下，有些被说服者是盲目的，甚至对论据不关心，比如许多信谣者。改变态度的说服模型主要有两种：霍夫兰说服模型和说服的双加工模型。

霍夫兰说服模型。在该模型中，影响态度改变的因素有：说服者、传递的信息、被说服者和情境。说服的效果或态度改变的程度，由这些因素的相互关系或作用所决定。比如，说服者的专业性、可靠性、吸引力如何；传递的信息的差异性、情绪性和组织性如何；被说服者原有的态度强度、心理免疫能力、人格特征如何；情境是否被预先警告或被分心；等等。根据霍夫兰说服模型，任何一个说服过程，都开始于"可感知的说服刺激"，并经历以下两个步骤：首先，要有一位说服者，他对相关问题有一定的看法，并力图说服他人也持有同样的看法；其次，说服者必须设计一套"传递的信息"，即对传递的内容精心组织，对传递的方式精心安排，以说服他人相信其观点，并诱使和劝说他人放弃原有的态度、立场，从而达到说服目的。

说服的双加工模型。该模型认为，说服的路径主要有两种：中心路径和外周路径。当被说服者试图仔细思考论据，努力琢磨说服者提供的信息含义时，便属于中心路径的说服；此时，说服者和被说服者都会比较全面地加工信息，考虑信息的内容，即双方所关注的都是话题本身。与此相反，当被说服者并不在乎劝说信息的内容或含义，而只关注与内容无关的因素时，这时所产生的说服，便是外周路径的说服。因此，中心路径的说服，基于论据的逻辑性和强度；外周路径的说服，建立在与说服内容性质或品质无关或额外的因素上，例如，是谁提供了论据、论据的长短等。

中心路径和外周路径，对态度改变的持久性影响各不相同。一般来说，由于中心路径的说服需要被说服者的认知努力，还要理解当前论据的利弊，甚至自己想出某些支持性论据，因而态度改变就比较持久。相反，外周路径的说服，虽能动摇或改变态度，却不够持久和强烈。因此，中心路径的说服效果要优于外周路径的说服；不过，中心路径说服的难度大于外周路径的说服难度。因为存在两个制约因素：一是被说服者的动机，即他愿不愿意、有没有兴趣来琢磨说服者提供的信息，而这通常要花费被说服者不少的时间和精力；二是被说服者的能力，对某些说服信息，被说服者不一定能够准确理解。

前面已简要介绍了一些影响说服效果的因素，现在再给出更详细的叙述。

首先来看说服者。在说服别人改变态度的过程中，同样的话有的人说出来可能毫无效果，有的却能让被说服者心悦诚服地改变态度。可见，说服者本身是一个重要因素。那么，到底是说服者的何种特征，在影响说服效果呢？答案是：说服者的专业性、可靠性和吸引力都在扮演着重要角色。

专业性，又称专家身份，意指说服者的身份具有令人信服的权威性，包括但不限于说服者所受的教育程度、专业训练、社会经验以及年龄、职业和社会地位等。说服者的权威性越大，被说服者改变态度的可能性就越大。

可靠性，即被说服者对说服者的信任程度越高，说服效果就越好。说服者的人格特征、外表仪态及讲话时的信心等，都会影响被说服者的信任程度。比如，若说服者自身都没信心，那他的话当然就缺乏说服力。此外，说服者的意图和动机也会影响可靠性。比如，无论说服者多么权威，若其劝说被认定为动机不良，那他的话就失去了说服力。因此，出色的说服者，首先必须显得公正、公平、客观等。当说服者的主张有损其自身利益时，他的观点就最具影响力，因为被说服者此时相信说服者的公心。平常诚信度高的人，说服力就强；平常言而无信的人，说服力就弱。上面的专业性和可靠性也合称为可信度。

吸引力，即说服者是否具有令人喜欢的特征，及被喜欢的程度。越被喜欢的人，其说服力就越强，这是因为大家都"爱屋及乌"，若喜欢某人就可能会进而接纳他的态度，包括他的爱好和行为方式等。比如，外表漂亮的人，在说服方面就更有优势。

再来看传递的信息。说服者所传递信息的组织和安排，在说服过程中也十分重要。因为我们接纳某种观点，不仅要看是谁说的，还要看他是如何说的，以及说了什么。此时，所传递信息的差异性、信息的情绪性和信息的组织性等都会影响说服效果。

信息的差异性，即说服者所提供的信息与被说服者当前态度间的差异。差异越小，对方改变态度的可能性就越大；差异越大，对方改变态度的可能性也就越小；当差异过大时，被说服者几乎就不会改变态度，而更可能贬低信息来源。比如，谈判双方的底线若本来就很接近，那谈判就容易成功，否则谈判几乎会失败。

信息的情绪性，即说服者提供的信息，对被说服者的情绪唤醒所产生的影响。在说服过程中，既可借助理性说服，也可借助感性说服，即借用情绪及情感来影响被说服者。换句话说，既可晓之以理，也可动之以情。一般来说，面对能力强和动机强的人，宜采取理性说服，以唤起他的中心路径的加工策略；面对能力弱或动机弱的人，宜采取感性说服，以唤起他的外周路径的加工策略。与被说服者当前心境或情绪状态相一致的信息，具有更好的说服效果。

信息的组织性，即说服者所提供的信息是否全面，比如，是否同时分析了利弊两方面，或只是强调了有利的方面，或只是强调了弊端等。信息的组织性与说服力之间，并无简单的正比或反比关系，还需要因人而异。比如：对于文化程度较低的人，片面的论据更有利于改变其态度；对于文化程度较高的人，利弊周全的论据更有说服力。信息的组织性对说服效果的影响，还依赖于说服者的态度与被说服者原有态度是否一致：如果态度不一致，那么越全面的论据就越有说服力；反之，如果态度一致，那么支持原有态度的片面论据，就更能坚定被说服者已有的态度。换句话说，较全面的论据，有助于对方改变态度；而适当的片面论据，有助于对方维护并坚持其原有的态度。

接下来，看看被说服者。一个人是否容易被说服，依赖于被说服者的如下三方面：人格特征、对原有态度的信奉程度、心理预防。

人格特征，即有些人性格特点上就容易被说服，而另一些人性格特点上就坚持己见；换句话说，可说服性是一种重要的人格特质。与可说服性相关的主要因素有两种：自尊心或自信心、智能。一般来说，自尊心低的人，更容易被说服；自尊心高的人，就更难被说服。因为，自尊心低的人对自己的观点评价较低，也不太重视，所以一遇到说客，就容易放弃原来观点而改变态度。但是智能与说服效果之间的关系，就比较复杂了：高智能的人，更容易受"强调理解的信息"影响；低智能的人，则更容易受"强调顺从的信息"影响。这也许是因为，高智能的人很少受"不一致或不合逻辑的论据"的影响；低智能的人，则很少受"复杂而困难的论据"的影响。

对原有态度的信奉程度越低，就越容易被改变；对原有态度的信奉程度越高，就越不容易被改变。信奉程度与被说服者个人生活中的重要性有关：对被说服者个人生活越重要的问题，信奉度程度通常就越深，反之就越浅。比如，对被说服者生活无关紧要的事情，其信奉程度就低，相应的态度要不要改变都无所谓。

心理预防。如果被说服者已有心理预防，那么他就会对说服信息产生抵制，从而就更难改变其态度。被说服者的反说服策略主要有：贬低说服者，降低其说服信息的可靠性，从而减少自己认知的不一致性；曲解说服内容，或对说服信息给以错误感知，以减少说服信息和自己观点之间的差异；抵制说服，甚至拒绝任何说服信息；反说服，即反过来去说服说客；等等。

最后再来看情境因素对说服效果的影响，主要有下列两种重要情境：

（1）预警，即事先让被说服者知道将会发生的情况。此时，被说服者将会更强地抵御说服者的观点，使得说服难度更大。

（2）分心，即在说服过程中，情境中的某些因素使被说服者分心了，让他的注意力难以集中在所接收的信息上。研究表明，分心会阻碍沟通，从而有可能削弱说服效果。但是，非常奇妙的是，当被说服者反对说服者的观点时，如能使被说服者分心，则反而能取得较为有效的说服效果，这是因为分心能干扰反驳过程，故能导致更顺利地改变态度；相反，若没有分心，则说服者所提供的信息很容易引起抵制或反驳。

通俗地说，你若想成功地说服对方，可以在以下方面用力：

（1）用通俗易懂的语言表达你的观点，否则，听者的注意力可能被干扰。

（2）事前充分了解对方的动机，并正确预判他的反应，以便有的放矢。

（3）要努力使你看起来"与众不同"，比如，显得更可信等。

（4）充分利用心理手段，比如，借助从众效应："聪明人都在这么做，而你正好是聪明人"。

（5）深入角色。一方面，要真正进入自己的角色，因为以旁观者身份进行的说服很难成功。另一方面，要用换位思考，理解他在想什么，他真正想要什么。

（6）努力使对方心情愉快，确保与他平等对话，互动沟通，实现双赢。

（7）不能感情用事，更不要与对方争吵。

（8）不回避陈规陋习、人性弱点、环境的诱导因素等，使得他"自愿做出的正确选择"刚好与你的愿望吻合。有时候，人们做出决定，并不是因为该决定正确，而是它合理："我必须这么做，虽然有所保留。"

（9）不能急于求成，"耐心等待"也是说服的有力武器。

（10）通过各种途径（包括但不限于声音、视频、文字、表情、动作等），向对方提供有利于你的证据，并引导他进行你期待中的思考，最终得出"正确决定"，完成你的说服工作。

（11）当给对方提供证据时，并非越多越好，而应该将证据进行有选择的组合，突出你的观点，剔除有害信息，引导和暗示他进入你预设的路线。若有必要，此时可能还需要帮手，来营造相应的旁证，形成有利环境等。

（12）展现你的魅力并利用他的爱好，尽力彰显你们的共同点。

（13）"怎么讲"比"讲什么"更重要，比如，最有力的证据，就要最先出示；要努力给被说服者留下良好的第一印象；等等。

（14）需要满足他的某些需求，给他足够的安全感，否则就没有双赢，他当然就不可能被你说服了。

（15）充分利用情绪武器，比如，在对方心情愉快的时候开展说服工作；当然必要时，也可通过恐吓达到目的。

（16）说服工作是一个系统工程，别指望一蹴而就，只要每次都能达到下一步，就能在妥协的基础上最终达成共识。

（17）重视突发危机（特别是公众事件）的处理技巧。比如，面对突发危机，不能对问题进行过分的修饰和推诿，必须及时传递出某些积极的关键信息，展现解决问题的诚意、力量和信心等。

（18）平常注意维护好自己的声誉，因为一旦被贴上缺乏诚信的标签后，你就不可能说服任何人了。

（19）不可否认，钱权等外力也具有非常强的说服力，不能假装忽视。

（20）说服别人时，你自己首先得有主见，立场坚定，否则就没说服力。就算有时你的"主见"是错误的，只要坚持到底，表现出强烈的自信和倔强，对方也可能会被你说服。

（21）会讲高素质的废话，包括"高大上"的废话、吸引人的废话等，因为在说服过程中，有时不得不故意消磨时间或转移话题等。

（22）必要时，要给予适当的利益诱惑。此处的利益，包括但不限于金钱、情感、诚信、知识或心灵安慰等物质和精神利益。因为说服的本质，其实就是一种交易；要让被说服者感到他的"正确决定"能获得好处，毕竟人的本性就是趋利避害，而且许多人在利益诱惑下，会变得弱智。

（23）如果你实在不能说服对方，就要想办法把他绕糊涂，你自己却要保持清醒；时刻准备发动有力一击，在最有利的时候切入正题，拿下对方。这是说服的软战略，也是剑走偏锋的奇招，不可不察。

当然，"说服"绝不仅仅是一个技术活，还需要实力基础。比如，一个人的地位越高，越有威信，越受人尊重，他说话做事就会越有说服力，也就越容易引起大家的重视，大家也就越相信甚至臣服于其正确性，反之亦然；这便是所谓的"人微言轻，人贵言重"。其实，"权威崇拜"的意识和习惯普遍存在，大家会下意识地觉得权威人物是正确的，服从权威更有安全感，能增加不出错的"保险系数"。当然，地位与权威密切相关，一般来说，地位越高，权威性也就越大，人们也就越容易对他盲从。

对抗被说服的招数也不少，比如，所谓的"接种效应"，即当某人持有某种见解后，若从未受到过其他刺激，那他就不会建立任何防御系统。当他突然遇到相反意义的说服性诱导因素时，就会感到很新鲜，容易丧失原来的立场，从而改变态度顺应新观点。相反，如果此人的见解预先经受过刺激，哪怕是轻微的刺激，得到了锻炼，那么在他心里，就会围绕该种观点建立较强的"防御工事"，从而可以经受强力的劝说。

第5节　动机需求与诱惑

 学习提示

- 了解动机与行为的关系，以及主导动机和从属动机的关系。
- 了解需求与诱惑的关系，掌握需求的心理不平衡本质，以及需求的不同种类与层次。
- 了解需求是可以被社工黑客诱发出来的，需求越具体就越容易被社工黑客所利用。
- 熟悉社工的常见诱惑手段，牢记强动机是强诱惑之源。
- 掌握以兴趣为代表的各种特殊动机，了解兴趣在诱惑过程中的神奇作用。

同样的行动可能有不同的动机，同一个人其动机也可能多种多样，动机与效果之间存在着复杂的关系。一旦你的动机被掌控后，社工黑客的威胁将在多个方面得以体现。本节主要介绍社工黑客如何诱惑和利用被攻击对象的动机，特别是需求和兴趣爱好等，促使受害者犯错，并主动进行危及自身的操作，从而帮助黑客完成攻击任务。希望有更多的人能了解黑客的这些招数并进行有效防范，从而保障网络安全。

社工黑客为什么能成功，全都归因于你！确实，不是别人，就是你！因为只有你才是内因，是根据；黑客仅仅是外因，是条件；黑客必须通过你而起作用，最终把你打得"满地找牙"。

别忘了，社工黑客的攻击始终都是"非身体接触"的。换句话说，所有恶意操作，都是你自己的行为或无意操作而造成的；一切致命的攻击信息，也都是你自己提供的；全部有害指令，还是由你亲自发布的。那你为什么要无情地"自杀"呢？奥秘就隐藏在两个字当中，这两个字就是：动机！

从心理学的角度，动机就是引起和维持个人行动，并使该行动朝向某一目标发展的心理过程或内部动力。更直观地说，人的各种行动都是在动机的指引下，向着某一目标进行的，即人的行动是受动机调节和支配的。换句话说，如果黑客能够成功地诱惑你的动机，

那他就有可能诱惑你的行动，当然也包括各种误操作。

动机与行动之间的关系，并非严格的一对一，而是相当复杂的，至少包括：

（1）同一行动，可能有不同的动机，即各种不同的动机，可通过同一种行动表现出来。比如，同样是"跑步"这一行动，其动机既可能是锻炼身体，也可能是赶时间等。另外，不同的行动，也可能有同一或相似的动机。比如，一会儿请客，一会儿送花，一会儿代劳帮忙等，这些众多的行动背后，可能只有一个动机：讨好恋人。

（2）即使同一个人，其动机也可能多种多样。其中，有些动机占主导地位，称为主导动机；有些动机处于从属地位，称为从属动机。比如：周末在公园跑步，其主导动机可能是锻炼身体，而"赶时间"就只是从属动机了；相反，追公交车的跑步，"赶时间"就成主导动机了。

（3）如果主导动机不同，它和从属动机的关系也不同，那么就会形成不同的动机体系。人的行动，并非受单个动机的驱使，而是由其动机体系所推动的。

（4）"行动的动机"与"行动的效果"之间的关系也很复杂，一般情况下，会出现"好动机，出好效果"，但也有"好心办坏事，或坏心促好事"的现象。其实，网友误操作，就是"好心办坏事"的典型代表：他敲键盘前的动机，肯定是想对自己好，不会有意伤害自己；结果却是"把机会送给了黑客"。

既然动机与行动之间有这么复杂的关系，那前面为什么又敢断定："如果黑客能够成功地诱惑你的动机，那就有可能诱惑你的行动……"呢？这是因为，一方面，黑客对你的攻击不止一次，而可以是任意多次，只要有一次成功，他就胜利了。另一方面，黑客不仅攻击你一个人，他可同时攻击网络中的很多人，只要有一个人中招，他也就胜利了。所以，从统计规律来说，黑客只要能成功诱惑网民的动机，那么他就很容易完成攻击了。当然，如果黑客对其攻击对象有更多的了解，他就能更准确地诱惑受害者的动机，从而掌控受害者的行动，使攻击效果更佳。

一旦你的动机被掌控，黑客的威胁将主要体现在哪些方面呢？答案是下列三个方面。

（1）攻击开始，即诱发了你的动机后，黑客的攻击就可开始了。这是由动机的"激活功能"而定的，因为动机是人的积极性的一个重要方面，它能推动当事者开始行动，如玩游戏的动机产生后，就可能点击藏有"木马"的执行代码。当然，动机的性质与强度不同，对黑客攻击的激活作用也不同。

（2）有助于攻击的瞄准，使得黑客的目标性更强，攻击效果更佳。这是由动机的"指向功能"而定的，因为在动机的支配下，人的行动将指向一定的目标或对象。例如，针对你的购物动机，用虚假的商品打折，就更容易套取你的银行账号和口令等。当然，动机不一样，行动的方向以及追求的目标也不一样。

（3）有助于攻击的维持和调整，增加黑客攻击成功的概率。这是由动机的"维持和调整功能"而定的，因为即使行动开始后，当事者是否会坚持该行动，同样会受动机来调节和支配。当被攻击者行动有利于追求目标时，相应的动机便被强化，因而该行动就会持续下去；相反，当行动不利于所追求的目标时，相应的动机便被减弱，因而继续行动的积极性就会被降低，甚至完全放弃行动。当然，将行动的结果与原定目标进行对照，是实现动机的维持和调整功能的重要条件，所以，黑客若想延长攻击时间，他就会想方设法地让受害者误以为"胜利在望"。

但是，被攻击者动机并不是那么容易被激发或控制的，它其实是相当神秘的内部心理过程，即使是当事者本人，有时也意识不到自己动机的存在。所以，社工黑客若想直接掌控受害者的动机，那他将一无所获，并会很快因耗尽自己的动机而放弃攻击行动。

幸好，别人的动机是可以间接激发和控制的，因为心理学家发现了一个重要循环关系：需求→动机→行动→目标→新需求→……也就是说，人的行动是由动机支配的，而动机则是由需求引起的，行动又是有目标的；目标达到后，又会激发新需求等。更详细地说，这个循环关系表明：当人产生某种需求，而又未被满足时，便会产生紧张不安的心理状态；当遇到能满足此需求的目标时，这种紧张、不安的心理就会转化为动机；在动机的推动下，会进行满足需求的行动，向目标前进；当达到目标后，需求得到满足，紧张、不安的心理状态就会消除，这时，又会产生新的需求，产生新的动机，引起新的行动。如此周而复始。

总之，如果黑客能诱发你的某种需求，便可间接诱发你的有害动机，进而让你瞄准错误的目标，然后狠狠地"坑自己"。

如果黑客已能诱惑多种动机，而只是犹豫于"到底锁定哪种动机为攻击目标"时，那么"动机的强度"便可作为选择标准之一，即黑客会选择利用强度大的动机，因为它们的诱惑力更大。

什么样的动机强度更大呢？

首先，动机的强度与需求和诱因的性质有关。也就是说，需求越大，诱因越大，则动机的强度也就越大。比如：父母救子女的动机，就强于自己避险的动机；救亲人的动机，就强于救陌生人的动机；等等。

其次，动机的强度与实现目标的可能性有关，即完全没可能实现的目标，就不会激发动机；伸手就可得的目标，则容易激发起相关动机。比如，中学生们对考大学的动机，就强于考研的动机。

再次，意义和价值越重大的事物，激发动机的强度也会更大。当然，这里"意义和价值的大小"取决于个人观点，比如，自己认为没意义的东西，就根本不会有兴趣，更不会对它有动机。

最后，针对同一个动机，心理学家阿特金森还将该动机的内容细分为希望成功的动机（M）和避免失败的动机（N）。若当事者主观估计的该动机目标能被实现的概率为 P，那么，此动机的强度就等于$(M-N)P(1-P)$，因此就有：

（1）如果希望成功的动机 M 大于避免失败的动机 N，那么，只有目标能被实现的主观概率 P 为 0.5 时该动机的强度最大；

（2）如果希望成功的动机 M 小于或等于避免失败的动机 N，那么，无论 P 为任何估计值，该动机的强度都很小。

形象地说，大部分人都是害怕失败的，哪怕宁愿放弃成功。

与抽象的动机相比，需求就直观多了。前面已经讲过，社工黑客若能成功诱惑你的需求，便能间接诱惑你的动机，从而可能促成你的误操作，所以下面就来重点介绍需求的诱惑问题。

所谓需求，其实就是人体内部的一种不平衡状态，它反映某种客观的要求和必要性。对黑客来说，最重要的是：需求能被人体感受到，是人体内部或外部的稳定的要求。此处的"不平衡"，既包括生理的不平衡，也包括心理的不平衡。当需求得到满足后，这种不平衡状态就会暂时消除；当出现新的不平衡时，又会产生新的需求。换句话说，如果黑客能诱发出"不平衡"，便能诱发出需求。

需求，是客观存在的。需求，既可能来自当事者本人，也可能来自他的周围环境，但无论这些需求来自哪里，最终都会引起当事者的某种内在不平衡状态，于是便能转化为当事者的某种需求。比如，"帅哥"发财的愿望，既可能是自己的需求，也可能是为恋人提供更好生活的需求，但最终都会转化成帅哥的内在不平衡状态。换句话说，如果实在诱发不出被攻击对象本人的需求，那么黑客也可以设法引诱其亲朋好友，然后让身边环境的需求，逼出被攻击对象的不平衡状态。此外，任何需求，都会指向能满足此种需求的客体，即需求者会追求该客体，并从中得到需求的满足。换句话说，从黑客角度来看，到底需要诱发被攻对象的何种需求，应该由"该需求指向的客体"倒逼而确定。用系统论的术语来说，动机诱惑其实是"果决的"。

需求，包括自然需求和社会文化需求。自然需求又称生物学需求，包括饮食、运动、休息、睡眠、排泄、配偶、生育等，人类天生就有这类需求。黑客诱惑自然需求的难度较低，而且可选攻击对象的范围最广。社会文化需求是人类特有的需求，包括劳动需求、交往需求、成就需求、求知需求和社会赞许的需求等。这些需求的诱惑难度因人而异，而且能满足这些需求所指向的客体也各不相同。因此，黑客在诱惑当事者的这类动机时，他会设法对其量身定制。

需求，还可分为物质需求与精神需求。物质需求指向物质产品，并以占有这些产品而获得满足，比如，利用网店打折，便可诱发物质购买需求，促成受害者的"扫码"行动。精神需求指向精神产品，也以占有某些精神产品而得到满足。比如，用明星最新专辑网站，便可诱发粉丝的精神需求，并顺便套取他们的隐私信息等。物质需求与精神需求密切相关：一方面，追求美好的物质产品时，也包含了某种精神需求（比如，既想要汽车，也想要汽车漂亮）；另一方面，精种需求的满足，又离不开一定的物质产品（比如，追求美妙的音乐，就很难离开高品质的音响设备等）。

前面已经知道：当需求未被满足时，就会激励当事人去寻找满足需求的办法，从而产生行动的动机。但是，动机的高效产生，除需求外，还有另一个重要的东西，那就是诱因。所谓诱因，是指能激起当事者的定向行为，并能满足某种需求的外部条件或刺激物。例如，吃饭是需求，但食物的色、香、味就是诱因。更进一步，诱因还可分为正诱因和负诱因。正诱因产生积极行动，即趋向或接近目标；而负诱因产生消极行动，即离开或回避目标。例如，过量的美食会使人肥胖，于是成为负诱因。换句话说，为了更高效地激发受害者的动机，黑客会充分利用正诱因，而设法去掉或让被攻击者忽略负诱因。

为什么这里要专门突出诱因呢？原因主要有三个：

（1）需求与诱因密切相关。

（2）相比较而言，需求更内在、隐蔽，是支配行动的内部原因；诱因则是与需求相连的外界刺激物，所以黑客更容易操作。诱因引发人的行动，并可能满足需求。若无需求，就没有行动的目标；反过来，若无行动目标或诱因，也就不会有相应的需求。实际上，人的行动，主要取决于需求与诱因的相互作用。

（3）在动机中，需求、诱因与目标彼此促进：未满足的需求，促使行动，并使该行动受各种诱因的影响，最后引向某一具体目标；若目标已达到，需求已被满足，动机也就减弱了，随后再产生新的需求，整个过程又重新开始。

上面讨论的需求，都是一般性的需求。然而，从"诱惑受害者动机"的准确性和高效性角度来看，需求越具体，就越能有的放矢。因此，有必要认真归纳各派心理学家在需求方面的成果。

1．心理学家莫瑞的成果

莫瑞列举了以下 20 种人类需求：支配、依从、自治、侵犯、谦卑、成就、感知、表现、游玩、交往、拒绝、援助、培养、避免羞愧、防守、对抗、避免伤害、有秩序、理解、性等。如果针对这里的每种需求，都去设计相应的动机诱惑和利用方案，那么本书将会太凌乱、太死板。因为针对同一需求，相应的诱惑和利用方案也是千奇百怪，不可能穷举。幸好莫瑞给出了下面五种需求的分类方法。

（1）原始需求与从属需求。原始需求来自身体的内部过程，其中，一些是生存的必需品（如对空气、水、食物等的需求），另一些不是生存的必需品（如性的需求、感知的需求等）。从属需求，间接来自原始需求，在身体内没有特定的起源（如支配、成就、交往的需求等），但它们关系到心理和情绪的满足。从黑客角度来看，"原始必需的需求"是否被满足，很容易判断，却不易诱惑，因为它们都不太短缺，在网上更难制造相应的需求，而对"原始非必需的需求"的诱惑则比较容易进行；从属需求的诱惑，相对而言就难多了。

（2）集中的需求和弥漫的需求。这是根据满足需求的客体数量来区分的。集中的需求，可借助单个事物得到满足；而弥漫的需求，则需要多个事物，才能被满足。从黑客的角度来看，集中的需求具有更好的瞄准性，即诱发出此类需求后，就会产生相对确定的动机，从而使后续攻击对象更具体。比如，相对而言，充饥的需求就属弥漫的需求，因为米、面、肉等都是满足此需求的客体；而与充饥同属原始需求的"呼吸需求"就属于集中型，因为除了空气，几乎没有其他客体可供替代。

（3）反应性需求和前反应需求。反应性需求只对某些特定事物有反应，即只有当这种事物出现时，需求才会出现。例如，只有身临险境时才会出现逃生需求。前反应需求不依赖于环境中的任何特定的事物。又如，饥饿者身边即使没食物，照样也会产生觅食的需求。对黑客来说，激发反应性需求更有把握，因为他只需复现那个"特定的事物"就行了，所以这也是防范黑客必须留意的。

（4）显露的需求与潜伏的需求。显露的需求是受到社会支持或奖励的需求，因而可以公开表现出来，如成就需求就属于显露的需求。潜伏的需求只能通过幻想、做梦、象征化等隐秘地表现出来，如侵犯他人利益或不正当获利的需求。对黑客来说，"激发显露的需求"事前风险更小，因为完全可以公开进行；"激发潜伏的需求"的事后风险更小，因为受害者通常可能会羞于投诉或举报等。

（5）效应、过程和活动方式的需求。效应需求会引起某种效应，即直接引向某一事物，从而黑客可以比较准确地预测受害者的行动。过程需求是指当事者由于各种满足需求的行为、活动而获得大量的快慰（比如望梅止渴）。这是黑客最希望的场景，因为毕竟网络是虚拟的，网民更多的是要享受过程。活动方式的需求是指仅仅从事某种动作或操作，而并未被满足的需求（比如，为求长生不老而做的各种努力）。针对此类需求，黑客布设陷阱更加容易，因为他可以编造许多"能满足此需求"的谎言，让受害者盲目响应，并从中下手。比如巫师"驱鬼"时，几乎可做任何事情而不会引起信众的怀疑。

2．心理学家马斯洛的成果

美国心理学家亚伯拉罕·马斯洛认为，人类的需求可分为五个层次：

第一层，生理需求。人对食物、水分、空气、睡眠、性等的需求就属此层次。这是最基本的需求，也是最有力的需求。如果黑客能成功激发、掌握当事者的此层需求，那么预测受害者的行动就很容易了。不过，在这个层次上，黑客最能激发的是"性"，其次才是"食物"等，而对激发空气、水分等需求，几乎无能为力。这也是为什么在色情网站上，恶意病毒很多的重要原因。

第二层，安全需求。它表现为人们要求稳定、安全、受到保护、有秩序、能免除恐惧和焦虑等需求。这是黑客综合收益最大的一块"蛋糕"。第一方面，安全需求人人都有，所以人人都可以成为黑客的攻击对象；第二方面，激发安全需求可以公开进行（激发

"性"的需求，就不很光彩了），受害者也会理所当然地响应（响应"性"诱惑时，受害者也会提心吊胆），从而被成功激发的可能性更大；第三方面，一旦此类需求被成功激发，黑客便能比较准确地预测受害者的行动。这就是骗子冒充警察时更容易成功的原因。

第三层，归属和爱的需求，即与他人建立感情联系或关系的需求。比如，结交朋友、追求爱情、参加社团并担任一定的职务等，就是归属和爱的需求。此类需求对黑客来说兴趣不大，因为：一方面很难激发，需要做大量的个性化预备工作；另一方面需求激发后，随后的动机和行动也比较散乱，难以掌控。这就显示了社工黑客与江湖骗子的差别，因为此层次的需求是江湖骗子常常涉足的领域，如相面、看姻缘等。

第四层，尊重的需求，包括自尊和受到别人的尊重。黑客利用当事者的自尊需求，可以比较容易地激怒受害者，也能比较准确地预测其后续行动。

第五层，自我实现的需求，即追求实现自己的能力或潜能，并使之完善化的需求。黑客激发此类需求时，也得因人而异。比如，假文凭对自律正直的人来说，就完全没有吸引力了。而且，即使黑客成功地激发了这类需求，一般来说也不会诱惑出当事者太强的动机。

关于上述五个层次的需求，从社工黑客发现机会进而下手的角度来看，有以下规律：

（1）激发越低层次需求，所产生的动机就越强，受害者开始行动的可能性就越大；

（2）对低级需求都还未被满足或甚至未被部分满足的人，黑客一般不会费力地激发他的高级需求，否则会白费劲；

（3）人到中年后才会有自我实现的需求，所以"激发年轻人的自我实现需求"一般不会是黑客的兴奋点；

（4）越是高级的需求，就越难激发，因为高级需求更复杂，需要更多的外部条件，包括社会、经济和政治条件等；但是，当黑客必须攻击某位成功人士时，他就不得不在努力激发他的高级需求上下功夫，因为他的低级需求早已被满足了。

除上述五个层次的需求外，马斯洛还提出了另一类需求，即认识与理解的需求，它催生了好奇心，也是一种强有力的需求。事实上，许多人，特别是科学家，在这种需求的驱使下，甚至不惜生命也要刨根问底。从黑客角度来看，这类需求不必去激发，只需要充分利用就行了，反正是愿者上钩嘛。实际上，许多受害网民，也正是在好奇心的引诱下，掉入了黑客的陷阱。前面已经说过，一般动机很难把握，它们不但抽象，甚至有时连当事者本人都意识不到自己的动机到底是什么，因此，他人（黑客）就更难对别人的动机进行诱惑和控制了。不过，有一些特殊动机却很直观，既容易诱惑，也不难控制。所以有必要对这些动机给予特别介绍，让防护方有所了解和准备。

由于饥、渴、性、睡眠、交往、成就等动机，几乎与相应的需求类似，所以不再重复了。下面重点探讨另一类，对社工黑客非常直观且易于掌握的动机，即兴趣或爱好！

从社工黑客角度来看，首先，兴趣的诱惑和利用实在太容易了，那就是"投其所好"。其次，判断某人在某方面是否有兴趣也不难。比如，经常逛商场的人，可以肯定对购物有兴趣；怕水的人，很难对游泳有兴趣；等等。总之，经过简单的观察或测试，便能较准确地判断某人的兴趣爱好。最后，兴趣被诱发（利用）后，受害者的后续行动也比较固定，变数不会太多。比如，"集邮狂"看见"龙票"后，一定会充分关注。结合"兴趣"的上述三个优势，黑客基本上就能一气呵成，实现受害者相应动机的诱惑、利用、攻击成果测试、再诱惑……循环往复，黑客可以成功地攻击有兴趣爱好的受害者。

既然兴趣的诱惑和利用等已经不是问题了，那么下面就从心理学角度来介绍"兴趣"这种特殊的动机。

从心理学角度来看，兴趣就是指对特定事物所产生的，带倾向性、选择性的态度、情绪、喜欢的想法。兴趣的实例数不胜数，比如，喜欢唱歌、K 歌、听音乐、看电影、看戏剧、看娱乐节目、看小说、看杂志、逛街、购物、跳舞、奏乐、健身、减肥、塑形、瑜伽、足球、篮球、排球、跑步、羽毛球、乒乓球、保龄球、游泳、划船、登山、郊游、钓鱼、养鱼、养宠物、玩网游、聊天、看新闻、摄影、摄像、旅游、自驾、美食、做饭、十字绣、织毛衣、打扑克、麻将、睡觉、书法、下棋、美容、保养、化妆、打扮等，都可以是兴趣。

兴趣的同义词是爱好，当然，它们也略有区别。比如，兴趣是爱好的前提，爱好是兴趣的发展和行动。爱好不仅对事物有优先注意和向往，而且表现为某种实际行动，所以从黑客角度来看，爱好更直观。例如，起初对国画感兴趣，然后由赏画发展到绘画，于是就产生了绘画爱好。不过为了简洁，后面不再区分兴趣和爱好，而是统称为兴趣。

作为一种特殊的动机，兴趣也以需求为基础。兴趣是一种无形的动力，当对某事物有兴趣时，就会对该事物很投入，而且印象深刻，并产生某种肯定的情绪体验。性格会影响兴趣，不同性格的人，会有不同的兴趣；反过来，兴趣也影响性格，甚至影响到事业、婚姻等整个人生，即不同的兴趣，塑造不同的性格，最后导致个人能力随兴趣的改变而发展。某人若对某事物有兴趣，他就会热心于接触、观察该事物，积极从事相关活动，并注意探索其奥妙。兴趣还与认识和情感相关：若对某事物没有认识，也就不会对它有情感，因而更不会对它有兴趣；反之，认识越深刻，情感越炽烈，兴趣也就会越浓厚。换句话说，性格、情感等都可以帮助黑客选择适当的"兴趣"，去攻击受害者。

兴趣会受到社会的制约，不同环境、不同职业、不同文化层次的人，会产生不同的兴趣。一般来说，关系密切的人，容易产生相同或类似的爱好，因此黑客可以通过了解（或印证）当事者亲朋好友的兴趣，来了解和把握潜在的被攻击者的兴趣。

兴趣有时也受遗传的影响，比如，在音乐世家中，父母的兴趣也会传给小孩。兴趣还受好奇心的驱使，若某人对某未知事物产生了好奇心，他也许会对该事物产生兴趣。例如，第一次出于好奇的探险，也许就会逐渐发展成为个人爱好和兴趣，甚至可能成为一名探险家。

兴趣虽然比较稳定，即爱好者可将兴趣长期保持在兴趣对象上，但它也会随年龄或环境的变化而变化。比如，少儿容易对图画、歌舞等感兴趣；青年容易对文学、艺术感兴趣；成人容易对某种职业感兴趣；等等。又如，住在武术村的人，容易对功夫感兴趣。

兴趣的形成，主要可分为三个阶段：首先，从一个"入趣点"开始，比如，偶然钓到一条鱼，欣喜无比（"入趣点"非常重要，如果某人首次就遭遇挫折，那么一般来说，他便不会对该事物产生兴趣）。其次，顺着"入趣点"，拓展自己的兴趣面，比如，觉得自己钓鱼的"手感"很好，然后再去研究诱饵的调配、钓鱼地点的选择等技巧，于是便发现了更多的钓鱼乐趣。最后，阶段性地总结经验，并最终形成自己的兴趣。比如，钓鱼的经验被证实，得到了粉丝的追捧，于是一个狂热的"钓鱼迷"便诞生了。

可见，兴趣的形成并不是一蹴而就的，因此，黑客的重点是充分利用当事者的现有兴趣，而不是去培养他的新兴趣。不过，在到底选择利用哪些兴趣时，黑客还会关注以下几点：

（1）兴趣的效能特点：凡是对实际活动作用大的兴趣，其效能作用也大；反之，对实际活动发生作用小的兴趣，其效能作用也小。形象地说，大兴趣的诱惑力大，小兴趣的诱惑力小。换句话说，黑客会选择利用大兴趣。当然，对不同的人，其大兴趣也不同。

（2）每个人都有可以被利用的兴趣，只是有的人兴趣广泛，有的人兴趣狭窄；有的兴趣偏向精神，有的兴趣偏向物质。

（3）兴趣包括直接兴趣和间接兴趣，直接兴趣是对活动过程的兴趣，间接兴趣是对活动过程所产生结果的兴趣。从黑客角度看，直接兴趣的诱惑力更大，间接兴趣的诱惑力较小。

（4）兴趣的中心，即相对某个特定领域的事物，容易形成更浓厚、更强烈的兴趣。因此，当兴趣中心部位的事物被用作诱饵时，黑客得手的可能性就更大。

（5）兴趣还可分为"个人兴趣"和"社会兴趣"。个人兴趣是个人以特定的事物为对象所产生的兴趣；社会兴趣是指社会成员对某领域的普遍兴趣。利用社会兴趣时，黑客的"杀伤面"更大，比如，世界杯期间，有关某球王报道的病毒代码，可能会让众球迷的口令被窃。当利用个人兴趣时，黑客的打击更精准。

诱惑的核心，显然是诱饵！如果被诱对象对你的诱饵根本不感兴趣，那么相应的诱惑就必败无疑；毕竟"将欲取之，必先予之"嘛。诱惑的最高境界是：不损人利己，而实现共赢。对普通人来说，诱惑力最大的诱饵便是利诱，比如，经济利诱、职位利诱等。任何固定的诱饵，都不可能让所有人动心。如果某人未被你诱惑，那么无非有三个原因：

（1）此人、此时、此地对你的诱饵没动心。

（2）你没发现他的深层次需求。

（3）你未从他的角度拓展他的需求。实际上，世间没有不动心的人，而只是诱饵是否值得他动心而已。

看得见、摸得着的现实诱饵，虽然对更多的人具有吸引力，但它的诱惑力不够强，持续时间也较短；真正强大的诱饵，其实是假想中的诱饵，只不过它们换成了其他一些更好听的名词：理想、愿景等。设计诱饵的奥妙在于：从复杂的现象中找到其核心，对简单事情进行直接的诱惑。另外，并非"诱饵大，诱惑力就一定大"，实际上，针对同样的诱饵，如果能让被诱对象觉得"诱饵随时都会消失"，那么其诱惑力将更大。比如，"永远打折"的诱惑力，显然小于"最后一天打折"；虽然前者的"诱饵"好像更大一些（让利更多一些），但它的诱惑力反而更小。

其实，诱惑力最大的诱饵，有时出乎许多人的意料，那就是"空"，即什么都没有，什么都不知道。这种诱饵的心理学名词，叫好奇心，它是人类的天性之一，因为未知一定会引发人类的兴趣。传说中最著名的好奇心诱惑故事，可能要数亚当与夏娃偷吃禁果了，另一个便是潘多拉打开魔盒。当然，也正是好奇心的力量，推动着人类社会不断发展。激起好奇心的原因，主要有两个：一是人类有获取未知信息的客观需求。任何人的一生，总要不断与外界发生各种交互联系，既包括基本的生存需求，也包括更高层次的社会活动。但无论是哪种交互过程，都要不断地进行各种判断与决策，这就必须不断从外部（包括未知的外部）获取信息。二是人类的进化程度，也已具备了获知和存储未知信息的客观条件。人的大脑在接收、组织、存储信息方面的能力，也已超过了生活需要。

从本质上讲，人的本性需求，永远也无法满足；好奇心，就是人类希望了解未知事物的一种不满足的心理状态。客观的需要与现实的可能，促使好奇心成为了人类固有的心理本能。适当利用好奇心，就能准确抓住他人的兴趣点，为随后的诱惑打下坚实的基础。但是，由好奇心引发的兴趣，会随着谜底被揭开而逐渐褪去，比如，许多"标题党"文章，虽吸引读者看了第一眼，但马上就被抛弃了。因此，若想维持好奇心的诱惑力，就不能让谜底一下子被揭开，而是需要层层递进，每次都留下更深层的谜底。好奇诱惑的关键是"奇"，只有奇得恰到好处，才能收到足够的诱惑效果。在这方面，成功的广告策划者最有发言权。

第 6 节　影响的基本法则

学习提示

- 了解社工黑客操控他人的投射效应、期待效应、距离法则、从众心理、互惠原则、承诺一致原则、喜好效应和权威效应等规则。

前面各节所讲的欺骗、谣言、诱惑等听起来都像贬义，它们都能对目标人员造成一定程度的影响。若只看标题，本章就很容易被误解为"犯罪指南"。本节好不容易换了个中性名词"影响"，结果它的社工含义更恶，因为在黑客眼里"影响"即意味着"操控"或

"操纵"，幸好本书实质上是"打击犯罪指南"，是想让大家能够更有效地对付社工黑客。

社工黑客为什么能影响或操控我们呢？原来，他们充分利用了心理学和社会学方面的八大普适规则，当然我们也可以借助这些规则来对付黑客。

规则一，投射效应

所谓"投射效应"，就是指以己度人的效应，即人们总习惯于将自身的某种特性，比如经历、好恶、欲望、观念、情绪、个性等，投射到他人身上，认为他人也具有与自己相同或相似的特性。这是一种强加于人的认知障碍，其有两种表现形式：一是感情投射，即认为别人的好恶与自己相同，进而按自己的思维方式，试图去影响别人，其结果可能事与愿违；二是认知缺乏客观性，主要表现为过度赞扬自己喜欢的人，或过度贬低自己不喜欢的人。投射效应警告我们：人心各不同，莫以己度人，而要秉承客观公正的原则，准确投射，才能更易于影响别人。为此，必须注意如下方面：

别轻信自己的喜好，更别拿自己的喜好去猜测他人，否则不仅达不到影响他人的目的，还会因自己的喜好被别人忽略、轻视，而产生挫败感；比如，有些父母总想拿自己的偏好，去为子女设计前途，结果引出许多矛盾。但是，反过来，由于每个人都有投射效应，所以，若能将计就计，充分利用对方的投射效应（也叫思维定式），便能有效发挥影响力。换句话说，在向他人施加影响前，可以用重复的行为、动作、喜好展现在对手面前，掌控对方的预期心理；当对方误以为你会继续同样的喜好、思想、观念、行为、举动时，你便能够出其不意，掌控主动权，进而实施影响。

任何人一旦被命令，都有可能产生本能的反抗心理，隐藏内心真实的想法，有时甚至会唱反调。这就暗示着，除按正常思维影响对方外，有时也可用逆向思维来实施影响。总之，只有用好投射效应，才能获得影响他人的正确措施，才能让对方喜欢你，支持你，拥戴你，帮助你；正确的投射，确实能产生巨大的影响力。

因此，当你试图影响对方时，一定要事先充分准备，才能了解对方的所想所盼及心理喜好，才能有针对性地投射。毕竟，每个人内心深处完全不同，不懂得对方的心思，就不可能有效地施加影响。还有一点需要指明：越是对你有利的人，就越不易施加影响；当然，若成功影响他之后，你所得到的收获也就越多。

规则二，期待效应

该效应表明，人的情感和观念，会不同程度地受到他人潜意识作用的影响。当你赋予对方某种期待时，他会不知不觉地接受你的影响。因此，根据期待效应，若对他人传递积极的期望，便会使对方进步得更快；若传递消极的期望，会使人自暴自弃。这就是所谓的"说你行，你就行，不行也行"的心理学依据。具体地说，若想有效影响对方，那你就要把"寄予他的期望"用言语表达出来，让他知道，这将利于他产生相应的"期待效应"。比如，人人都期待被欣赏和赞许，若你给予某人积极、正面的期待，那他就会努力维护自己在你心目中的良好形象，朝着你所期待的方向发展，并可能最终成为你所期待的那种人。难怪聪明的家长都知道：好孩子是表扬出来的。

"期待效应"不仅可影响别人，还能影响自己。也就是说，自己的积极信念，对自己的行为也有很大影响。比如，"告诉自己，我会成为我想成为的那个人"，那么这种期待会促其梦想成真。因此，"期待效应"还能帮你按如下方式，影响他人：针对你想影响之人的个人喜好及生活方式等，设定自己与之相符的信念和行为，并时刻告诫自己成为这样的人；于是你便可更清楚地了解他的心思，从而更容易对他施加影响。

当然，如果你想让他表现得更差，就给他负面评价，因为在不被重视，没有激励，甚至充满负面评价的环境中，人的内心深处，会习惯性地受到负面信息的影响，进而顺着负面信息，做出对自己较低的评价。反之，如果你想让他表现得更好，就给他正面激励，因为，在充满信任、赞赏、鼓励等正面环境中，人的生活、成长和内心深处等，更易受到启发和鼓励，行为也会趋于正向发展。

正面激励影响越大，心态和行为的表现也越积极。由此可见，如果周围的环境，向某个人始终传递良性暗示，那他就会产生积极的动机，并做出与之相似的行为；如果周围的人始终给他传递不良暗示，那他就会表现出负面的动机及行为。当然，你若想影响别人，首先，要学会肯定。因为这会在对方内心深处，产生强大的动力，驱动他积极向上。其次，还要主动用言语给他表扬、鼓励、支持和信任等正面激励。

不够自信的人，更希望得到"恭维"。因此，上司一定要多表扬下属。在上司面前，下属会觉得缺乏自信，若能获得肯定，下属的上进心就会增强，从而使得上司的影响力更大。总之，你若想影响对方，最好要恰当地表扬对方，并在表扬中蕴含某种期待，尤其对不自信的人更要如此。因为，适当的"表扬性期待"，能增强对方的自信，激发他内心深处的勇敢因素，使其向着你所设想的方向发展。

还可用"期待"来激发别人的潜能。人体内虽蕴含着各种潜能，但需要外在因素来激发，而"有效的期待"便是激发潜能的重要手段。所以，若想影响他人，就要首先明确，你想让对方拥有哪方面的潜能，并有针对性地给予外界期待刺激。一旦这种潜能被激发出来，便可能产生惊人的力量，进而水到渠成，实现你的预期。

规则三，距离法则

距离法则意指，你若要影响某人，一方面，不能离他太远，否则彼此关系会显得生疏，从而影响力会受损。另一方面，也不能离他太近，否则关系太过亲密，就会出现摩擦、厌烦，同样也不能有效实施影响。彼此的距离一定要适当而微妙，即不远不近，不亲不疏，不分不离。

关系再亲密，也要彼此留下自由空间。因为很多时候，人与人之间都需要保留一点神秘感，否则，太过亲密反而不利于彼此的容纳，更谈不上影响对方了。换句话说，由于行动会流露内心想法，距离太近了，彼此的言行必然泄露若干本能的东西，而这些本能常常不受外人喜欢，因此你的瑕疵、缺点、劣势等就会破坏你的形象。相反，距离较远时，这些本能便会被隐藏，你呈现给他人的更多的是完美、高尚、美好的一面。

每个人都有属于自己的心理"领地"，只有当你真正走近该"领地"，你与他的关系才会更好，也更易于施加影响。当距离太远时，关系便在无形中生疏了，也就不容易施加影响了。当然，万一你们发生了矛盾，心理距离便会渐远。此时，最好要冷静地缓处理，等各自的心理距离回缩了，再深入沟通，效果会更好。简单地说，就是"缓一缓能有效缩短心理距离"，也更利于影响他人。

你若不走近对方，就无法感受他的温暖。实际上，无论是时间距离，还是空间距离，都会让彼此缺乏共同语言，也不会明白对方的心思、苦衷、意见、见解等。如果你对他的近况什么都不知，当然就不能有效影响他了。所以，你若想对他人施加影响，就得学会关心他、了解他，这是一种靠近他的微妙法则。当然，这并不等于要完全附和他的想法、意见、请求等，而是要在你的引导下，让他积极主动与你靠近，接受你的意见、观点，进而被你影响。

对人好，也要有个"度"。不管什么事情，也不论多么重要的抉择，都要为自己定下正确的标准，并设立底线，既不"过犹不及"，也不"物极必反"，这样才会游刃有余，也更易影响他人。

规则四，从众心理

人们在生活中，总会自觉不自觉地以多数人的意见为准则，进而做出判断，形成印象化的心理，即从众心理。因此，任何人在真实或臆想的群体压力环境下，他的认知会以多数人的行为准则为标准，进而也会在行为上表现出努力并与之趋向一致。从众本身并无好坏之分，但是可用来影响他人的言行。形象地说，从影响力角度看，既然凑热闹和随大流是人性的普遍弱点，因此，便可以制造从众的某种假象，来影响你的目标对象，让他也从众地响应跟随假象。此外，从众心理还有其他的重要启发，比如：

可利用公众的随大流心理，来为自己造势。特别是当公众没有足够或准确的信息时，他们常会模仿旁人的行为。所以，在影响公众的过程中，便可以利用这一点来造势，让大家在你的声势中自然被你影响。

追随者越强大，越容易对他人施加影响，从而增大你的影响力。这是因为，当人们看到别人，尤其是那些强者，在某种场合做某件事情时，便会断定这样做是有道理的，进而跟随效仿，产生从众行为。这方面的反例，便是所谓的"擒贼先擒王"，即消除了强者的影响力后，跟随者就会迅速瓦解。

若要影响对方，就不要试图去跟随对方，因为任何人都不想听从跟随者的指挥，而喜欢听从有权威的"专家"或者"专业"人士的建议、观点及做法。换句话说，只有自信的人，才能对他人施加影响，否则就只能被别人影响，并轻易产生从众行为。

当你试图影响某人（特别是陌生人）时，最好能在他身边找到你的"铁杆同盟者"，并通过同盟者去影响他。这是因为，能够在某件事情、某个观点，或某种行为上影响他人的人，一定是与对方在该事情、该观点、该行为上相关的人，否则，他会对你视而不见，更不会受你的影响了。

若能让被影响者感到你是"自己人"，那便可在潜移默化中向他施加影响，因为任何人都更愿意相信与自己有着共同目标、共同利益、共同立场的人。因此，你若想影响某人，最好能吸引他参与到自己希望他做的事情中，他便会在参与过程中，不知不觉地受你的影响。

规则五，互惠原则

该原则意指，任何人受了恩惠后，都会试图回报。比如，人们常以相同的方式，回报别人为自己所付出的一切，即行为孕育同样的行为，友善孕育同样的友善，付出也会孕育同样的付出。总之，你怎样对待别人，别人也会怎样对待你。当你给他好处后，他心中就会产生负债感，并希望通过某种方式归还这份人情。所以，有时适当吃点小亏，往往能获得长远利益；施恩，其实是回报率最高的长线投资。互惠原则给人的启发至少有：

你若给足他"面子"，他也会给足你"面子"。即使你有善意的初衷，若在众目睽睽下使他颜面尽失，那他不仅不会体谅你的良好初衷，还会产生自卫的逆反心理，进而做出对你不利的事情。相反，若你能替他保住面子，让他对你产生亏欠感，那他就会对你肃然起敬，今后就可能有求必应。所以，你若想有效地影响别人，就要善于从他的角度考虑，给他留足面子。

"亏欠"也可储蓄，且"利息"特别高，即滴水之恩，确实常常会带来涌泉之报。换句话说，你若想增强自己的影响力，就必须在日常生活中，随时随地多为他人做些力所能及的事情，这会让别人产生亏欠心理；于是，在他人想归还你的人情债时，你便更容易影响他了。

放"友善"之长线，钓"羞于拒绝"之大鱼。你若能诚心以友善待人，就会使他内心产生亏欠感，进而不好意思拒绝你，当然，你的影响力也就游刃有余了。

关心别人多一点，自己的麻烦就少一点。当你平时的关心、鼓励日渐汇聚在他人身上时，他就会对你产生感恩之情，也会试图采取各种办法来回报你。只有发自肺腑的关心，才能从心里感化对方，才能发挥你的影响力。

人际关系会随着平时联系的增加而逐渐加深。平常多主动与人沟通，多主动关心别人、帮助别人，会加深彼此的情感。若你平时能主动付出更多的理解和关心，那么，当你有求于人时，对方常会因感念你平日的付出，而对你有所回报。因此，若你想获得众人的帮助，就首先要学会平时主动帮助和关心他人，这样在关键时刻，别人才会帮你排忧解难。

晴天留"人情"，雨天好"借伞"。感情是人际交往的基础，而人情是拉近感情的有利元素。当你有恩于他人时，他便会想方设法回报这份人情债；这种感情，甚至能影响他做出原本不想做，或不喜欢做的事。实际上，人的行为之所以常常受制于朋友、同事、领导，就是因为在很多事情上，每个人都曾经接受过别人的帮助，都欠有别人的人情债，因此，在这种"人情链"的牵制下，就不便完全我行我素了。换句话说，这种"人情链"既有利于你影响别人，当然有时也会受别人的影响，关键是看你如何充分利用。

"沙子"也能换"黄金"。互惠效应还能引发不等价交换，因为人们习惯于对他人的某种行为，以类似的行为去回报。由于回报方式多种多样，所以就会因回报的灵活性，产生最大利益。因此，你别只想索取，要学会付出，没准这样才能得到更多收获。

规则六，承诺一致原则

该原则意指，任何人都有与过去行为保持一致的愿望，一旦向他人承诺后，就会为保持在道德、信仰、诚信、言辞、行为上的一致性，而去履行承诺。这种与承诺保持一致的行为，常能帮你实施自己的影响。所以，你可以利用"书面佐证""公开承诺""好名声"等压力，激发他人做出承诺，并促成对方说话算话，从而落实你的影响。此原则在影响力方面的启发至少有：

想办法让别人做出对你有利的承诺。当然，承诺一致性原则也是一柄双刃剑，若你不能有效利用它为你做出有利的承诺，那么对方便会反过来有效地利用它，影响你的心态，进而让你为他服务。

激发他人做出"最后的承诺"，让他自己说服自己。若直接让他人做你希望的事情，对方一般都不会心甘情愿。但是若你能利用他的爱好、兴趣等，哪怕是在最后一刻，激发他主动做出承诺，那他就会在言行一致的心理压力驱使下，情不自禁地说服自己，兑现诺言。如此一来，不用你督促，他也会在承诺的约束下满足你的愿望。

利用公众的"眼睛"，迫使对方言行一致。人在公开表明了自己的立场，或做出承诺后，心里就会产生维持该诺言或立场的压力，随后其行为也会受制于此次承诺。因此，你若能让对方公开做出承诺，也就等于迫使对方贴上了"公众的标签"，今后便可在众人的监督下，履行承诺，即哪怕没有督促，他也会尽力完成自己在众人面前承诺过的事。

若能通过有效方式，引导对方做出肯定姿态，那么对方心里就会潜伏着这种肯定的意念。他体内的神经系统、腺体等，也会呈现出相应的积极状态，此时就更易接受你的意见。

用"书面行为"替你证明。"书面行为"是看得见、摸得着的实物，它和精神相比更具约束力，特别面对白纸黑字记录着自己曾经言行的东西，会迫使对方在心理及外在压力下，与他起初的行为保持一致。因此，你若能使对方将其诺言亲自写在纸上，这更能激励他积极兑现；反之，即使你们曾有过口头上的山盟海誓，对方也容易忽视或延缓其承诺。

从对方立场出发，引发其内心的承诺。在没有任何外因干扰下，做出的某种承诺，更会让他发自内心地负责到底；相反，若在某种威胁等外因干扰下，做出某种承诺时，他就可能找借口推脱甚至反悔。因此，你最好别用强硬的态度，或过激的言语去逼对方表态，因为这会干扰他的决策。即使他迫于压力做出你期望的承诺，日后也可能不予兑现。

基于"好名声"的影响力。人人都有自尊心，都希望保持完美的形象，因此，为维护自己的"好名声"，他便会在承诺一致原则的压力下，被迫做出与外在环境一致的举动。若想让他人更多地被你影响，最好利用人们的关注度，给他一个当之无愧的"好名声"，这样，他就会主动采取改变自我形象的行为，更好地履行自己的诺言。

承诺者的态度是"说话算话"的镜子。在真诚、主动等积极情绪下做出的承诺，会比在顺从等消极情绪下做出的承诺更容易刺激日后的行为。也就是说，即使对方做出某种承诺，你也要注意他当时的态度。因为从承诺时的态度，能看出他内心深处最真实的想法，判断他是否真的会履行承诺。

规则七，喜好效应

喜好效应表明，人更愿接受自己喜欢或与自己相似的人提出的要求。所以，若想影响对方就得学会投其所好，这包括但不限于，要知晓对方穿着打扮、言谈举止、兴趣爱好等，同时还要给予他适当的赞美。人际沟通，在最初几分钟内很难产生共鸣，所以当你试图影响他人时，最好不要太早暴露自己的意图，不妨先投其所好，再施以影响。喜好效应给我们的启发至少有：

气味相投更易实施影响。同样的时间、地点、环境，当面对很多陌生人时，人们更易于接受和自己相似的人，这包括对方的衣食住行、言谈举止、兴趣爱好、思想观念、生活方式等。因此，影响他人的利器是学会模仿他人，并用他习以为常的方式去影响他，这样他就会在潜移默化中按照你的意愿行事。

会笑的人为什么影响力更大。任何人在充满正面情绪时，心里就会产生愉悦、高兴等情绪，此时对方更易于答应或接受你提出的请求。"笑"便是增加正面情绪的有力元素。换句话说，若想有效地影响对方，你就要让对方心情愉悦，为此，你自己首先得心情愉悦，而笑容则是表现你心情愉悦的最佳形式，而且你还可用笑容把你的愉悦很直接地传递给对方。

做忠实的听众，更易"收买"他人。因为，若能在对方谈话时，抱着真诚、友善、理解的目的去倾听，常能化解矛盾、消除隔阂、增进感情、拉近距离，进而有效地影响对方。如果不得不谈话时，最好也谈论对方感兴趣的话题，这样便可充分发挥你的影响力。

装扮好自己的"行头"，吸引对方说"是"。社会学家们发现了一种"光环效应"，即个人的某种正面特征会主导人们对这个人的看法，而人的身高、体重、穿衣打扮、言谈举止等个人"行头"，便是这一正面特征的重要体现。"行头"好看的人，在危难时往往更易得到他人的帮助；而在日常生活中，也更易影响他人。

满足对方的"好胜心"，更易掌控"全局"。弱化自己在他人心中的强势地位，满足对方的好胜心理，就能让对方心情顺畅，这有利于对方接受你、喜欢你，也有利于你发挥自己的影响力；因为，表面上弱势的人，有时反而更容易使周围人受到他的影响，更容易掌控大局。

若想钓到鱼，就要知道它爱吃什么。贪婪是人性的弱点，因此，要想影响某人，就得给予他最需要的利益，以获得他的好感和信任，再顺理成章地影响他，达到自己的目的。

谁都爱听赞美和表扬。赞美、表扬、夸奖、鼓励等正面刺激，会给人带去积极向上的心理暗示；消极、批评、惩罚等负面刺激，会给人以消极的心理暗示。正面刺激能导致事情良性发展，负面刺激会影响对方做事的态度，易导致恶性循环。因此，若能充分利用喜好效应，既不会让你受制于他人，又有利于让他接受你的影响。

规则八，权威效应

权威效应，是指在强大的力量或权威面前，人们常常会表现出顺从心理，或者说，人们都会信任和追随权威。权威力量的范围非常广，包括社会地位、个人品质、处世原则、外在形象、生动的表达等。权威力量一旦推动某人去做某件事时，便会使他相信你，认为你是值得信赖的，也是正确的。所以，当你想影响对方时，不妨先找出自己具有的权威信号并展示给对方，这就会使他遵从你的意见，支持你的工作，接受你的影响。该效应给我们下列启发：

（1）你要有专属的个人品牌。你若想有效影响别人，就要拥有真正的权威，树立自己的品牌。借助他人的品牌，虽然有时也能塑造自己的权威，进而影响别人，但是这样的权威也许能用一次或两次，但绝不能长期有效。因此，你必须树立起自己的权威，别人才会长期心服口服，接受你的影响。

（2）适度包装你的外在权威形象，当你做到这一点后，你能影响对方的概率就会提高。比如，华丽的衣服、高档的鞋子、漂亮的帽子等，这些外在的装饰都是彰显金钱实力、身份地位、内在品位等权威因素的重要表现，人们会因此增强对你的信任感，也就是说，增强你的影响力。

（3）"生动的表达"能增加你的权威性，当然也有利于扩大影响力。言语的表达方式多种多样，除语言外还包括语调、语速、表情、神态及身份地位等，但无论哪一种方式，只要你想影响对方，就得在表达时突出你的权威性。这样一来，即使对方不同意你的观点，也会出于对权威的畏惧和信赖，在一定程度上被你影响。做一个有原则的人，也能增加权威的砝码，从而增强你的影响力。这里的原则包括：积极的处世方法、工作态度、日常的言行举止等正面人格品质。

（4）巧用权威头衔。头衔是权利的载体，而权利又是权威的载体。下属服从领导，孩子听从父母，学生尊敬老师，人们服从法律，这些关系的维持都是基于权利展示的权威。任何人都会受到头衔、权威等的影响，并倾向于服从权威，甚至还会因权威的观点，干扰自己最初的判断。因此，若先恰当地向对方展示你的权威头衔，便可能提高你影响他人的概率。

（5）沉默也是一种权威武器。要想有效影响对方，就要走进他的内心世界，而言谈举止、处世风格等，是走向他内心的捷径。当你保持沉默时，其他人便无法猜透你的心思，也不能了解你的实力，更无法预知你的行为，这便增加了你的权威性、神秘感和威慑力，最终使别人在畏惧权威心理的影响下也畏惧你。当然，沉默并不代表一言不发，而是一种有效的心理策略。

此外，在影响力方面，还有其他若干效应，比如所谓的海潮效应，即在人际交往中，自身的吸引力越大，就越容易吸引他人；反之亦然。这里的吸引力包括个人的外在形象、礼节行为、诚信度、声誉、自信等优秀品质。海潮效应告诉我们，一定要养成相信自己、忠于他人的言行举止，养成服务他人的谦恭态度等，也就说，欲改变别人，就要先改变自己；欲影响别人，就要先影响自己。

从实用角度看，本章是社会工程学的重点，当然也是本书的学习重点，但为了避免被误解，也因篇幅所限，许多内容没敢太展开。实际上，本章介绍了社工黑客常用的主流攻击思路，它们的具体内容虽然很复杂，奥妙也很多，技巧更难掌握，这些攻击却可以很简单地用几个耳熟能详的名词清晰而全面地描述出来。这些名词主要包括：诱惑、诱导、欺骗、欺诈、影响、操纵、操控、控制、伪装、说服、侦探、博弈、洗脑、情报收集等。

由于社工攻击是基于人性漏洞（并非技术和设备漏洞）而发起的攻击，其核心是针对心理和行为的欺骗，所以它们的成功率很高，毕竟每个人都有自己的弱点，以及安全措施中最脆弱环节是人。实际上，几乎所有安全事件的开端都是社工攻击，然后才是网络的软硬件系统被攻破，这也是为什么我们要以毒攻毒，认真研究社会工程学的原因。

猛然一看，社工攻击的种类好像有无穷多种，但真实情况要比这第一印象简单得多。实际上，每个社工攻击都是由两种或多种"元素级攻击"组合而成的。反过来，也可以将某些"元素级攻击"重新组合，从而获得新的社工攻击方法。这里的"元素级攻击"意指人类的单一心理学"漏洞"，它们总共也不过 300 余种，将在随后各章中进行简要介绍。这种情况很像物理世界，因为猛然一看，宇宙中好像有无穷多种物质，但实际上所有物质都是由百余种元素组成的。

📖 重要概念

欺骗、恶意欺骗、善意欺骗、信息操控、意识操控、伪装、角色扮演、谣言、谎言、流言、态度、说服、认知平衡、认知失调、动机、诱惑、兴趣、爱好、影响、操控、投射效应、期待效应、距离法则、从众心理、互惠原则和承诺一致原则、喜好效应、权威效应。

🔖 知识要点

社工攻击的具体形式虽然千差万别，但它们的流程基本相似，都可以分为以下四个阶段：

一是准备阶段。通过收集攻击目标的背景信息为社工攻击做准备，此阶段主要是锁定攻击目标，确定最佳的社工攻击方案。

二是渗透阶段。攻击者开始与锁定的目标接触，并通过一定形式的信息交互来建立信任，实现渗透的目的。

三是攻击阶段。攻击者开始利用各种工具收集锁定目标的各种数据，也可能应用获得的信息发动新的攻击。

四是撤退阶段。当攻击者达到目的后，将尽量抹去所有行为痕迹，有时被攻击者甚至都没察觉已被攻击。

复习思考

3-1 请用具体的实例详细解读欺骗的虚伪性、目的性和社会性等三要素。

3-2 请用实例解释欺骗的主要功能和构成欺骗的必要条件。

3-3 社工黑客在行骗前通常都会营造何种环境，如何对付？

3-4 请分别用实例解释本章所列骗子的行骗法，并考虑相应的对策。

3-5 请分别用实例解释伪装的九大原则，并从正反两个方面分析伪装博弈。

3-6 请简要归纳谣言的特点、动机、传播规律和辟谣技巧等，并举例说明。

3-7 谣言与谎言都有什么异同，谎言的特征是什么，撒谎者有何特点？

3-8 流言的特点是什么，流言在传播过程中都有何规律？

3-9 态度的本质是什么，态度为什么可以被改变？请用实例加以说明。

3-10 为什么社工黑客能说服他人，什么样的人更容易被说服，影响说服效果的因素都有哪些，如何更有效地说服他人？请分别举例说明。

3-11 请用实例详细解释动机与行为之间的关系，需求与诱惑的关系。

3-12 兴趣是如何形成的，兴趣都有什么特点？请用实例阐述社工黑客如何利用兴趣实施诱惑？反过来，我们该如何抵御诱惑？

3-13 请用实例逐一分析导致影响效果的八大普适性规则。

Chapter

4

第4章

社工黑客的间接攻击

学习目标

- 掌握注意的特征与功用
- 熟悉特殊注意的攻击及其影响因素
- 了解一般注意的客观指标、攻击与攻击极限
- 了解导致别人喜欢你的六大决定因素
- 掌握一些让别人喜欢你的实用技巧
- 了解社工黑客能唤醒、促进和利用别人利他行为的原因
- 熟悉容易被社工黑客利用的易控行为
- 了解人际关系在行为操控中的作用
- 掌握人际沟通的规律,以及人际沟通在促进人际关系中的作用
- 掌握人际吸引的主要理论,以及增强人际吸引的若干技巧

案例导入

第 3 章介绍的社工攻击都是直接攻击,或者说,如果黑客成功实施社工攻击便能直接达到最终目的,比如,获得被攻击者的隐私信息等。本章将介绍若干间接攻击,它们只是为直接攻击服务的,或者说,即使间接攻击成功了,它也只是在为某些直接攻击做准备,只是某种中间过程而已。间接攻击千奇百怪,下面仅简介几类例子。

例 1,若你的注意力被社工黑客控制了,那你就很容易掉进他预设的圈套,被他欺骗,被他诱惑,被他说服或受他影响等,这也是社工黑客要花大力气研究注意的重要原因。黑客攻击注意力的目的也各不相同,有时是为了不引起被攻击者的注意,以便黑客趁浑水摸鱼;有时则相反,让被攻击者过度注意某方面,从而出现顾此失彼的情况,所以有

关注意的攻防手段不能机械照搬。

例2，如果黑客已经想办法让你喜欢上了他，那你被他宰割的时间也就不远了。至于黑客如何宰割你，一方面取决于他的预定计划，另一方面也取决于你的觉醒情况，毕竟黑客并不想让你永远喜欢他，你迟早都会发现对方的阴谋。以恋爱为诱饵的骗术就是典型的基于喜欢的间接攻击。

例3，利他行为本来是人类的优良品质，但社工黑客经常利用它来侵害他人的利益，实施自己的间接攻击，比如，许多乞丐就是利用利他行为来骗人。这种有损伦理道德的行为非常可恶，需要我们警惕，更需要我们认真研究其防范手段，特别是要结合年龄、性别和心境等情况保护易受攻击者，打击害人行为。

例4，人际关系与当事者的行为密切相关，黑客经常会利用人际关系来间接影响他人的行为，从而达到自己的攻击目的。比如，通过影响秘书的行为来达到影响其领导的效果。

例5，如果黑客能让你被他深深吸引，那么你倒霉的日子也就不远了，因此，人际吸引也是社工的另一种有效的间接攻击手段。如果有必要，黑客也许会主动与你接近，频繁与你交往，营造各种有利于增强吸引力的氛围。

第1节　特殊注意的攻击

📖 学习目标

- 掌握注意的特征与功用，比如，什么是注意，注意的统率性、指向性、集中性、选择性、渗透性，注意的激发作用、增效作用、感应增强作用、维持作用、整合作用、调节作用、选择作用和成事作用等。
- 了解社工黑客为什么有兴趣攻击当事者的注意，以及如何攻击注意等。
- 熟悉特殊注意的攻击及其影响因素，尤其是针对无意注意、有意注意和有意后注意等不同的注意攻击，攻防双方都有什么优势与劣势，有什么攻击思路和技巧。

各位读者，请注意你的注意；因为，如果不注意，一旦你的注意被黑客控制，那么你就可能"大难"临头了！

这里的所谓控制，有三层意思：

（1）黑客希望隐瞒的东西，便会刻意躲避受害者的注意，从而达到"视而不见、听而不闻、知而不觉、记而不忆、思而无果等"的效果；

（2）黑客希望张扬的东西，会想方设法吸引受害者的注意；

（3）受害者本来正注意着 A，却被引诱去注意 B 等。

1．黑客将注意作为重要攻击目标的原因

为什么黑客要将注意作为重要攻击目标呢？下面从两方面来回答这个问题。

首先，看看到底什么是注意，以及注意的特性

避开注意的抽象心理学定义，其实，若选定某个目标，并把自己的感觉、知觉、记忆、思维等都集中于该目标时的状态，就叫注意。例如，当你一门心思玩游戏时，你就对屏幕高度注意，甚至忘记肚子饿了。注意之所以会引起黑客的注意，并激发其攻击欲望，是因为注意有以下特性。

（1）统率性。

统率性，又称为约束性，注意并非独立的心理过程，它是对感觉、知觉、记忆、思维等的综合。因此，在注意被攻破后，对受害者的影响更大，黑客可以更加灵活地展开后续行动，正如"打蛇打七寸"一样。下面用例子将注意的统率性或约束性说清楚：看是一种感觉形式，为了看得更清，注意将对意识进行约束，把看的行为聚焦在要看的事物上，这就是所谓的注意看；此外，注意听、注意记、注意思考等，无不体现出注意对行为的统率和约束作用。

（2）指向性。

指向性，即方向性，指在每一瞬间，人的心理活动或意识会选择某些对象而离开另一些对象。所以，当谈到注意时，总是与注意的对象相联系。比如：看戏时，一般只会注意台上的表演，而忽略身旁的观众，即此时的注意指向了演员；但是，对首次约会的情侣来说，很可能看戏只不过是一种掩护，实际上，双方都把注意指向了对方的一举一动，以争取一见钟情。因此，在一定时间内，注意把人的意识投向了特定事物；注意的对象，决定了意识投射的方向，更决定了当事者从外界接收到的信息。换句话说，如果黑客能将受害者的注意引向错误的注意对象，那么受害者这台"热血电脑"便被输入了错误信息，当然相应的行为也会出错，从而使黑客的后续攻击成功。

（3）集中性。

当注意指向某个对象时，人的心理活动或意识就会集中于该对象，即"全神贯注"，这就是注意的集中性。注意的指向性和集中性密切相关，因为当人的注意高度集中时，注意的指向范围就会缩小，就会忽略周围的许多其他事物。更准确地说，注意的指向性，是指心理活动或意识朝向哪个对象；而注意的集中性，就是指心理活动或意识，在一定方向上活动的强度或紧张度。心理活动或意识的强度越大，紧张度越高，注意也就越集中，此时的注意就越不容易被黑客攻破（干扰）。比如，精神高度集中的外科手术医生，几乎不会被其他事物影响，哪怕又累又困，直到手术刚结束才一头栽倒在地。

（4）选择性。

选择性指注意落到某对象上，同时便忽视或离开了其他对象。处于注意中心的少数对

象被清晰地认识或体验，但是对其他处于注意边缘或注意范围之外的对象（虽然它们也作用于人的注意），则没有印象，或意识很模糊。因此，若能使待隐瞒的东西处于受害者的注意范围之外，那么黑客便达到了"鱼目混珠"的目的，完成攻击。

（5）渗透性。

注意可以广泛渗入其他心理活动中，不仅认知的心理过程（如感觉、知觉、记忆、思维、想象等）都必须有注意的参与，而且像情绪、情感、意志过程等也都要受注意的支配。换句话说，注意影响着人的整个心理过程，黑客当然就不会放过注意这个伺机攻击的机会了。

其次，再来看看注意的功用

黑客咬住注意不放的另一类重要原因在于，注意在影响人的行为方面具有太多功用。换句话说，破坏了注意，也就破坏了这些功用。

注意是许多心理活动的开端和必备条件。许多感知、记忆、思维等认识过程以及人的情感、意志过程等，都有注意的参加。甚至有心理学家说：注意是人类心灵的唯一门户，意识中的一切，必须经过它才能进来。无论是"冷血"还是"热血"网络中，越是靠近"源点"的黑客攻击就越有效，其杀伤力就越大，就越需要被攻击者加强防御。

如果黑客影响了受害者的注意，那么也就成功阻碍了注意发挥以下重要作用。

（1）激发作用。

注意使人的心理活动处于积极状态。人的感知、思维等平常都处于放松状态，当注意参与后，各种器官便都被调动起来，使人处于一种专注的工作状态。

（2）增效作用。

注意对意识起着约束和指向作用，并能提高心理活动的效率和效果。因为在平时，人的意识呈涣散状态，没有一定的方向，所以对外界刺激或没感受，或感受不清晰，从而影响了信息接收的效率和效果。同样，在思考问题时，如果没有注意的参与，思维也很懒散，不会集中精力对特定问题去思考，因而不利于解决特定问题。相反，当注意参与后，观察、思考等就有了定向性，就可以排除不必要的干扰，使得有用信息能迅速、清晰、突出地被吸收和加工，从而提高行为动作的针对性和有效性。

（3）感应增强作用。

注意能提高对周围事物和自身状态的感受能力、适应能力和应变能力，从而整体提高感应能力。其实，若对外界事物和自身状态不留心、不在意，采取无所谓的态度，那么就会妨碍发现有意义的信息，也谈不上有感应。

（4）维持作用。

注意是一种比较紧张、比较持续的状态。人在这种状态下，会对注意的信息进行加工、处理。注意的维持作用，还表现在时间上的延续，即在一定时间内，注意维持着活动的顺利进行。注意的这种维持作用，加强了人类活动的兴趣、目的、爱好等。

（5）整合作用。

人对外界输入信息的整合，发生在注意状态下，而且注意是人类信息加工的重要阶段。在前注意状态下，人能加工事物的个别特征；在注意状态下，人会将个别特征的信息整合成一个完整的物体。

（6）调节作用。

注意不仅表现在稳定的、持续的活动中，也表现在活动的变化中。当从一种活动转向另一种活动时，注意起了重要的调节作用。只有在注意的状态下，才能完成活动的转变，并顺利执行各种新任务。

（7）选择作用。

每个人都会受到周围环境的很多刺激，它们有的很重要，有的可有可无，有的甚至会形成干扰。因此，就必须选择重要信息，排除无关的干扰；而人脑的这种选择信息、排除干扰的作用，就是注意的选择作用。当然，这种选择作用受许多因素的影响，如刺激物的特性，人的需要、兴趣、情感、过去的知识经验等。

（8）成事作用。

注意使人能更清晰地认识事物，做出更准确的反应，因而是获得知识、掌握技能、完成各种活动的重要心理条件。比如，注意就是学习的重要条件，因为学习过程其实就是接受新知识的过程。学习的成败，不仅依赖于智商，而且也依赖于注意程度。因此，古人说"目不能两视而明，耳不能两听而聪"，即只有专心致志，才能学有所成。又如，注意是完成各种任务的重要心理条件：围棋比赛，若不注意就要输；"码农"编程，若不注意就会出错；司机开车，若不注意就要闯祸；等等。

2．"注意"攻击的分类

其实，魔术师才是控制注意的高手；他常用障眼法，就能在众目睽睽之下偷天换日。不过，魔术师对注意的攻击，是善意的，是为了给大家带来快乐和惊喜，故可以做许多精心准备，也可以把观众带入事先策划好的情景之中，这样就更容易控制观众的注意。但是，黑客对注意的攻击，却多数是在暗地里完成的。

注意其实不是铁板一块，而是可以细分为无意注意、有意注意和有意后注意等三类。因此，对注意的攻击也可以再细分为三个"战场"，并采用不同的"战法"。

1）无意注意

所谓无意注意，是指预先没有目的、也不需要意志努力的注意。例如，大家正聚精会神听课时，突然有书本坠落发出声音，或手机铃声突然响起，同学们便会关注它；这种不由自主地注意，便是无意注意。此时，对要注意的东西，没有任何准备，也没有明确的认识任务。无意注意的引起与维持不依靠于意志的努力，只取决于刺激物本身的性质。换句话说，无意注意是一种消极被动的注意，此时人的积极性水平较低。

引起无意注意的原因很多，因此，黑客若想吸引受害者的注意，那就得加强这些原因；相反，若想隐瞒某事物，那就要相应地减弱这些原因。

刺激的新异性。这是引起无意注意的最重要原因。所谓新异性，是指刺激物的异乎寻常的特性，又分为绝对新异性和相对新异性。绝对新异性是指当事者从未经历过的事物及特征，比如，对长期生活在热带的人，鹅毛大雪就有绝对新异性，就容易引起他们的无意注意。相对新异性是指刺激特性的异常变化或组合，比如：当鹤立鸡群时，就容易引起对鹤的无意注意；鸡入鹤群时，就容易引起对鸡的无意注意。因此，想瞒事儿的黑客，会采用鱼目混珠的办法；想张扬某事物的黑客，会想方设法地标新立异。

刺激的强度。环境中出现的强烈刺激（如一声巨响、一道强光、一阵浓味、一次猛烈震动等）会不由自主地引起注意。当然，对无意注意来说，起决定作用的，并不是刺激的绝对强度，而是相对强度，即刺激强度与周围环境的对比度。比如，在夜深人静时，时钟的嘀嗒声就能引起无意注意；而在雷雨中，甚至连汽车的马达声都可能被忽略。因此，想瞒事儿的黑客，就得"低调做人"；想张扬的黑客，就得"高调做事"。当然，此处的刺激强度法则，也有例外，这主要与刺激物对当事者的意义有关，比如，夫妻间的微小变化，可能就会引起对方的无意注意。

对象的运动。在静止的背景上，运动着的物体容易引起无意注意，例如，夜空中的流星容易引起注意。这里的"运动"既包括连续运动，也包括断续运动，例如，闪烁的灯，比长明灯更容易引起无意注意，哪怕后者的亮度更强。因此，想瞒事儿的黑客，会"静若处子"；想张扬的黑客，会"动如脱兔"。

需求。需求是引起无意注意的重要条件，凡是符合当事者需求的事物，都容易吸引无意注意。因此，黑客若想引起受害者的无意注意，就会投其所好；相反，黑客若想不被受害者注意，就会避免直接与被害人竞争。

兴趣。兴趣对无意注意的发生也有重要影响。兴趣分两种：直接兴趣和间接兴趣。直接兴趣指对事物本身和活动过程的兴趣，间接兴趣指对活动目的和结果的兴趣。对无意注意来说，直接兴趣更重要。比如，初为人母时，小宝贝的任何情况都会引起无意注意，而无须经过意志的努力。因此，黑客若想成功攻击无意注意，就会充分了解当事者的兴趣，特别是直接兴趣，然后投其所好。

情感。与当事者情感相联系的事物，会引起他的无意注意。比如，恋人的一举一动，都会不由自主地吸引对方的无意注意。

期待。它也是引起无意注意的重要条件。比如，在等待情人会面时，前方的任何响动都会引起无意注意。小说正在精彩处，突然冒出"欲知后事如何，且听下回分解"，其目的就是要"吊你胃口"，强化你的期待，以便更多地吸引你的无意注意。

总之，若黑客对当事者（需求、兴趣、情感、期待等）越了解，那么他就越容易控制其无意注意，黑客便可以自如地或隐，或现，控制受害者。

引发无意注意的上述原因，还可更进一步地抽象为"刺激的意义性"，即刺激物的客观特性对当事者的意义。意义越大的刺激，就越容易引起无意注意；反之亦然。例如：在满页名单中，每个人都最容易首先找出自己的姓名；在嘈杂的宴会上，当有人轻声提到你名字时，就很容易引起你的无意注意。

2）有意注意

有意注意指有预定目的、需要一定意志努力的注意。比如，在大夫做手术时，会自觉、自动地将心理过程聚焦于病人，密切注意手术相关的任何病情信息，即使出现意外干扰，医生也会通过意志的努力，重新使注意力坚持在手术台上。这种注意就叫有意注意，它是一种积极、主动的注意形式，是以内部言语形式实现的行为调控。只有人类才有有意注意，动物没有，甚至连婴儿也没有有意注意。

在有意注意这个"战场"上，黑客处于不利地位，甚至基本上无所作为，因为有意注意与人格品质密切相关，黑客显然很难改变别人的人格品质。但是，黑客可能等待被攻击者自己犯错误，由于任何原因（当然主要是自身原因），一旦造成当事者注意的失控，那么黑客就可以抓住机会，发动攻击。对黑客有利的是，他可通过分析某些客观现象来判断当事者的注意是否已经失控（后面将对"注意的客观指标"进行详细介绍）；而且，如果当事者麻痹大意，那么他的有意注意就可能失控。

下面从"守"的角度归纳出，巩固和加强有意注意，使其不失控的主要办法：

增强活动的任务与目的。由于有意注意有预定目的，所以参与者的目的越明确、越具体，有意注意越易于引起和维持。例如，带着问题去学习，效果会更佳，因为此时更容易引起自己的有意注意，使得学习目的更明确，更能有效地选择相关信息。

增强兴趣。越有趣的事物，就越容易引起和维持有意注意。此时，间接兴趣比直接兴趣更重要，比如，明知钢琴很难学，但由于学会后就其乐无穷，所以也仍然刻苦练习。这种对活动结果的兴趣，能维持稳定而集中的有意注意。提示：同样是兴趣，但是在无意注意中，直接兴趣更重要；而在有意注意中，间接兴趣更重要。

加强活动的组织性。活动是否被正确组织，也关系到有意注意的引起和维持。比如，有良好学习和生活习惯的人，他的工作和生活效率都很高。相反，懒散的人，因为无法组织好自己的生活和工作，所以整天忙碌却不见效果。因此，把智力活动与某些外部活动结合起来，也会有利于有意注意的维持。例如，一边读书一边做笔记，就有助于将有意注意长久维持在学习上。

加强对过去经验的总结。经验对有意注意也有两方面的重要影响：一方面，对每个已经熟悉的事物和活动，人都可以自动加工和操作，无须特别注意（例如，学会骑车后，根本不用留意骑行技术便能轻松穿梭于人群中）。另一方面，若想在活动中维持自己的有意注意，也与其知识经验有关。例如，听评书时，由于已积累了足够的知识经验，可轻松理解和接受其内容，于是就很容易维持对评书的有意注意；相反，如果听的是"天书"般的学术报告，那么要想维持集中的有意注意就很困难了。

磨炼坚强的意志品质。有意注意其实也是意志的注意，它充分体现了人的意志特点。因此，一个具有顽强、坚毅性格的人，容易使自己的有意注意服从于当前的任务与目的；相反，意志薄弱，害怕困难的人，就不可能有良好的有意注意。

3）有意后注意

有意后注意是注意的另一种特殊形式，它是通过有意注意，达到不需要特别的意志努力也能保持的一种注意。比如，对某项工作，本来没兴趣，但由于各种原因又不得不做时，就需要以意志的努力强制对它注意，即有意注意；但是，坚持一段时间后可能就会爱上了此项工作，甚至对它的注意形成了习惯，因而即使不是有意的，但也能注意到它。又如，大街上的孕妇更容易关注其他孕妇，警察更容易注意到小偷等。有意后注意的突出特点是其自动性，是在有意注意的基础上发展起来的。从特征上讲，有意后注意同时具有无意注意和有意注意的某些特征。比如：一方面，它和自觉的任务、目的联系在一起，这是有意注意的成分；另一方面，它又不需要意志的支持，这又是无意注意的成分。

从"攻"的角度看，黑客攻击无意注意的所有招数在这里都仍然有效，此外，还另有三个新招：

（1）重复。多次重复的刺激，比偶然的刺激更易引起注意。因此，黑客若想张扬某事，便会实施反复骚扰；若想"隐身"，他便不会重复。

（2）情绪状态。人逢喜事精神爽。在兴奋状态时，人就更容易注意到不相关的刺激；相反，精神抑郁时，对外界刺激的感受能力就有可能下降。

（3）精神状态。人在疲劳、困倦时，对许多事都会不感兴趣，因此，无意注意会大大减少，当然也会影响有意后注意。

其实，在黑客眼里，无意注意和有意后注意的控制手段是相似的，只是略有差别而已。

从"守"的角度看，有意后注意既服从于当前的活动任务与目的，又能节省意志的努力，因而对完成长期、持续的任务特别有利。换句话说，有意后注意是对"守方"最有利的注意。培养有意后注意的关键在于发展对活动本身的直接兴趣，以至于自然而然地沉浸在这种活动中，这样才能在有意后注意状态下，使活动取得更大的成效。

最后，还有一点需要指出的是，任何注意都是可以训练的，这意味着在注意战场上，攻防双方都还有进退的空间。其实，所有注意都取决于主观和客观两方面的因素，虽然不同类型的注意各有差别。比如，无意注意在更大程度上取决于外在刺激的特点，而有意注意则在更大程度上依赖于主观条件。更具体地说，若为了使某事物引起注意，从客观方面，可以加大刺激强度，使用鲜明而特别的色彩，使用特别的声音等；从主观上，若想引起并维持自己的注意，可以做以下工作：

（1）强化需求，深刻理解其意义；

（2）经常提醒要坚持注意，努力消除内外干扰因素；

（3）经常提出进一步的具体要求；

（4）与思考、记忆等智力活动相结合；

（5）锻炼意志，勇于克服困难；

（6）培养兴趣，力求使自己的兴趣由外在强制或间接兴趣发展成为直接兴趣等。

第 2 节　一般注意的攻击

学习提示

- 掌握针对注意的稳定性攻击、广度攻击、分配攻击和转移式攻击等多种攻击方法，判断注意的主要客观指标，以及注意攻击的极限。

本节所指注意是一般性的注意，既包括无意注意，也包括有意注意，还包括有意后注意。针对一般性的注意，主要的攻击类型有：稳定性攻击、广度攻击、分配攻击和转移攻击等。

1. 注意的稳定性攻击

所谓注意的稳定性，是指在一定时间内，针对某事物的注意仍处于保持的状态。例如，成绩优秀的学生在整个课堂中都能始终将自己的注意保持在听讲上，而成绩较差的学生则早就"身在曹营心在汉"了。所以，针对此时的注意，成绩优秀的学生的稳定性就好于成绩较差的学生。稳定的注意是完成许多任务的基础。因此，黑客若想让受害者长期注意自己提供的诱饵，那他就会努力增强注意的稳定性；反之，他会尽量弱化稳定性。

注意的稳定性是时间的衰减函数。一般来说，普通人对给定事物的注意，通常只能维持 20～36 分钟，然后其稳定性就会开始衰减，并且在随后的 15 分钟内，注意的下降速度最快，约为最终下降水平的一半（这也许就是学校每节课定为 45 分钟的心理学原因吧）。换句话说，当事者有意注意约 45 分钟后是黑客攻击注意的最佳时间点，因为此时当事者的注意基本上已经不稳定了，当然很容易被控制。

注意的稳定性，与刺激强度和刺激延续时间相关：越强的刺激，稳定性就越好；刺激延续时间越长，稳定性也越好。

注意的稳定性，与刺激在时间和空间方面的分布规律有关：越有规律（包括时间规律或空间规律等）的刺激，能引起越稳定的注意。

注意的稳定性，与活动内容和活动的多样化有关：内容越丰富，越变化多端的活动，引起的注意就越稳定。比如，课堂上穿插一些笑话，就有助于加强注意的稳定性。即使是针对同一活动，如果不断提出新任务，也有助于保持注意的稳定性。例如，同样是复习备考，若长时间枯燥地复习某一门功课，那么很容易走神；而穿插复习语文、数学、英语等课程，能在一定程度上保持注意稳定性的维持，复习效果会更佳。

不断的结果反馈，有助于加强注意的稳定性。比如，课堂上师生之间的互动，就能长期维持学生们的注意。

此外，注意的稳定性，还与当事者当时的身体状况有关。身心健康者，其注意容易稳定；相反，疲劳或身体状态不佳，其注意的稳定性便会明显下降。

2．注意的广度攻击

所谓注意的广度，是指注意的范围大小。它又分为两方面：一是在同一时间内，能清楚感知到的对象范围大小；二是能把握在时间上连续出现的刺激物数量的多少。关于前者，心理学试验已经证实：在 0.1 秒内，成人一般能注意到 8～9 个相同目标，或 4～6 个不同目标。关于后者的结果是：刺激物越多，呈现速度越快，那么判断的出错率就越高，且越趋向于对刺激物的数量的低估。当然，不同的感觉器官有不同的注意广度，比如，听觉比视觉的注意广度更好。

如果黑客想利用注意的广度发动攻击，当他想隐瞒某事物时，会动员多于注意广度个数（一般为相同的 9 个，或不同的 6 个）的干扰物，就很可能"蒙混过关"了；反之，若想张扬某种东西，他会设法减少干扰物出现。下面的三个影响注意的因素，可能增加攻击的破坏性。

因素 1，有规律的、集中的、互相联系的刺激，其知觉范围更大，注意范围更广；即黑客会使"蒙混过关"的干扰掩护物尽量分散、无规律和彼此无关。

因素 2，任务要求越多，其注意的广度就越低。比如，看东西时，若既要求记住形状，又要求记住颜色，那么就比只要求记住一项时注意的广度窄。因此，黑客可能会增加分辨的难度，以此降低受害者的注意广度。

因素 3，对刺激物越熟悉，越有经验的人，其注意范围就越广。因此，黑客会更多地选择受害者陌生的掩护物等。

当然，如果黑客本来就想张扬，那么以上做法就得反其道而行之了。

3．注意的分配攻击

在同一时间内，把注意分配到两种或多种不同对象与活动，就叫注意的分配。例如，一边听讲，一边做笔记，就是一种注意分配。注意分配是否成功（一心是否能同时多用），取决于当事者对同时进行的几种活动的熟练程度或自动化程度。如果对这几种活动都比较熟悉，甚至其中某些活动几乎自动进行，那么注意的分配就较好；相反，如果对要分配注意的几种活动都不熟悉，或这些活动都较复杂，那么分配注意就较困难了。因此，注意的分配不是天生的，而是后天习得的。比如，杂技演员可单手抛玩多个小球，而常人抛 2 个球时，就早已手忙脚乱了。

注意的成功分配，与感觉通道被占用的程度有关。比如，当不同的活动占用不同的感觉器官时，注意的分配效果就好；相反，当不同活动都占用同一种感觉器官时，注意的分配效果就差。一边听一边看的效果，就好于同时看多样东西（或同时听多样东西）的效果。

注意的成功分配，与同时进行的几种活动的性质有关，或者说，与注意能否迅速转移有关。把注意同时分配给几种简单事物时的成功率，比分配给复杂事物时的成功率要高。

综上可知，如果黑客进行注意的分配攻击，他可能选择的策略是，黑客若想隐瞒某事物，那么他在选择掩护刺激物时，就会选择当事者不熟悉的事物，选择同时占用某种感觉器官的事物，或选择比较复杂的事物等。当然，如果黑客的目的是相反的，那么他的做法也要相反。

4．注意的转移攻击

这是黑客对受害者注意的正面攻击，即将其注意力从 A 转移到 B，达到"牵着受害者鼻子走"的效果。

心理学上的注意转移，是指根据新任务，当事者主动把注意由一个事物转向另一事物的现象。如果转移是被动的，则称为注意的分散或分心。不过，从黑客的攻击角度看，无论转移是主动或被动的，其实都没有区别，所以下面将它们统称为转移。心理学上的注意转移，还有完全和不完全之分。完全转移，是注意的时序发生了变化，即原先注意现象 A，而后注意现象 B。不完全转移，其实也就是注意的分配。因此，为避免重复，下面重点考虑完全转移。

注意转移的快慢难易，主要取决于以下四个因素：

（1）前后两种活动的性质，如果从易到难，则转移指标下降，即速度降低，难度增大；如果从难到易，则转移指标上升。

（2）目的性，即目的越明确的注意转移，其转移速度就越快，反之则越慢。

（3）态度，若对后续活动没有兴趣，则注意的转移就比较困难；反之，若对后续活动很期待，则转移就容易。

（4）训练，经过训练的人在使注意转移时，几乎可以随心所欲地"当行则行，当止则止"。不同感觉的注意转移时间各不相同。比如，听觉（视觉）的最快注意转移时间为 1～2 秒（40～60 毫秒）。换句话说，黑客若想逃脱被听觉（视觉）注意到，那么他就必须在 1～2 秒（40～60 毫秒）内完成攻击。总之，无论如何，当事者的注意在从一个事物转向另一事物时，中间都有一个时隙，这便是黑客可以钻空子的地方。比如，若黑客在该时隙内完成攻击，那么便可"神不知，鬼不觉"地达到目的；当然，如果黑客本来就是想"打草惊蛇"，那么他抛出诱饵的持续时间就应超过该转移时隙的长度。

注意转移的质量，也可被黑客派上用场。所谓注意的转移质量指的是：如果注意转移后，能正确无误地进行新工作，那么转移的质量就较好；如果转移后，前一活动还在继续干扰后一活动，那么转移的质量就较差。换句话说，如果黑客的攻击需要受害者高质量的注意后，才能被阻挡，那么只要黑客攻击结束的时间早于受害者最终完成注意转移的时间，则受害者就会被打得"措手不及"。当然，注意转移的时间和质量，依赖于前一活动的性质、前后活动的关系，以及当事者对前一活动的态度。比如，在前一活动中，若注意高度紧张，前后活动互不相干，或当事者正沉浸和依恋着前一活动，那么注意转移的质量就差，转移就困难。例如：如果某位服务员的亲人刚刚去世，他就很难满脸堆笑地迎接顾客；相反，如果他刚有喜事，那么他面对顾客时就会热忱接待。

黑客在发动注意攻击时，还有一个损招，那就是让受害者分心。因为一旦分心，就容易出错，也就给黑客提供了机会。所谓"分心"，就是指注意离开了当前的活动，受到无关刺激的干扰。例如：若用同一种颜色写出"红、橙、黄、绿"等字，那么便可以轻松、正确地读出这些字来；但是，若将这些字写在不同纯色的背景上，那么读者就容易被分心了，就很难快速、准确地读出它们。造成分心的原因很多，如出现新异的刺激，出现对当事者有重要意义的刺激，出现情绪波动，过分疲劳，神经系统出现某些病理性变化等。

黑客在发动注意攻击之前，可能会了解被攻击者的当前注意状态；本轮攻击结束后，还会去了解结果，并由此判断是否已达到攻击目标，是否还需要更进一步的注意攻击等。因此，判断注意的客观指标，就显得不可缺少。

幸好，注意作为心理现象，不只表现在内心深处，同时也有外部表现。于是，在一定程度上，便可通过观察外表，辨别当事者是否处于注意状态。具体地说，常人在自然状态下，注意会有如下表情和动作：

（1）适应性动作。注意出现后，往往伴随着侧耳静听、两眼凝视等动作。在注意思考时，会两眼微闭、眉头紧蹙、全神贯注等。当然，伴随注意发生的适应性动作，会因人而异，也和个人习惯有关。

（2）无关动作的停止。比如，在注意观察某东西时，可能会沉迷于此，甚至听不见身边他人的吼叫声。

（3）呼吸的改变。在集中注意时，呼吸会变得轻微而缓慢，甚至在紧张注意时，常发生"屏息"现象，呼吸都可能暂时停止。如在观看高空走钢丝时，观众的注意极度紧张，都会屏住呼吸。此外，在紧张的注意状态下，还会出现心跳加快、牙关紧闭、握紧拳头等现象。

当然，注意的外部表现和内心状态，并不总是相符的。有时会出现相反的情况，即外部表现为注意，内心却没注意；或内心很注意，却无明显的外部表现。特别是经过训练的人员，甚至可以完美地隐瞒其注意状态。不过，黑客的攻击对象多是普通网民，他们的内心注意几乎都会有相应的外部表现。

黑客对注意的攻击，既可以是控制对方的注意，也可以是破坏对方的注意；但是，由于黑客只能发动"非身体接触"的短期攻击，所以其威力是很有限的，不可能达到下面的注意失控极限。这些极限，基本上是病态结果，不过，适当了解注意的这些极限，对防范黑客也是很有帮助的。

注意增强。可分为两种情况：其一，当事者的注意始终指向外在的某些事物，不能自拔，比如，具有妄想观念的病人，常陷入某种系统性的妄想之中，过分注意他人的一举一动，甚至怀疑别人都在谋害他；其二，当事者的注意始终指向自身的某些生理活动，比如，始终怀疑自己患有不治之症，而且把任何生理现象都看成患病的证据。

注意减弱。注意力不集中，不能把注意集中于某一事物，或维持较长的时间。此时，当事者的注意很容易分散，比如，看一本书很久了，仍不知所云，就像没读过此书一样。

随境转移。注意力极易受周围环境的影响，以至注意无法持久，不断地从一个事物转向另一个事物。在极端情况下，更有急性狂躁的表现，当事者甚至连言语都不连贯，因为他的注意对象不断转换，思维联想跳跃，嘴巴都跟不上思路。

注意迟钝。注意的集中困难而缓慢，注意的稳定性却较好。比如，若接二连三地提出多个问题后，当事者的回答就会非常缓慢，若只问一个问题他却可以正确回答。

注意狭窄。当事者的注意范围很小，主动注意更差；当他集中注意于某一事物时，其他事物就很难再唤起他的注意了。

注意固定。当事者的注意稳定性过强，比如，"钻入牛角尖"的科学家，其注意被牢牢地控制在某种观念之中；又如，强迫症患者，其注意的集中性与固定性更是无法撼动。

第 3 节　喜欢的心理基础

📎 **学习提示**

- 了解那些导致别人喜欢你的邻近性、良好的个人品质、熟悉、报答、认识上的平衡性和相似性等六大决定因素。
- 了解社工黑客为何能把喜欢当成攻击他人的武器的原因。

社工黑客的攻击思路千奇百怪，其中一种办法就是让被攻击者喜欢（哪怕是短暂喜欢）自己，或喜欢那些本来有害（但对黑客有利）的事或物。因为人们互相喜爱的程度，是他们互相作用、互相影响的基本因素；只要彼此足够喜欢，甚至都有可能会出现"愿意为对方赴汤蹈火"的情况。下面简要介绍喜欢的奥秘和六大决定因素：邻近性、个人品质、熟悉、报答、认识上的平衡性和相似性。

因素一，邻近性导致喜欢

经心理学家反复实验，证实了下述事实：在促进彼此喜欢方面，邻近性十分重要。如果两个人完全不相邻，比如根本不相往来，那么他们几乎不可能成为朋友，更不会相互喜欢。如果两个人是相邻的，那么他们成为朋友的可能性就增大；而且越相邻，就越可能成为朋友。这里的"相邻"，既指物理上的相邻，比如邻居或同事等；也指逻辑上的相邻，比如生意伙伴或网友等。邻近性产生喜欢的原因主要有三点：

（1）有用性，即离得近的人比离得远的人更有用。人们不会喜欢不认识的人，不会和不认识的人交朋友，并且与不常见到的人保持友谊关系也较困难。当然，在选择敌人时，情况也类似。邻近的关系，无论是友好还是敌对，一般都是和常见到的人彼此建立起来的，当然也是自己认识的人。所以，与某人越相邻，就越容易了解他和他周边的人，也就越容易与他成为朋友或敌人。

（2）对连续相互作用的期望，即当某人知道他要处在某一特殊环境时，他总会试图说服自己，这个环境是愉快的，至少不特别糟糕。同样，如果他期望在今后和该环境中的其他人保持良好关系，他就会趋向于夸大"邻居"的积极品质，忽视或减低消极品质。若事先知道某人是友善的，那么在实际见到他的时候，一般就会下意识地倾向于喜欢他。由于经常接触"邻居"，并想让接触愉快一些，因此，就会主动去喜欢"邻居"。由此得知，人们是被下意识驱使着，用积极的心理去认识"邻居"的，即会积极地去喜欢他们。这种预期的相互作用，还有其他用处：除认定别人很高兴外，还会用各种办法使自己也高兴起来。当初次见面时，每个人都会试图显示友善，避免争论，以促进友好关系，因为对别人友善，是让对方喜欢我们的好办法。因此，既然双方都对今后的相互关系有美好的预期，那么他们就会彼此友善相待，从而就容易成为朋友。

（3）可预言性，即见到某人的机会越多，就能更多地了解他，也就能更好地预言他在不同情况下，将有什么样的行为。当我们知道某人将有什么行为，以及将对我们所做的事做出什么反应时，我们就不会做出烦恼别人的事。同样，别人了解我们的情况后，也就不会做出烦恼我们的事。当各方都谨慎行事，以避免不愉快的相互作用时，彼此成为朋友的可能性就增加了。

此外，似乎有相当的证据证明：熟悉不产生轻蔑，而会产生喜欢。但是，"邻近性产生喜欢"并不普遍成立，也有例外，比如，若双方本身就怀成见或一开始就有敌对情绪，那么邻近性就不会增加喜欢。

因素二，良好的个人品质导致喜欢

实际上，特别受人喜欢的个人品质有：真诚、诚实、理解、忠诚、真实、信得过、理智、可靠、有思想、体贴、可信赖、热情、友善、友好、快乐、不自私、幽默、负责任、开朗、信任别人等。介于被喜欢和被讨厌之间的个人品质包括：固执、循规蹈矩、大胆、谨慎、追求尽善尽美、易激动、文静、好冲动、好斗、腼腆、猜不透、好动感情、害羞、天真、闲不住、爱空想、追求物质享受、反叛、孤独、依赖性等。令人讨厌的个人品质包括：作风不正、不友好、敌意、多嘴多舌、自私、眼光短浅、粗鲁、自高自大、贪婪、不真诚、不友善、信不过、恶毒、虚假、不老实、冷酷、邪恶、装假、说谎等。下面重点介绍两个特别重要的，引起喜欢的个人品质：热情和身体方面的吸引。

热情是激发喜欢的一个核心品质。热情得以表示的途径主要表现为：对喜欢的事物，我们往往会赞美和称颂它们，而不是倾向于厌恶、轻视或说它们的坏话。其实，喜欢别人的人，也最受别人喜欢！

"身体方面的吸引"是影响喜欢的另一个简单但又重要的因素，因为在其他方面都相同的情况下，有魅力的人更招人喜欢。比如，无论是女孩或男孩，若被认为很漂亮，那么将会更让人喜欢。身体方面的吸引，在约会和婚姻伴侣选择时，起着重要的作用。更进一步说，身体方面的吸引，在选择婚姻伴侣时，不如选择约会伙伴时那么重要，因为对于长期关系来说，其他因素也起着重要作用。身体方面的吸引还有一种"光环作用"，即身体方面有魅力的人，还会被认为具有其他一系列优秀品质（比如，性格好、地位高、对家庭负责、有美满的婚姻，容易得到幸福等），即使实际上他们并不具有这些特点。甚至，有魅力的人办了错事后，也会得到宽大处理。比如，成年人对招人喜欢的孩子的过错，就很少从负面去认识，而招人讨厌的孩子，若有同样的过失，就可能受到责罚。

当然，"身体方面的吸引"有时也会让人更加不喜欢。比如，若两个女人都是破坏别人家庭的"小三"，其中一个很漂亮，另一个较丑，那么普通人会更加讨厌那位漂亮的"狐狸精"。两个女人都骂了脏话，普通人会更加讨厌那位较丑的女人。总之，某人若利用自己在"身体方面的吸引"来干了坏事，那么他将招致更多的讨厌。

因素三，熟悉导致喜欢

心理学的实验已证实：与不熟悉的事物相比，熟悉的事物更能变成积极、肯定的东西。因此，从某种意义上说，熟悉总是和好的、肯定的东西相联系的。另外，一个比较意外的结果是：在"熟悉增加喜欢"方面，环境的作用并不明显。比如，情人约会的次数越多，双方的熟悉程度也会越大，彼此可能就越喜欢；而且，这种喜欢程度与约会环境的关系并不很大，"在心旷神怡的美景中约会"并不增加更多的"喜欢"。

但是，这种"熟悉引起喜欢"的结果，也是有边界的。这种作用会在见到次数的极端情况下变小。也就是说，当见到次数过量了后，就会产生厌烦和厌倦的感觉，因此，会减少喜欢的程度。比如，对无处不见的广告，便会心生讨厌。又如，当初次听到某首歌时，你也许并不喜欢；但是，多听几次后，就可能喜欢上它了；若再让你不停地重复收听这首歌，可能你就又要反感了。

还有一点很重要："纯粹见到次数"的作用，似乎被限制在本质上积极的或中性的刺激性客体范围内。也就是说，更多地见到反面的东西，还是不会增加对它们的喜欢。比如，若事先知道某人是坏蛋，那么无论见到多少次，都很难对他产生喜欢。

综合而言，当客观对象本来就令人愉快或至少是中性的、不具有很强的反面因素时，见到次数的增加，能增强喜欢；相反，则不会增加喜欢。比如，让你反复观看一张美女的照片后，才告诉你"她是一个骗子"，那么当你再看她的照片时，就不会增加喜欢了。此外，当人们有互相矛盾的兴趣或性格爱好时，接触次数的增加，也不会导致喜欢，甚至可能会完全相反，即"眼不见，心不烦"，见得少，矛盾才少；当接触次数增加时，矛盾反而被加深和加剧了。

因素四，报答导致喜欢

通常人人都喜欢那些报答他们的人，或喜欢那些与自己的愉快体验有关的人。比如，好心的人，经常报答别人，因此也就更容易受到别人的喜欢。报答之所以能产生喜欢，是因为：若有人报答我们，或我们从他那儿得到了报答的体验，这种体验当然是愉快的、积极的和肯定的。于是，报答作为媒介使两人联系在一起了，从而此人就有了更加积极的形象，我们也就更加喜欢他了。更具体地说，报答产生喜欢主要有以下原因：

（1）相互性。相互性原则，也许是报答的最重要运用。我们喜欢那些也喜欢我们的人。如果有足够的信息证明"他喜欢我们"，那么我们就可以预先确定喜欢他；如果他不喜欢我们，那么我们也可能就不喜欢他了。当然，这并不意味着所有的喜欢或不喜欢都是互相的。因为有时我们喜欢某个并不喜欢我们的人，相反我们不喜欢的人有时却喜欢我们，这种情况在情场上经常可见。但是，在其他方面都相同的情况下，我们很可能喜欢那些喜欢我们的人，这也许是因为："他喜欢我们"是给我们最大的报答。

（2）受尊重的需要。任何人都需要被尊重，而别人对自己的报答，显然是一种尊重。因此，自尊心更强的人，更看重报答；处于困境中（更需要鼓励、关爱和支持）的人，更看重"滴水之恩"。换句话说，"雪中送炭"引起的喜欢，要远远超过"锦上添花"；反之，"落井下石"引起仇恨，也会远远超过"给得意忘形者泼冷水"。

（3）得失原则，即某人若越来越喜欢我们，那么很可能我们也会越来越喜欢他；某人对我们的喜欢程度若越来越小，那么我们也很可能逐步减少对他的喜欢。因此，若某人对我们很稳定地持有肯定或否定的态度，那么我们对他的喜欢或厌恶程度，也会维持不变。比如，谄媚者的吹捧（或"愤青"的抱怨），就基本上不会影响我们对他的喜欢程度，甚至会将他的话当成"耳边风"。

（4）迎合。我们对某人说些好话，几乎总可以得到报答。他越是相信我们，越是高度评价我们的辨别力，我们的好评就越会得到报答。一旦他信不过我们，不再欣赏我们的意见时，我们的好评也就无足轻重了。我们喜欢"说我们好话，或为我们做好事"的人，但喜欢的强度，取决于我们对这种行动背后动机的信任程度，以及对这种行动本身的评价。特别是，真正的"相互喜欢"和"迎合奉承"之间有着巨大区别：若某人是别有用心地对我们好，那就不会出现报答等"感情互换"了。虽然我们总愿意别人给我们一些好评，即使对其动机有怀疑，但是与可信的人相比，我们总不太喜欢我们信不过的人。当某人有求于我们时，他的行为往往会被认为是迎合奉承，而非诚实；因此，他说的好话，也就无济于事。总之，任何人都不会像喜欢"真诚的赞扬"那样，去喜欢奉承话；甚至，在有些情况下，迎合反而会让人恶心。

因素五，认识上的平衡性导致喜欢

"人喜欢和那些与自己意见一致的人待在一起"，这就是所谓的平衡模式。因为人都倾向于选择一致性，都希望事物是一致的、合乎逻辑的，并且是和谐的，即希望关于其他人和事的感觉是始终一致的。平衡理论的另一面就是：对平衡施加力量，可使人们和所喜欢的人意见一致，和不喜欢的人意见相左。这便是所谓的"爱屋及乌"。

理解平衡性原理的一个浅显例子，假如一对夫妻闹矛盾了，双方都会很烦恼，于是便失去了平衡。如何才能重建平衡呢？有两种办法：

（1）爱屋及乌，即若喜欢对方的人，就要喜欢对方的一切，于是便主动调整自己，向对方示好，最终恢复平衡状态；

（2）只与那些意见相同的人待在一起，即既然意见不一致，那就别待在一起，彼此散伙，以此达到新的平衡。

与心理学的几乎所有结果类似，平衡性原理也有例外。它的最主要例外有两个：

（1）平衡的力量主要体现在积极肯定关系中，比如，当一个人不喜欢另一个人时，平衡力量相对说来就很弱，当我们不喜欢某人时，只需"简单忘掉他，而根本不关心他的意见"就行了。换句话说，对朋友来说，"和我们的意见一致"是至关重要的；但对于敌人来说，是否和我们意见一致并不重要。

（2）当三方关系体现出两个人之间肯定的关系时，人们往往能很好地互相学习，并且互相更加喜欢。比如，三个好朋友中，若某两人的喜欢程度增加了，那么三者之间的喜欢程度也会增加；当某两人观点一致并与第三人观点不一致时，第三人可能需要主动调整自己的观点，使大家的观点都趋同。

因素六，相似性导致喜欢

喜欢使人们倾向于寻找平衡，这意味着人们喜欢那些和他们相似的人。相似性对友谊模式会产生广泛而重大的影响。在友谊、婚姻，甚至日常简单的喜欢或不喜欢中，人们都强烈地倾向于喜欢那些和他们相似的人，而且这种倾向也被社会普遍认可。比如，在通过网络相亲的时候，人们都列出他们的兴趣和特点，然后，机器据此寻找具有相同兴趣和特点的人作为候选对象；这种办法比盲目选择或不考虑相似性的选择，会提高相亲成功率。

相似性引发喜欢的作用随处可见，在民族、国籍、文化、信仰、兴趣、年龄、政治态度、社会阶层、教育水平、思想成熟水平、肤色、职业、智力水平和背景等方面都有所表现，甚至身高、体重、智力、体力等也会引发喜欢。比如，"老乡见老乡，两眼泪汪汪"。又如，老年人协会、胖子俱乐部等，都是在某些方面具有相似性的人群的友谊场所。"价值观和态度的相似性"会产生更大的喜欢，甚至可以克服某些方面的差异。比如，若男女双方都是慈善人士，那么会增加双方相互喜欢的机会。

相似性对喜欢的促进作用还可表现为：如果我们喜欢某人，往往就会夸大他和我们的相似程度；如果不喜欢某人，则往往会夸大区别性。反过来，实际存在的相似性被夸大后，往往会使得我们更喜欢他；实际存在的区别性被夸大后，往往也会使得我们更加讨厌他。如此循环几轮后，最终结果就是：我们喜欢的人，最终被认为极端相似于我们；而我们不喜欢的人，则与我们极不相似。可见，相似性影响喜欢和不喜欢的作用，被加倍放大了。

人格的相似性在引发喜欢方面还需要特别说明，因为它并不是产生喜欢的唯一原因。有时产生喜欢的原因也可能来自互补性。

一方面，人格相似性产生喜欢的例子很多。比如，在大多数情况下，一个安静、愿思考、内向的人，几乎不可能喜欢大吵大嚷、轻浮、外向的人。对绝大多数重要的人格特性（比如，沉稳—不沉稳等）来说，主要依靠相似性来激发喜欢。

另一方面，人格的互补性产生喜欢的例子也有很多。比如，一个支配型的人，可能希望选择一个服从型的人。如果两口子都是支配型的强人，那么家庭产生矛盾的机会可能增大，这时喜欢将被无情地减少。又如，爱唠叨的女人，也许会嫁给一个少言寡语的男人等。

初看起来，上述相似性和互补性好像产生了矛盾，其实，有时它们是一致的。比如，家庭中支配型的男人和被支配型的女人，表面上看是互补的，其实他们是相似的，因为他们对婚姻中男女的作用和角色，都有着相似的态度和价值观，都希望男性起到支配作用即当"主心骨"，而女性则处于被呵护的从属地位。

归纳而言：当两个人有相同的角色作用时（如在大部分平等的友谊关系中），决定喜欢的重要因素基本上是相似性；当两个人有不同的角色作用，如有时在婚姻、友谊和职业的关系中，一个人要胜过另一人时，互补性则是很重要的喜欢因素。在后一种情况下，人们往往喜欢那些"行为与角色相适合"的人，也就是说，因为角色不同，所以行为往往需要互补，而不是相似。然而，即使有着不同的角色作用，在绝大部分关系中，相似性仍然是喜欢的重要决定因素。

第 4 节　如何让别人喜欢你

> **学习提示**

- 掌握一些让别人喜欢你的实用技巧，比如，别轻易批评人，尽量表扬人，激发他人的渴望并及时给予满足，真诚关心他人，保持微笑，记住别人的名字，认真聆听别人谈话，讨论别人感兴趣的话题，让他人觉得自己很重要，以及激发别人自尊心，善于请教，善待别人，保持宽容态度，不妨适当暴露自己的一些缺点，积极寻找双方的共同点，适当幽默，不卑不亢，风趣地自报家门，等等。

上一节从心理学方面介绍了影响喜欢的六大主要因素。但是，喜欢不仅仅是一个心理学概念，其实也是一个社会学概念。有关喜欢的研究成果还有很多，不过，从社工黑客角度来看，诸如民族、婚姻、信仰等所涉及的喜欢，就不是关注的重点了。假如你是黑客，那么你只需要"被攻击者"喜欢你（哪怕是短暂的喜欢）就行了，然后你就可以对他加以利用，因此社工黑客真正需要的东西，其实是那些简单实用的让他人喜欢你的技巧。

经过多年的积累，心理学家和社会学家们已归纳出若干"社交场合，让别人喜欢你"的规律和技巧。这些更偏向于社会学的技巧都浅显易懂（但绝不意味着容易实现，有些甚至很难实现的），许多技巧其实只是某些心理学成果的融合和具体化而已。所以下面只进行简要介绍。

（1）别轻易批评人。轻易批评，就会失去朋友；喜欢批评别人的人，很难被别人喜欢。因为批评常伤害别人的自尊和自重，甚至激起反抗。实验已证明：因为好行为而受到奖赏的动物，其学习速度快，学习效果亦较佳；因坏行为而受处罚的动物，则不论学习速度或学习效果都比较差。这个原则用在人身上也同样有效。批评不但不会改变事实，反而会招致愤恨；并且对本该矫正的错误，一点儿也没有助益。所以，要想被喜欢，就不要随意批评、责怪或抱怨对方。

（2）尽量表扬人。称赞是获得喜欢的最好办法。让他人帮助做事情的好办法，就是把他想要的东西给他。不同的人，所需要的东西也不同，有一样东西却是每个人都需要的，那就是称赞。因为人类本质中最殷切的需求就是渴望被肯定，甚至精神病人也会在幻觉中寻求对自己的肯定。注意，这里说的是称赞而不是恭维。表面上看，称赞和恭维很相似，其实差别很大：前者是真诚的，后者是虚伪的；前者由心底发出，后者只是口头说说而已。因此，若想被别人喜欢，就要去发现别人的优点，真诚地去赞赏。你真诚的赞美与感谢，会让别人永远珍藏于心，并以喜欢作为报答。除真诚外，称赞还要因人而异，要翔实具体，要合乎时宜，要适度；否则，称赞的效果就会大打折扣。比如：称赞长辈，要以"尊"为先；称赞孩子，既要及时，又要有分寸；称赞上司，既要切合实际，又要虚心；称赞同事，既要具体，又要翔实；称赞下属，要审时度势；等等。关于称赞，还有一个非常有趣的事实：背后赞美，更容易博取对方的好感！

（3）激发他人的渴望，并及时给予满足。任何人都只关心自己想要的东西，因此，"谈论他所要的，并告诉他如何才能得到它"是能够影响他的方法。要想发现并激发别人的渴望，就必须站在对方的角度去观察和思考问题。满足了对方的渴望，当然对方也会付出喜欢来报答你。

（4）真诚关心他人。真诚关心别人，就一定会被喜欢；反过来，若某人对别人从来不关心，那么他就很难有真心朋友。这里的关心含义很丰富：既包括"为别人做一些事情，一些需要花很多时间、精力、体贴、奉献才能做好的大事情"，也包括"热情打招呼等小事情"。这里的真诚不仅指付出关心的一方要真诚，还包括接受关心的人也要真诚，即真诚是双向的，双方都会受益。

（5）保持微笑，给别人留下美好的第一印象。因为行动比语言更具说服力，一个亲切的微笑会告诉别人：我喜欢你，你使我愉快，我很高兴见到你。面带笑容的人，通常对处理事务、教导学生或销售等行为都显得更有效，也更能培育出快乐的孩子；笑容比皱眉头所传达的信息要多，鼓励要比惩罚更为有用。微笑能以柔克刚，微笑是缓和气氛的灵丹妙药，微笑是吸引他人注意的"磁铁"，总之，微笑具有强大威力。但是，这里指的微笑，是出于喜欢的、真正的、由心底发出的微笑，而不是皮笑肉不笑、机械式的假笑等。

（6）记住别人的名字，必要时直呼其名。牢记对方姓名，是一种尊重，当然也就能赢得别人的喜欢、支持和信服等报答。所以，欲获别人的喜欢，最简单、最显著、最直接的方法，就是记住那人的名字。当某个陌生人突然叫出你的姓名时，你是否会很惊喜呢？当然，除姓名外，你若还能记住他的家乡、生日、爱好等细节的话，你将收获他的更多喜欢。相反，若你忘记了别人的名字，或叫错了名字，不但会令别人难堪，对自己也将是很大的损害，至少不会增加别人对你的喜欢。

（7）认真聆听别人谈话，鼓励别人多谈他自己感兴趣的事。因为"全神贯注地倾听"是对讲话者的礼貌，是对他的尊重，是最不露痕迹的尊重，是很少有人能抗拒的尊重。每个人都渴望引起别人的注意，"聆听他讲话"就是对他最大的注意。

（8）讨论别人感兴趣的话题。通往别人内心的捷径之一，便是谈论他感兴趣的事，而且这样对双方都有好处。因此，若想被对方喜欢，你就得事先准确把握别人的兴趣所在。每个人对自己的荣誉、功勋、成就等都有一种天然的表现欲，每个人都想成为"重要的人"，大人物的此种欲望更强烈。

（9）让他人觉得自己很重要。人类行为有个极重要的法则，若遵从这个法则，便可得到许多友谊和永恒的快乐；若破坏了这个法则，就难免后患无穷。这个法则就是：时时让别人感到他自己很重要。人类本质里最深远的驱策力就是"希望具有重要性"，最殷切的需求就是"渴望被肯定"。你希望别人怎么待你，那你就得首先怎么对待别人。每个人都有自己的优点和长处，真诚而充分地肯定他们，便可让他们觉得自己很重要。

上述技巧，均出自被誉为"20世纪最伟大的心灵导师和成功学大师"戴尔·卡耐基，其实"让人喜欢你"的办法，远不止这些。

激发别人自尊心，是获得别人喜欢和积极支持的良策。若想被喜欢，请让对方感到自豪；若想树敌，有效的办法是伤害其自尊心。这便是为什么"权势或暴力很难解决问题"的原因，因为高压下的屈服，严重伤害了对方的自尊心，一有机会便会反弹。

善于请教。虚心向他人请教，引发其兴趣和表现欲，并真诚地表示谢意；有问题时平等谦逊地协商解决，尊重对方的意见或建议，对其观点积极加以鼓励并成全，让他产生成就感和自豪感，从而赢得别人对你的喜欢。

真诚地善待别人。真诚是无价之宝，它不仅能让你建立起良好的人缘，赢得别人的友谊，还能给你带来意外的惊喜。真诚并不等于"双方毫无保留地相互袒露"，而是要本着善意、理解和宽容，以及互敬互爱的精神，把那些真正有益于对方的东西，献给对方。真诚相待还包括：对朋友要讲真话；朋友有错，要诚恳指出；赞美要诚心；对朋友多一些体贴和理解；等等。

傻瓜原则。不是把别人当傻瓜，而是把自己当傻瓜，让自己表现得笨拙些，不要卖弄小聪明。顾及别人的感受，藏起自己的聪明，小心维护好别人的形象和自尊，保持低调，避免自吹自擂、自我炫耀，充分显示对别人的重视，在隐约之中让对方感到自己的聪明，从而便能收获别人的喜欢。

亲和效应。在交往中，任何人都喜欢与"说话和蔼可亲，做事和善"的人交往，这便是心理学上的"亲和效应"。彼此之间若存在某种相同或相似之处，那么他们就更容易接近，交流就更顺畅，双方就更容易萌生亲切感；并且，又会反过来更加促进相互接近，相互体谅。在潜意识中，人们常把具有亲和力的人当成"自己人"，当然就有更多的相似性，就更容易互相喜欢。增强亲和力的办法主要有：主动攀谈，求得他人的认可；主动打招呼，特别是对陌生人；善意疏导，消除他人的误解；随和解释，赢得他人的佩服；大度宽容，善待他人的不足；注意谈吐与风度，不可故作惊人；重视细节；等等。

用宽容之心，去容纳别人的过错，如此赢得的"喜欢"会更长久。设身处地为别人着想，从别人的立场来看问题，尽量宽容别人的过错，其实也就是对别人的尊重，当然也就会换来别人的喜欢。

感恩效应。感恩，能引起人际关系的良性巨动；当你感恩别人时，别人也会因为你的感恩而喜欢你。感恩，能认定别人帮助的价值，从而加深彼此的感情，缩短彼此之间的距离；多一份感恩，就多一份温馨。

不争效应。把好处让给别人，多帮助别人；不自视清高，保持谦虚、和善，甚至使别人都能在你这里得到好处，那么你当然就会受到喜欢，在你需要帮助的时候，会得到众人的真心回馈。

面子效应。当你真心需要别人帮你一个小忙（不是大忙），一个他举手之劳就能完成的小忙时，你其实就是在给他面子，也激发了他的自尊心，所以自然会收到他对你的喜欢，因为人们在帮助别人后会感到快乐和享受。

献丑效应。每个人都有自己的优点和缺点，适当暴露自己的缺点，以此展现坦诚，消除对方戒心，让对方觉得"原来他跟我一样，也是有缺点的人"，让人觉得你很真实，从而获得对方的亲近和喜欢。由此可见，真实、朴素的人会更受欢迎。

同步效应。仿效对方的行为，以此加深彼此的情谊，从而受到喜欢。从心理学角度来讲，表情或动作的一致，意味着双方思维方式和态度的相似或相通，即双方的看法一致或相互欣赏，诱发了他们的同步行为。相互欣赏或心理状态类似，并能充分进行内心交流的人，大多有效仿对方动作的倾向。反过来，同步行为又促进了彼此的内心交流，加深了彼此的好感与欣赏程度。一般而言，同步行为的一致性与双方关系的和谐度成正比：在双方的交流中，如果两个人相互欣赏，那他们的同步行为会很多、很细微，甚至会出现很多一致的动作或表情；反之，如果交谈气氛紧张，那同步行为就很少。

名片效应。在交往中，若先表明自己与对方在态度和价值观等方面的相同点（就像递上了一张名片一样），会使对方觉得你与他有更多的相似性，从而很快缩小彼此间的心理距离。该效应有助于消除对方的防范心理，缓解矛盾的心情，畅通交流渠道，形成情投意合的沟通氛围，当然也会使你更受喜欢。若不知道对方的性格、爱好、品性等，那就应主动在语言上与对方磨合，找到彼此的共同点或相似经历。

焦点效应。许多人都会高估周围人对自己外表和行为的关注度，至少不希望被别人看低。这是一种天生就有的、非常普遍的心理需求。因此，若想获得对方的喜欢，就不能忽略他的"焦点心理"。

虚荣心效应。对虚荣的渴求是人类天性的组成部分，虚荣心人人都有，只是强弱不同而已。从本质上讲，虚荣心是一种自尊心，是自尊心的一种外在表现，是一种追求虚荣的性格缺陷，是为了取得荣誉和引起普遍注意而表现出来的不正常的社会情感。既然很多人都有虚荣心，那么你若想获得对方的喜欢，就不该忽视他的虚荣心，并不失时机地加以满足。在适当的时机和场合，适当地称赞对方，满足其"虚荣需求"，也是获得喜欢的办法。

风趣幽默之人受欢迎。幽默能以愉悦的方式，表达你的真诚、大方和善良，能拉近人与人之间的距离，跨越人与人之间的鸿沟；幽默是与他人建立良好关系的法宝。比如，当你要表达内心的不悦时，若能使用幽默语言，别人听起来就会顺耳一些；当你需要把别人的态度从否定变为肯定时，幽默也有很强的说服力；当你和他人关系紧张时，巧妙地幽默一下，也可能使双方摆脱窘境或化解尴尬。面对幽默话，双方若能一起笑出来，会有效拉近关系，培养喜爱。

不卑不亢原则。没有人真心喜欢傲慢的上司，也没有人真心喜欢奴颜的下属。不管什么人，都要公平对待，特别是在比自己强的人面前，不要畏缩；在比自己弱的人面前，不要骄纵。要自信，但不能自负；因为"有自信的人最美"，自信的容貌会让人觉得充满希望、活力十足。

此外，还有许多让你受人喜欢的交友之道，下面进行简要介绍。

（1）礼尚往来。这里的礼，既包括物质上的礼品，更包括精神上的礼貌。因为朋友关系的基础是相互尊重，容不得半点强求、干涉和控制，更不能闯入对方的隐私禁区。当然，送礼本身也表示某种尊重，而礼貌也是送给对方的一份厚礼。

（2）给友情保温。若想与朋友保持良好关系，就必须经常与他保持联系，比如，电话、通信、节日问候等。朋友遇喜事时要祝贺，有困难时要主动帮助。

（3）该拒绝的就要拒绝。朋友之托肯定要帮忙，该拒绝的就要干脆且有礼貌地拒绝；

否则，反而会破坏彼此间的友谊。

（4）诚实。绝不能把朋友当作受伤后的"拐杖"，有难时才想起朋友；更不该与朋友做"一锤子买卖"，过河拆桥。要保持与朋友的共同兴趣，使彼此交往越来越投机。总之，诚实有信的人自然会得道多助，更能赢得他人的喜欢、尊重和敬佩。

（5）记住朋友的小事，让他感到被重视而获得被人关注的满足感。

（6）即使是开玩笑，也不应太过分。

（7）朋友遭遇不幸时要施以援手。第一，要静下心来听对方倾诉；第二，要尊重对方的感受，不要以自己为中心；第三，要尽可能乐观，同时还要切合实际；第四，主动提供具体的援助。

（8）心理帮助。当朋友郁闷时，多说些让他宽心的话，引导他向好的一面去想，走出"死胡同"；等他想开了，烦恼也就自然消退了。鼓励的最高境界，是带给他新希望。比如，朋友心情低落时，只要你不断对他说"你一定能渡过难关"或"我相信你能做得到"或"我们与你同在，会帮助你的"等，便能给他坚持下去的勇气和力量。

（9）你对朋友知心，朋友也会对你知心。人之相识，贵在相知；人之相知，贵在知心。要想与别人成为知心朋友，就必须表露自己的真实感情和真实想法，向别人讲心里话，坦率地表白自己、陈述自己、推销自己，这就是自我暴露。这样以诚相待，不仅可以让别人读懂你．也有利于你读懂别人。自我暴露也不是越多越好，越快越好，而应该遵守"对等原则"（双方的暴露量大致相当，暴露过多，会给对方造成压力）和"循序渐进原则"（暴露太快会让对方惊讶，认为你不够稳重，反而对你不敢托付；暴露太慢，会认为你对他不信任）。

（10）要想友谊长存，就要设法感激和回报别人的帮助，并且要让对方知道。

（11）对朋友的秘密，要守口如瓶。分享秘密是朋友间亲密和信任的表现，也是考验朋友的重要时刻。只有守住朋友的秘密，才能获得更进一步的信任，友谊才能不断加深。

（12）合理的分寸和距离感，再好的朋友也应保持距离。人都有"超限效应"，即若刺激过多、过强或过久，反而会引起心理烦躁和逆反。朋友间若过度亲密，也会过犹不及。因此，保持一定的距离，友谊才能长久。君子之交淡如水，便是这个道理。

最后，针对不同的人掌握说话的技巧，这也是讨得别人喜欢的重要技巧。

（1）要看对方的身份地位说话。下级对上级、晚辈对长辈、学生对老师、普通人对有名气的人等，虽不必表现得屈从、奉迎，但在言谈举止上不要过于随便，应该表现得尊重。除严肃场合外，身份较高的人对身份较低的人，说话越随和、越风趣就越好；而身份较低的人对身份较高的人，说话则不宜太随便，尤其在公众场合。

（2）充分理解对方的心理。在交谈的时候，思考对方的意思，关注对方的肢体语言，以便了解其真实、微妙的思想，并灵活应对。

（3）根据自己与对方的差异，说话时也需讲究。

年龄差异：对年轻人，应采用鼓动性的语言；对中年人，应讲明利害，以供他们斟酌；对老年人，应以商量的口吻，表示尊重。

性别差异：对男性，要用较坚定的劝说语言；对女性，则可适当温和。

职业差异：多用对方的专业相关语言与之交流，便可获得更大的信任感。

文化程度差异：对文化程度低的人，说话应简单明确，最好讲述结论而不细陈过程，多举例子，多用比喻。

性格差异：对性格豪爽者，可单刀直入；对性格迟缓者，则要循循善诱；对生性多疑者，切忌解释辩白，应不动声色，使其疑惑自消。

再次强调，本书及本节的许多内容仅是对付社工黑客的武器，绝不意味着常人都该如此，更不是想教大家变得圆滑和势利。

第 5 节　被利用的利他行为和易控行为

学习提示

- 了解社工黑客能唤醒、促进和利用别人利他行为的原因。
- 掌握利他行为和利他者的特征和特点，受助者的特点，影响利他行为的主要因素，旁观者效应及其出现的原因，如何唤醒和促进利他行为。
- 熟悉容易被社工黑客利用的易控行为。
- 了解从众、服从与顺从等易控行为的区别与联系，引发这些易控行为的原因，影响它们的正反两方面因素，促进它们的技巧等。

利他行为本来是人类的宝贵习惯，却常常被黑客和骗子等恶意利用。大家最熟悉的此类劣行，便是大街小巷里的假乞丐，他们装扮成可怜兮兮的残疾人，利用人们的同情心来行骗、乞讨。除利他行为外，容易被黑客诱发和利用的行为还包括从众行为、服从行为和顺从行为等。因此，下面就来详细揭示这些行为（特别是利他行为）的奥秘。

所谓利他行为，是指不期望任何外部酬赏，而完全出于自觉自愿的助人行为，它是一种把帮助别人当作唯一目标的行为。小到热心指路，大到牺牲自己的生命抢救落水者，这些都是利他行为。只不过，前者是非紧急情况下的利他，后者是紧急情况下的利他。常见的利他行为包括：

（1）看到陌生人陷于困境时，所表现出的助人行为；

（2）制止或干预犯罪的行为，此时受害者能得到帮助，犯罪者也能受到制约或遭到惩罚；

（3）个人约束自己，不发生越轨行为，此时通过自律的方式取得利他效果；

（4）偿还行为，其目的是报恩，或补偿自己曾经使别人蒙受的损失。

利他行为并非人类的专利，其实在动物界，利他行为也非常普遍，比如，蜜蜂、白蚁、狒狒等，都会为了保护同类而牺牲自己。

利他行为可分为两大类：自我利他主义取向和纯利他主义取向。具体地说，当一个人看到有人需要帮助时，他既有可能产生专注于自我的内心焦虑，也有可能产生专注于他人的同情情绪，因此，可能产生两种相对应的利他行为取向：一种是为了减轻内心的紧张和不安，而采取的助人行为，此时的动机是为自我服务，助人者通过助人行为来减少自己的痛苦，使自己感到有力量，或体会到一种自我价值，这便是自我利他主义取向；另一种情况是受外部动机的驱使，因为看到有人处于困境而产生移情（换位思考），从而做出助人行为以减轻他人的痛苦，其目的是帮助他人，这种情况便是纯利他主义取向。另外，根据利他行为所发生的情境特点，还可以分为紧急情况下的利他行为和非紧急情况下的利他行为。

利他行为具有四个重要特征：

（1）自愿性，即利他行为是自觉自愿的，是自发的，而非外界强迫。

（2）利他性，即行为是以有利于他人为目的，而且还是唯一目的，因此，不包括主观利己却客观利他的行为。

（3）无偿性，即利他行为中不期望任何外部报答，也不期望日后的酬赏。

（4）损失性，即对于利他者来说确实有损失，比如，在精力、金钱、时间或身体等方面蒙受了损失，甚至牺牲了生命。

在以上四个特征中，第三个特征无偿性很关键，也很容易混淆。此处的无偿，主要指外部无偿，即不谋求从外部获得任何名或利等。比如，为求善名的公开捐款，就不具有无偿性，因此也不属于利他行为。又如，相互帮助的行为，仍不是利他行为。但是，来自内部（内心）给自己的奖赏，不影响无偿性，因为任何人在实施利他行为后都会产生诸如自豪、愉快、满足等良好感觉，这其实是自己给自己的酬赏。每个人在帮助了别人后都会觉得心情舒畅，并可能进一步推动他继续帮助别人。

与利他行为相近的行为，还有助人行为和亲社会行为。助人行为指一切帮助他人的行为，既可以是无偿的，也可以是有偿的；这里的"偿"，既可以是物质的，也可以是精神的；既可以是当前的，也可以是今后的；等等。因此，有些助人行为并不是利他行为，比如，拾金不昧后得到一定报酬的行为，就只属于助人行为，但不是利他行为。亲社会行为是指一切有益于他人和社会的行为，既包括助人行为，也包括利他行为。亲社会行为更广泛，它不一定源自利他行为。

但是，从黑客的角度看，他只要能诱发被攻击者的任何行为（包括善行）就够了，不管它是利他行为、助人行为，还是亲社会行为，所以下面就将它们统称为利他行为。

利他行为的社会规则主要有三个：社会责任、相互性和公平性。其中，社会责任规则，即我们应该帮助那些依靠我们的人，比如，父母应该帮助后代，教师应该帮助学生等。相互性规则，即我们应该帮助那些帮助过我们的人；若别人曾给予的帮助很大，那自己就更应该有回报的责任；若别人的帮助是有意的、自愿的，那我们就会更应该回报。公平性规则，即两个付出同样贡献的人应该得到同样的报酬；若某人得到的报酬比付出的少，则会感到不公平，甚至很痛苦；而多拿报酬的人也会想办法重新分配报酬，以求得分配的平等；旁观的第三者若看到不公平的情况时，也会同情少拿报酬的一方。

除本能因素外，后天环境对利他行为也有很大影响。比如，婴儿几乎没有利他行为，但随着年龄的增长，儿童会模仿父母和其他人的利他行为，并把它融入自己的行为中；所以，善良人群中长大的小孩，更容易产生利他行为。

利他者具有许多共同的特点，主要体现在年龄、性别、人格和心境等方面。

（1）年龄。利他行为会随着婴儿年龄的增长而稳定上升。但是，年龄和利他行为之间的关系，并不永远成正比增长。特别是成年后，人不会再像孩子那么单纯，能否帮助他人，还要结合其他因素。比如，在非紧急情况下，儿童、青年、中年和老年的助人行为，并无显著差异；其中，老年和儿童更乐于助人，其次是青年，最后才是中年。在紧急情况下，助人行为存在显著差异：老年人会更乐于助人，其次是青年，再次是中年，最后才是儿童。不过，从整体上看，老年人都更乐于助人，这也许就是老年人更容易受骗上当的原因之一吧。

（2）性别。女性的人道主义思想倾向往往比男性强，但女性的利他行为并不如男性多。一般来说，需要较大体力或不适合女性角色的利他行为，往往由男性完成。在较为尴尬的情境中（如有很多人围观时），女性助人的意愿也低于男性。

（3）人格。社会责任感、道德判断水平、移情能力、信念、价值观等，都与当事人的利他行为密切相关。促进利他行为的人格因素包括：具有强烈的社会动机，相信自己对事物具有把握能力，有适合于情境需要的特殊能力，同情理解他人和责任感。

（4）心境。人在心情好的时候，比较容易帮助他人。消极心境有时会增加利他行为，有时也会减少利他行为。具体地说，一方面，帮助他人能获得自豪感，或能把注意力从自我转向外部，这便有助于消除原有消极情绪，从而促进利他行为的发生；另一方面，消极心境也可能使人的注意力集中于自身，对外界事物的敏感性降低，从而导致助人行为的减少。一般来说，消极情绪很浓时，较难发生助人行为，但是"内疚感"这种特殊的消极情绪例外。当某人感觉到内疚时，他通常就要努力减小自己的内疚。为此，他有如下几种方式：其一，做些好事来将功补过；其二，承受一些不愉快的事，以此来惩罚自己；其三，尽可能淡化唤起内疚的消极否定，比如，忘掉内疚等。此处的前两种方式，都会增加利他行为；因为在帮助他人的过程中，自己的内疚感会减轻。不过，内疚者若有机会忏悔，那他的利他行为又可能减少。

另外，若施助者想从利他行为中得到好处（例如，听到别人的感谢或增强自尊心等），那么求助者自身的不幸就能促进利他行为。这再一次证明了：幸运的人愿意分享其快乐，不幸的人更想得到别人的帮助。

与利他者的情况类似，受助者也有比较明显的特点。

（1）年龄。独立能力较差的老人和小孩，更可能获得帮助。这也是许多假乞丐要装扮成老人，或强迫小孩来行乞的原因之一吧。

（2）性别。女性被助的机会多于男性，在紧急情况下更是如此。

（3）仪表。穿着、打扮、相貌等也会影响是否被助。一般来说，人们愿意帮助那些长相漂亮、衣着整洁、举止得体、言行得当的人，而不愿帮助那些面容丑陋、衣冠不整、奇装异服、举止粗鲁、言行不当的人。

（4）相似性。每个人都更愿意帮助与自己相似的人，比如，与自己同属某一群体、种族、国家，或与自己有相似的态度和看法等，甚至年龄相同也会增加被助的机会。所以，相似性不但会增加被喜欢的机会，也会增加被帮助的机会。

（5）受助者对困境应承担的责任。若目前困境归罪于自身（比如吸毒等），那就很难引发别人的助人行为；相反，若由外界原因导致的困境（比如老弱病残或意外灾难等），那就容易得到他人的帮助。

（6）求助者需要帮助的程度，也是能否获得帮助的重要因素。一般来说，人们更容易帮助那些"没能力解决自己的问题，而必须求助他人"的人。

（7）喜欢程度。每个人都更愿意帮助自己喜欢的人。

不同的情境也会对利他行为产生影响，比如：

（1）自然情境。一般来说，舒适的气候和环境会使人心情愉快，从而促进利他行为。噪声和拥挤等烦人的情境，会减少利他行为。

（2）社会情境。比如，社区与城市的大小也会影响利他行为：小城镇的人，帮助陌生人的比例显著高于大城市；但在帮助亲朋好友方面，大城市的助人行为并不比小城镇差。

（3）时间情境。在时间充分的情况下利他行为明显增加；而时间匆忙则会减少利他行为发生的可能性。

（4）得失情境。若利他行为可能带来麻烦，那也会影响利他行为的发生。

此外，社会文化因素也会影响利他行为：不同的价值观、人际氛围、行为规范等都会直接与利他行为有关。

不过，最有趣的影响利他行为的情境因素是所谓的旁观者效应，即随着旁观者的增多，利他行为将会减少；或者说，当有他人在场时，反而对利他行为会产生抑制作用。这与我们的直观感觉正好相反，因为，一般都误认为：在需要帮助的场合，在场的人越多，出现援助行动的可能性就越大。

为什么会出现这种奇怪的旁观者效应呢？主要原因可能有：

（1）责任扩散。即在需要帮助的场合，帮助他人的责任会扩散到现场的所有人身上，从而对利他行为产生了干扰，使得每个人的责任反而变轻，大家可能将施救的期望寄托在其他人身上，结果反而没人行动。当紧急情况时，若现场只有某人自己，那他就会明确意识到这是自己的责任：若见死不救，便会产生强烈的内疚感，从而将付出很大的心理代价，因此，就可能出手相救。如果有他人在场，那每个人都有责任，所以每个人的责任就都减小了，所付出的心理代价（内疚感）也就小了。在场的人数越多，每个人的责任就越小，利他行为也就越容易受到抑制。

（2）情境错觉。若有旁观者，每个人对情境的知觉、解释和判断往往会参照他人的反应，特别是在情境不明的情况下。比如，本来情况紧急，如果其他人都冷漠观望或没反应，那大家就都会没有危机感，当然也就会平静面对而不急于施以援助。

（3）评价恐惧。当有他人在场时，人们会因为其他人的评价和注视而觉得不安，害怕自己成为别人眼里的傻瓜。因此，他会更加小心地表现自己，以赢得别人的好评。他会把自己准备要做的行为和他人的行为加以比较，以防做出不适当的行为，被他人取笑。由于评价恐惧，大家都不愿意当"出头鸟"，而是想等"出头鸟"出现后，再决定自己的行为。于是，大家相互观望、相互等待，结果却造成了行为的抑制和集体的冷漠。

（4）角色期望。当有其他旁观者时，每个人都会期待出现符合角色的帮助者。有的人虽有帮助他人的愿望，但会因为觉得自己缺乏助人的能力而犹豫不前，因此，期待有更合适的角色出来。比如，在白大褂医生旁，若突然倒下一个病人，周围的人当然更期望医生出手相助，而不是自己冲上去。

人们在决定是否做出利他行为之前，会进行一系列的判断，考虑许多问题，比如：到底发生了什么事？当事人是否需要帮助？这种帮助非常紧急吗？自己是否该伸出援手？该采取何种行动？用什么办法完成助人行动？等等。具体地说，在实施利他行为前，常常经历四个步骤，其中每个步骤都可能促进或中止利他行为。

第 1 步，判断是否有人需要帮助，如果没这种需求，当然也就不会产生利他行为；如果有人需要帮助，那么可以直接进入第 2 步。判断是否需要帮助的线索主要有：

（1）事情是突然且出乎意料的；

（2）受困者遇到了明显的威胁；

（3）若无人帮助，威胁、伤害将会越来越大；

（4）受困者自己无能为力，需要别人帮助；

（5）某种有效的帮助是可行的。

第 2 步，承担责任，即判断："我有责任提供帮助吗？"如果没责任，利他行为便会中止；若有责任，则进入第 3 步。比如，列车行李架上某男旅客的包，若被其身旁的某女客大大方方地拿走时，几乎就不会有人上前盘问或制止，因为谁都觉得没责任替别人看管财物；况且万一别人本来就是夫妻呢！

第 3 步，考虑利与弊，即是否值得帮助。如果太冒险、太难受或太花时间等，那么利他行为也会中止；否则就进入第 4 步。这里的"弊"既包括物质的，更包括精神的，比如，若不提供帮助，往往会使自己的良心受到谴责，或受到他人的鄙视等。

第 4 步，决定如何实施帮助，即我应该做些什么？如果不知道该怎么办，便也会中止利他行为；否则就会最终实施利他行为。实施利他行为的方法和内容，也是多种多样的，也要受许多因素（需要的帮助、助人者的经验和条件等）的影响。比如，当看到两人打架时，是该直接上前阻止呢，还是该打电话报警？

当然，以上判断步骤有可能在极短的时间内完成。比如，当听到火场中有婴儿惨叫时，许多人都会义无反顾地冲进去救人。所以，唤醒和促进利他行为其实并不容易。不过，黑客至少可以通过如下方法，来诱导或促进被攻击者的利他行为。

（1）促使对方移情。所谓移情就是指设身处地考虑别人的感情，并做出相应的情感反应。移情的基础是认知，即理解并推知他人情绪及情感反应、思想、观点、动机和意图等。黑客常用的促使移情的方法有认知提示、情感换位、情绪追忆、情境表演、情境讨论、角色扮演等。

（2）强化利他行为。利他行为和其他行为一样，可通过强化而得以保持和增加。例如，当表现出利他行为后，及时给予表扬和鼓励，便会有助于这一行为的保持，因为当人们受到外在的表扬和奖励后，就会逐渐产生相应的内在自我奖励倾向，表现为自我满足。若能从外在强化过渡到内在强化，则利他行为就会得到更有效的巩固。

（3）提供榜样示范。无论对儿童还是成人，利他榜样都可增加利他行为，因此，利他行为具有很强的可塑性。特别是那种呈现了具体情境和具体事迹的榜样，更会让人感到值得效仿，而且能够效仿。

（4）营造紧急气氛。任何人在认为情况紧急时，都会对当事人施予帮助；事件被认定为越紧急，旁观者给予帮助的可能性就越大。所谓的紧急事件，有如下五个要素：突然或出乎意料地发生；当事人可能要受到伤害；随着时间的延续，情况会越来越严重和危险；没有其他人可以帮助当事人；旁观者也有能力给予帮助。

（5）让助人者觉得力所能及。求助者的需要虽然必不可少，但是助人者是否有能力提供有效的帮助，也会影响助人者的决策。如果求助者的困境严重到没办法施救，那么旁观者可能不会提供帮助；反之，如果旁观者感到有能力帮助求助者，那么他就很可能伸出援手。

（6）让被攻击者内疚，即让他认为自己对实际的或想象的"罪行或过失"负有责任，从而产生强烈的不安、羞愧和负罪的情绪体验。

每个人都曾帮助过他人，而且也都从中体会过良好的自我感觉，比如，为自己的善行感到骄傲或自豪。在一般情况下，受助者会心存谢意，局外人也会对利他者给予赞扬和鼓励。但是，在极特殊的情况下，利他行为也会产生消极的后果，如下面两种情况：一是利他行为对助人者有利时；二是利他行为对受助者有害时。

关于情况 1，利他者往往期望得到某种直接或间接、隐性或显性的回报或奖励。一旦利他行为对利他者有好处，有时会被自己或他人认定为有所企图，进而给利他行为带来消极影响。

关于情况 2，如果利他行为对受助者无效甚至有负面影响，那么受助者就会消极对待利他者。

对社工黑客来说，只要他能够激发被攻击者的任何行为，那都有利于他发动攻击。除上面的利他行为外，比较容易受到影响和控制的行为还有从众行为、服从行为和顺从行为等。这些行为其实已在前面有所介绍，但现在再从诱导和控制的角度进行更详细的说明，毕竟此时它们已成为社工黑客的重要攻击工具。

1. 从众行为

所谓从众行为，就是指个人在群体压力下，在知觉、判断、信仰和行为上，表现出的"随大溜"现象。从众行为的表现形式各不相同：有时个体并无主见，跟着大多数人走；有时个体虽有主见，但与大多数人的看法不同，在群体压力下，放弃原先的主见，改变态度，转变立场；有时个体只采取了与众人一致的外表行为，但并未改变态度，内心仍坚持己见等。

从众的原因主要有下面三个：

（1）相信他人的心理。每个人所掌握的知识和实践经验都很有限，因而别人的榜样行为常常成为自己所需信息的重要来源。当情境不确定时，他人的行为更具参考价值。由于"从众"基于多数人的行为，会成为更可靠的参照系统。一般来说，面对的事物越陌生，就越看重他人的意见，也就越容易从众。

（2）寻求安全的心理，或希望被他人喜欢。人人都希望能与他人融洽相处，不喜欢被视为特立独行者；否则就会被群体讨厌，被"枪打出头鸟"或"木秀于林，风必摧之"，会使自己处于不安全状态。

（3）忠于集体的心理。若处于具有共同利益和目标的集体中，每个人都可能自觉地选择与其他成员保持一致，以体现出集体主义精神。

影响从众的因素主要有群体因素、个体因素和刺激因素等。

群体因素包括：

（1）群体的一致性。若群体中只有一个人持不同意见，则他将要承受巨大的压力；若群体中还有别人支持自己的意见，则前者的从众压力将大为缓解，从众率将明显降低。

（2）群体的凝聚力。凝聚力越强，群体成员之间的趋同性及对群体规范的从众倾向也就越强，从众率也就越高。凝聚力主要来自正反两个方面。正面力量包括成员之间的互相喜爱程度，比如，认为群体的奋斗目标有重要意义，认为成员之间合作很得力，认为从属于这个群体对自己很有利等。反面力量是指，某人除他所在的群体外，没有其他更好的选择，或为了加入这个群体，他曾付出了很大的努力，因此，如果他离开这个群体将损失巨大。当然，不管凝聚力是正面的还是反面的，凝聚力越大，从众行为出现的机会也就越多。

（3）地位。在群体中地位越高，越有权威性的人，就越不容易因屈服于群体压力而从众。

（4）群体的规模。实验表明，对一个不超过 15 人的群体，当只有 1 人的意见与你相左时，你可能坚持己见；当分别有 2 人、3 人、4 人的意见与你相左时，你也许就会从众，并且从众的可能性依次增加；但是，当与你意见相左的人数超过 4 人后，你从众的可能性就不会再明显增加了，即当与 4 人、5 人……15 人意见相左时，你的从众可能性大致相当。还有实验表明，从众行为的增加与已经从众的人数多少成正相关，即已经从众的人越多，后续人员就更容易从众。再有实验表明，当某一意见来自互不相关的人员（而不是彼此相关的人员）时，该意见引起的从众行为更多；因为彼此相关人员的意见可能来自同一出处，所以表面上的人数多少并无意义，而来自不相关人员的意见将更多地影响从众行为。

个体因素包括：

（1）年龄和性别。儿童比成年人更容易从众，女性比男性更容易从众。

（2）知识经验。对整体情况越了解，掌握的信息越多，就越不容易从众，反之则越容易从众。

（3）个性特征。能力强、自信心强的人，不容易从众；有较高社会赞誉需要的人，会特别重视他人的评价，往往以他人的要求与期望作为自己的行为标准，所以从众的可能性更大；性格软弱、受暗示性强的人，也容易从众。

刺激因素包括：

（1）刺激物的清晰性。刺激物越模糊，就越可能表现出从众行为，因为此时当事人的自信心不足。

（2）刺激物的内容。若刺激物的内容无关紧要、不涉及原则问题，这就较易引发从众行为；而涉及伦理、道德、政治等原则问题时，就不太容易丧失立场。

那么，少数人的小群体，能否影响多数人的大群体，并促其产生更多的从众行为呢？答案是：能！只要这个小群体具备以下特点：

（1）小群体具有一致、和谐（不自相矛盾）、有力的行为风格，且被认为是有能力和诚实的。

（2）小群体的行为风格一致，但又不教条，即小群体有明确的立场，但又有灵活的说服方式。

（3）当小群体的观点与社会大气候一致时，将会更有效地促进从众行为。

（4）除某点意见不一致外，小群体与大群体在其他方面都一样。

2. 服从行为

服从行为，意指迫于外界压力，某人做出符合外界要求的行为。此处的外界压力，既可来自各种规范，比如政策法规、组织纪律、约定俗成的惯例等，也可来自他人，特别是父母、老师、警察、上司等权威。

虽然服从和从众都是社会影响下的产物，都是因压力而导致的行为，但两者仍有差别。首先，压力来源不同。服从的压力来源于外界，从众的压力来源于个人的内心，从众是为了求得心理上的平衡。其次，发生的方式不同。服从是被迫发生的，带有一定的强制性，而从众是自发的。最后，后果不同。拒绝服从者常会受到外界的惩罚，而拒绝从众者只是感到内心不安和失衡。当然，服从和从众也经常相互交织，难以截然分开。

影响服从的因素主要有：命令者的权威性、服从者的道德水平和人格特征、情境压力、命令者的专业性、命令的合理性、参照性、法定性等。

关于命令者的权威性：命令者越权威，就越容易导致他人服从。职位较高、权力较大、知识丰富、年龄较大、能力突出等，都是权威的影响因素。另外，命令者若有奖惩（或暗示奖惩）的权力，也会增加他人的服从行为。

关于服从者的道德水平和人格特征：在涉及道德、政治等问题时，人们是否服从权威，并不简单地取决于服从心理，还与当事者的世界观、价值观等密切相关。越重视社会规范和社会价值的人，就越容易服从；他们主张严惩违反规范的行为，他们追求权力，喜欢强硬手段，同时也毫不怀疑地接受权威人物的命令。

关于情境压力，有两个方面：一是权威的靠近程度。权威越靠近，服从的比例就越高，反之，服从率就越低；也就是说，权威的压力，会因距离的增加而减小。二是受害者的靠近程度。越靠近被害者，服从率就越低，因为任何人对他人造成的伤害越直接，就会感受到越大的内心压力，从而服从率就越低；反过来，被害者越远，就越容易服从。

关于命令者的专业性。专业知识、训练和技术等，都有助于促进服从；因为当遇到问题时，人们总希望听从专家的建议，并遵照执行。

关于命令的合理性，即越合理的要求，就越容易服从。在说服别人听从自己的要求时，人们往往会提供一些充足的理由，让别人相信自己的要求是合理的。比如，机场安检时的无理由插队，会被拒绝；但事先央求有急事后，大部分人都会给插队者让路。

关于参照性。当你崇拜或认同他人，并希望自己能与他相似时，你就会模仿他的行为或服从他的要求。比如，粉丝很容易服从其偶像。

关于法定性。当某人具有法定权力和地位时，他提出的要求就更容易被服从。

另外，对服从产生负面影响的因素主要有：

（1）逆反心理，即过多的压力，反而会使人做出与要求相反的行为来。这是因为每个人都希望保持自己行动的自由。当自由受到威胁时，他就会想办法恢复自由，从而抵制别人的命令，甚至反其道而行之。

（2）过分充足的理由。比如，适当的奖励虽然可以促进服从，但是若外部奖励过大，则可能反而破坏某人对某项活动的内在兴趣，使他认为自己之所以要服从命令，纯粹就是想获得奖励，而不是真的喜欢。

3. 顺从行为

顺从行为，意指接受他人请求，使他人得到满足的行为。在现实生活中，我们既请求他人顺从我们，同时我们也经常顺从他人。因此，顺从是人与人之间发生相互影响的基本方式之一。为什么会出现顺从呢？主要原因有：维护群体一致，希望被人喜欢，维护现有关系等。

顺从和从众的区别是：顺从是在他人的直接请求下进行的，而从众则是来自无形的群体压力。顺从和服从的区别是：顺从来自他人的请求，是非强制性的；而服从来自他人的命令，带有某种强制性。一般来说，命令者与服从者之间，可能存在规定性的社会角色联系，如师生关系、上下级关系等；而请求者与顺从者之间，可能并无规定性的社会关系束缚。因此，顺从是一种比服从更为普遍的社会影响方式。

促进顺从的技巧主要有四个：

（1）登门槛技巧，又称为"得寸进尺效应"，即先向对方提出一个小要求，再向对方提出一个大要求，那么对方接受大要求的可能性会增加。

（2）门前技巧，它与登门槛技巧相反，即先向对方提出一个很大的要求，在对方拒绝之后，马上提出一个小要求，那么对方接受小要求的可能性就会增加。为什么会这样呢？因为任何人在拒绝了别人的要求后，都会愿意做一点让步，给别人留点面子，因此这一技巧又称为"留面子效应"。门前技巧生效的前提是：第一，最初的要求必须很大；第二，前后两个要求的时间间隔必须很短；第三，两个要求必须由同一个人提出。

（3）低求技巧，即先向对方提出一个小要求，别人接受小要求后，再马上提出一个大要求。低求技巧和登门槛技巧都是先提小要求，再提大要求，但两者是有区别的：登门槛技巧的两个要求之间，有时间间隔，而且两个要求之间无直接联系；而低求技巧的两个要求之间是紧接着的，且两个要求之间有密切联系，是围绕同一件事而提出的。

（4）折扣技巧，即先提出一个很大的要求，在对方回应之前，赶紧打折扣或给对方其他好处。与门前技巧不同的是，在折扣技巧中，不给对方拒绝大要求的机会，而是通过折扣、优惠、礼物等方式诱导对方接受这一要求。

此外，还可通过引发对方的积极情绪，或给自己的请求找到合理的解释等，来促进顺从行为的发生。

第 6 节　被利用的人际关系和人际吸引

学习提示

- 了解人际关系在行为操控中的作用，掌握人际关系的特点、规律、预测、调控和疏导。
- 了解人际关系如何影响人的行为、人际关系改变行为的主要模式、人际关系的形成与亲疏度量。
- 掌握人际沟通的规律，比如，人际沟通的过程、类型和模式。
- 掌握人际沟通在促进人际关系中的作用，以及在社工攻击中的重要性。
- 了解人际吸引与人际沟通、个人品质和社工攻击之间的关系。
- 掌握人际吸引的交换理论、相互作用理论、得失理论和强化理论。
- 掌握增强人际吸引的若干技巧。

所有能影响行为的事情都在社工黑客的兴趣范围内，而人际关系对行为有着重要的影响，因此就有必要对它进行认真研究，这便是本节的内容。

人际关系在生活中的重要性很高。但黑客最关心的是人际关系与行为的关联，比如，怎样通过人际关系来预测你的行为，怎样通过改变人际关系来改变你的行为等。

人们在相互交往的过程中，若各方需求都得到满足，那么相互间就能形成接近的心理关系，表现为友好、接纳的情感；否则，就会形成不愉快，出现矛盾或冲突，心理距离也会拉大，甚至形成敌对关系。

人际关系渗透在社会各方面，它具有三个主要特征：

首先，人际关系是一种心理关系，反映人与人之间在相互交往过程中，心理关系的亲密性、融洽性和协调性，比如，友好关系、信任关系、敌对关系等。人际关系也表现为心理倾向性及相应的行为。

其次，人际关系由认知成分、情感成分和行为成分等构成。这里，认知成分是人际关系的基础，反映个体对人际关系状况的认知和理解；人际关系的变化，常常取决于认知成分的变化，比如，相互间的信息交流越多，了解越深刻，心理距离就越近。情感成分是对交往评价态度的体验，情感是改变人际关系的动力。情感可分为两类：一是亲密性情感，促使相互心理相容；二是分离性情感，促使彼此疏远排斥。行为成分，是实际交往的外在表现和结果，如言谈举止、角色定位、仪表风度等。行为越相似的人，就越容易形成良好的人际关系。

最后，积极的交往是建立、巩固和发展良好人际关系的重要条件。

人际关系会对行为产生许多影响，比如，良好的人际关系，对个人来说，可以优化工作和心理环境，丰富心理活动内容，获得文化归属感和认同感，建立正确的价值体系和道德规范，有利于扮演好社会角色，有利于自由发展，有利于幸福生活，有利于成为有知识、有能力、有健康人格的人。对社会和各种组织来说，良好的人际关系可以增强凝聚力，提高协同性，提高劳动生产率，促进社会发展等。

人际关系种类繁多，具体表现也很复杂。根据不同的标准，可以进行不同的分类。

根据人际媒介，人际关系可分为血缘关系（父子、母女等）、亲缘关系（夫妻、姻亲等）、趣缘关系（朋友、棋友、球友等）、业缘关系（师徒、战友、同事等）、地缘关系（同乡、邻居、校友等）等。

根据固定程度，人际关系可分为固定的和非固定的人际关系。固定的人际关系指较稳定的、时间较长的关系（如亲子关系、师生关系、战友关系等），它的作用更大、影响更深，人对它的依赖性也更大。非固定的人际关系主要指随时间、地点、条件的改变而改变的关系（如临时的旅伴关系、一次性的买卖关系等），非固定关系维持的时间短、不稳定、易变化。当然，固定或不固定是相对的，在一定的条件下也是可以相互转化的。

根据维度，人际关系可分为纵向关系和横向关系。纵向关系是基于社会地位的高低而反映出来的心理关系，它以社会角色认识为依据；横向关系关注人际心理距离，是以人际情感为基础建立的关系。当然，在现实生活中，这两种人际关系经常彼此交织。

根据外部表现，人际关系可分为外露型、内涵型和伪装型关系。其中，外露型的人很直白，行为特征也很明显：对自己所喜欢的人，十分亲密，形影不离；而对不喜欢的人，则横眉冷对。内涵型的人，城府较深，喜怒不形于色，外表平静：即使内心爱慕某人，也不表露出来；虽对某人心理厌恶，也仍不动声色。伪装型的人，在不同场合，根据不同的需要，表现出不同的情感和行为，他们表里不一，反复无常。

根据影响程度，人际关系可分为利害关系和非利害关系。利害关系指那些与物质、精神等方面利益攸关的重要人际关系，比如，配偶关系、上下级关系等。非利害关系指那些与物质、精神利益无密切联系的人际关系，比如，偶遇关系等。随着网络化的发展，世界将越来越紧密，人际间的利害关系将会增加，而非利害关系却并不会减少。

根据需求，人际关系可分为包容型、控制型和感情型。其中，包容型的人，喜欢与人交往，与别人建立并维持和谐关系。此类人的行为特征是：交往、沟通、协同、相容、参与等。控制型的人，在希望与别人建立并维持良好关系的同时，主要专注权力、权威等方面的事情。此类人的行为特征是，善于运用权力、权威控制和领导他人。感情型的人的人际关系既有积极的，也有消极的。前者主要表现在爱情和友谊方面，注重喜爱、亲密、同情、友善、照顾等；此时，彼此间都有与别人建立并维持良好关系的强烈情感体验。后者则相反，常表现为憎恨、厌恶、冷淡等情感的人际关系。

此外，人际关系还可以按距离的远近，分为近距离与远距离的人际关系；按复杂程度，分为简单的和复杂的人际关系；按功能的多少，分为单功能关系、多功能关系和超功能关系；按性质的相容性，分为相容的人际关系和不相容的人际关系；按亲疏程度，分为家人关系、熟人关系和生人关系等。

最后，再来总结一下人际关系的行为模式，即在人际交往中，一方的行为如何影响另一方的行为。笼统地说，一方表示的积极行为，通常会引起另一方相应的积极行为；反之，一方表示的消极行为，也会引起另一方相应的消极行为。但是，由于权力、行为规则、社会角色和时间等因素的影响，人际关系的行为模式其实非常复杂多样，其中最主要的人际关系行为模式有以下八种：

（1）由一方发出的管理、指挥、指导、劝告、教育等行为，导致另一方的尊敬、服从等反应。

（2）由一方发出的帮助、支持、同情等行为，导致另一方的信任、接受等反应。

（3）由一方发出的同意、合作、友好等行为，导致另一方的协助、温和相处等反应。

（4）由一方发出的尊敬、信任、赞扬、求援等行为，导致另一方的劝导、帮助等反应。

（5）由一方发出的害羞、礼貌、服从、屈服等行为，导致另一方的骄傲、控制等反应。

（6）由一方发出的反抗、怀疑等行为，导致另一方的惩罚、拒绝等反应。

（7）由一方发出的攻击、惩罚、不友好等行为，导致另一方的敌对、反抗等反应。

（8）由一方发出的激烈、拒绝、夸大、炫耀等行为，导致另一方的不信任、自卑等反应。

其实，在人际关系行为模式中，很少出现单纯的行为模式，更不可能有简单的一对一关系；但是，至少有一点是可以肯定的，那就是：一方的刺激，会引起另一方的多种反应；人际关系具有相互作用、相互制约的特点。

此外，人际关系有亲有疏。更准确地说，从远到近，人际关系主要有六种状态：

（1）零接触状态，这是彼此交往之前所处的状态，即两个人都没意识到对方的存在，更无彼此的接触。此时，双方是完全无关的，更谈不上任何意义的情感联系。

（2）单向注意或双向注意状态。此时，一方开始注意到对方，或双方相互注意。也就是说，双方的相互交往刚开始，彼此之间都只获得了初步印象，还暂无情感的卷入。在该状态下，双方还没有直接的语言沟通，彼此只能算是旁观者。

（3）表面接触状态。这是人际沟通的真正开始。此时双方开始直接交流和接触，不过，这种接触仅仅是表面的，彼此之间还没有共同的心理领域。

（4）轻度卷入状态。此时，随着交往的深入和扩展，双方共同的心理领域也逐渐被发现。不过，在轻度卷入阶段，交往双方的共同心理领域较少，他们的心理世界只有很少的重合，双方情感融合的范围也很小。

（5）中度卷入状态。此时，交往双方发现了较大的共同心理领域，当然双方的心理世界也有较大的重合，彼此情感融合的范围也较大。

（6）深度卷入状态。此时，双方发现的共同心理领域大于相异的心理领域，彼此的心理世界高度重合，情感融合的范围也覆盖了大部分生活内容。当然，只有少数人能到达这种深度卷入的人际关系状态，而且也只能与少数人达到这种状态。

由此可见，任何良好的人际关系，都需要经过从零接触，单向注意或双向注意，表面接触，轻度卷入，中度卷入，直至深度卷入的发展过程。同时，在人际关系中，双方的心理世界不会完全重合，无论他们的关系多密切，情感多融合，也无论在主观上怎样感受彼此的完全拥有，因为每个人都会保留自己最私密部分。

那么，人际关系能度量吗？答案是：能！而且，可以用"自我暴露的程度"作为参考指标，来度量人际关系的亲密程度，即通过别人对我们的自我暴露程度，就可知道别人与我们的关系深度如何。自我暴露的程度越高，意味对他的接纳性和信任感也就越高。由浅入深，交往的进程可分为四个阶段：定向、情感探索、情感交流和稳定交往。

（1）定向阶段，包括对交往对象的注意、选择和初步沟通等心理活动。任何人对交往对象和交往深度，都是有选择的，不可能与谁都亲密无间。通常，只有当对方的某种特质引起了我们的情感共鸣，他才会被注意，并成为我们知觉的选择对象。选择交往对象的过程本身，就反映了交往者的某种需要倾向和兴趣特征等。当然，交往对象的选择，既可能是自发的，也可能是非理性的。当我们理性地思考与谁交往并保持良好关系时，其实就已进入选择阶段了。只有当价值观等具有共识时，彼此才可能进一步交往。初步沟通，是在选定交往对象后，试图与对方建立联系，并希望对他初步了解，以便决定是否进行更深入的交往。同时，自己也希望给对方留下良好的第一印象，为今后可能的稳定关系打好基础。

人际关系的定向阶段所持续的时间长短各不相同，且因人而异。有的很长，有的很短，但该阶段是形成人际关系的必经阶段，不可省略。

（2）情感探索阶段。此时，双方已不仅停留在一般的交往模式上，而是在为探讨共同的情感领域进行角色性的接触。随着共同情感领域的发现，双方的沟通将会越来越广泛，自我暴露的深度与广度也逐渐增加；当然，此时仍未进入对方的私密性领域或隐私敏感区，自我暴露也不涉及重要方面。尽管该阶段已有一定的情感卷入，但双方都遵守交往规则，彼此没有强烈的吸引力，即使停止交往，也无关紧要。

（3）情感交流阶段。此时，双方交流开始广泛涉及自我的许多方面，并有中度的情感卷入。彼此关系的性质已发生变化，双方的安全感已确立。如果交往关系在该阶段停止，至少将会给某一方带来较大的心理压力。该阶段，双方会彼此提供真实的评价性反馈信息和建议，并进行真诚的赞赏和批评。

（4）稳定交往阶段。在此阶段，随着双方接触次数的增多，情感联系也就越来越密切，并伴随着深度的情感卷入，双方的心理共同领域也进一步增加，自我暴露也更广泛、更深刻。此时，对方已被允许进入自己高度私密性的个人领域。当然，很少有人能达到这一感情层次的友谊关系。

与上述四阶段对应的自我暴露内容，分别是：

第一层，自我的最表面层，即自己的兴趣、爱好等，比如，饮食、偏好、日常情趣、娱乐活动等；

第二层，自己对某些事物的看法和态度，比如，对某事件的评价、对某个人的看法等；

第三层，自我的人际关系与自我概念状况，比如，暴露与父母或配偶的关系、自卑情绪等；

第四层，这是自我的最深层次，属于个人隐私部分，一般不会轻易暴露。

因此，你的交往对象在哪个层次上表露自己，就表明了他对你的信任和接纳程度；反之亦然。

每个人都有与别人建立良好人际关系的愿望，只是有些人表现得明显，有些人表现得隐晦而已。这是因为每个人都有三种本能的人际需要：包容需要、控制需要和情感需要。其中，每种需要都可转化为动机，产生一定的行为倾向，并建立一定的人际关系；每种需要被满足后，都可以在人际关系中产生一定的满足感。下面分别解释这三种需要：

包容需要，即每个人都希望与别人建立并维持某种满意的相互关系。当包容需要得以满足后，就会产生沟通、相同、相容等肯定性的行为特征；反之，就会产生孤立、退缩、排斥、忽视等否定性的行为特征。比如，在某人的成长过程中，若他的包容需求长期未被满足，那他就会产生低社会行为（如内向、退缩、避免与他人建立关系、拒绝加入团体等）或超社会的行为（如过分主动地与别人交往，过分故意引起他人注意）。人际交往中表现的适当行为，应该既有适应性，也有灵活性。包容需要可以进一步分为主动型和被动型，前者主动与他人往来，后者希望被别人接纳。

控制需要，即在权力上与他人建立并维持满意关系的需要。当某人的该需要得到满足后，他就会形成使用权力、权威、影响、控制、支配、领导等行为特征；反之，就会出现抗拒权威、忽视秩序、受人支配等行为特征。从控制需要的角度看，人的行为可分为拒绝型、独裁型和民主型。这里，拒绝型的人，倾向于谦逊、服从，在与他人交往时拒绝权力和责任；独裁型的人，则喜欢支配、控制他人，渴望最高的权力地位；民主型的人，能顺利解决人际关系中与控制有关的问题，并根据具体情况，适当确定自己的地位和权力范围。控制需要也有主动型和被动型两种，前者想主动支配他人，后者则期待别人来领导自己。

情感需要，即建立并维持亲密情感联系的需要。该需要被满足后，就会产生喜爱、亲密、同情、友好、热心等行为特征；反之，就会出现憎恨、厌恶、反感、冷淡等行为特征。如果情感需要长期得不到满足，那么就可能出现低个人行为（因担心不能获得别人的好感，不能被他人喜爱，而尽量避免主动与他人亲近）或超个人行为（过分热情、过分主动、过分迫切希望与别人建立亲密联系）。情感需要仍可分为主动型和被动型，前者主动对他人表示亲密，后者期待别人对自己表示亲密。

人际交往过程中，双方到底应如何进行交往呢？心理学家揭示了其中的秘密。在人际关系交往中，每个人都在不断地确定并调整自己的角色，因此，人际交往，实际上就是双方所代表角色之间的互动。在交往活动中，每个人都在预测即将发生的情况，并据此对另一方的行为给予积极响应：如果预测的反应与对方的实际反应不一致，那么双方都会对自己所担当的角色进行调整，使其趋于一致。实际上，在交往中，每个人所采取的行动，不一定都能实现自己的主观愿望，他必须顾及对方的反应行为，而这里的"对方"可能有下面三种情况：

一是对方的本来角色。这常见于熟人之间，此时彼此都了解真实的对方，交往氛围比较融洽、顺利、轻松、愉快。

二是想象的对方角色，这常见于生人之间，此时相互都不了解，只凭借自己的知识、经验（比如，对方的衣着、风度、谈吐等）来猜测、判断其角色，因此，容易发生误解、冲突和障碍，使得交往既困难，也不易维持。

三是对方潜在的角色，此时双方都不清楚对方的角色，只能据其身份估计其潜在角色。

总之，若能正确认知对方的交往角色，就可能较准确地估计、推测对方的行为。

人际交往行为，还遵从若干交换性规律，主要有下列六种：

（1）成功规律。某人所采取的行动，越是经常受到奖赏，则他就越可能采取该行动。换句话说，任何人更可能采取那些经常受到奖赏的行为，在人际交往中，交往的频率正比于所受酬赏。

（2）刺激规律。若过去某一特定的刺激总能使某人的行动得到奖赏，则现在的刺激越类似于那个特定刺激时，类似于以往的行动就越可能重现。

（3）价值规律。某人的行动结果对他越有价值，他就越可能重复同样的行动。因此，在人际交往中，人们总会选择那些能获得较高奖赏的行为。

（4）剥夺/满足规律。若某人近期经常获得某种特定奖赏，那么在将来，该奖赏对他的价值就会降低。

（5）攻击/赞同规律。一方面，当某个行动未得到他预期的奖赏或得到了他意外的惩罚时，他可能被激怒并采取攻击行为；另一方面，当某个行动获得了期望的奖赏，甚至奖赏比期望的还大或未受到预料中的惩罚，那他就会感到高兴，并更有可能采取赞同行为。

（6）理性规律。在采取何种行动时，人们不但会考虑行动价值的大小，还会考虑行动成功的可能性。

以上六种规律都说明，在交往过程中，双方都要追求公平性，即判断交往的代价与酬赏、付出与所得的各种可能性；并在代价与付出相同的情况下，总是期望得到公平的酬赏。此处的"公平"标准主要有两条：一是对比过去的经验，即在类似的行动中，过去的"投入产出比"是更高还是更低，若过去的更合算，那就会感到不公平；二是对比其他群体，即与自己认同的群体相比，如果自己的"投入产出比"更低，那就会感到不公平。在现实生活中，人们会常常跟周围群体相比较。

在攻击过程中，社工黑客必须不断地与攻击对象进行人际沟通，这时双方的信息交流过程可采用言语、书信、表情、通信等方式。人际沟通将实现思想、意见、情感等方面的交流，以达到对信息的共同理解和认识，取得相互了解和信任，从而实现行为的调节，这便是社工黑客的目标，也是社工黑客特别重视人际沟通的原因。人际沟通的作用，主要有下面两个：

一是沟通是适应环境和社会的必要条件，也是人际交往中相互联系的最主要形式。通过信息沟通，可以知道哪些是有利的，哪些是有害的，从而可以及时调节相关行动。通过沟通，还可与别人比较，以便了解他人对自己的态度和评价，从而更准确地了解和认识自己，提高自我意识水平。

二是人际沟通有助于心理健康，促成良好的个性，因为缺乏沟通将损害语言能力和其他认知能力。对任何人而言，人际沟通的时间越长，空间范围越大，其精神生活可能就越丰富、越愉快；否则，容易陷入难以排除的苦闷和烦恼之中。

当然，既有积极的沟通，也有消极的沟通；前者有助于心理健康和更好地适应社会和环境，后者则会破坏心理平衡，造成心理冲突，给生活和工作带来不良影响。

人际沟通过程主要包含信息源、信息、通道、信息接收者、反馈、障碍和背景七个要素，下面分别阐述它们的含义及彼此之间的相互关系。

（1）信息源，即沟通过程的发起者。他对沟通对象是否了解，对沟通目的是否明确，以及是否采用了合适的沟通方式等，都会直接影响沟通效果。在沟通过程中，他还要根据反馈的信息，不断调整沟通行为。

（2）信息，即沟通者试图传达给对方的观念和情感。信息的形式多种多样，尤以语词为主。

（3）通道，即沟通信息传达的方式，尤以视听为主。通道既有面对面的直接沟通，也有透过媒体的间接沟通；不过，面对面的原始沟通方式，具有最好的影响力，因为在面对面时，除语词外，还有双方整体心理状态的相互感染。此外，在当面沟通的过程中，双方还可以根据反馈，及时调整自己的行为和角色。

（4）信息接收者，即接收对方传递的信息，并根据自己的经验，将其转译成自己即将处理的知觉、观念或情感。该过程很复杂，包括一系列的注意、知觉、转译和存储等心理动作。由于沟通双方具有不同的但又相似的心理世界，因此，信息沟通过程中，既会出现误会，更会达到沟通目的。

（5）反馈，它使沟通成为交互过程，即每一方都不断地将信息反馈给另一方，帮助或影响他对信息的接收和理解。成功的沟通者非常重视反馈，并据此不断调整自己的行为。当然，反馈也可能是自我反馈，比如，对自己不够明确的表达语句，进行补充和纠正等。

（6）障碍，即沟通过程中的阻碍。比如，信息源发出的消息不够充分或不够明确，信息未被有效或正确地转换成沟通信号，误用了沟通方式，信息接收者误解了信息等。此外，双方缺乏共同经验时，彼此也难建立有效的沟通。

（7）背景，即沟通发生的情境，它可以影响沟通的每一个方面，同时也是影响整个沟通过程的关键因素。比如，语境不同，同样的词句所表达的含义也不相同等。

人际沟通的类型主要有：

（1）语词沟通和非语词沟通。语词沟通是最常见、最普遍、最准确的沟通方式，也是最有效的沟通方式；非语词沟通包括姿势、动作、表情、接触等，比如，动态无声的目光、静态无声的衣着打扮、非语词的声音（如重音、声调、停顿等）。非语词沟通有时能传达出言外之意或弦外之音，从而显得更奇妙。

（2）口语沟通与书面沟通。

（3）有意沟通和无意沟通。有意沟通就是能够意识到的、有目的的沟通，比如谈话、讲课、写信，甚至闲聊等。无意沟通就是未曾意识到的，但实际上正在进行的沟通，比如，公众场合大家彼此调整间距，避免身体接触等就是一种无意识的沟通。无意识沟通其实是非常广泛和普遍的。

（4）正式沟通和非正式沟通。正式沟通指在正式社交情境中进行的沟通，比如上课、演讲、工作汇报等。此时，双方不但会注意说话的准确性和规范性，而且还会注意诸如衣着、姿势和目光接触等细节，以便有利于改善沟通效果。非正式沟通则相反，通常是私下的、非规范化的沟通，比如闲聊、聚餐等。在非正式沟通的时候，大家可以畅所欲言，各抒己见，甚至轻松地表露真实思想和动机等。

（5）单向沟通和双向沟通。在单向沟通中，一方只发送信息，另一方只接收信息而不反馈，比如讲课、发布通告等。在双向沟通时，双方可以充分交换意见。

在群体中，人际沟通的模式主要有五种：

（1）环式传递。此时没有核心成员，彼此之间只构成有限的横向联系，而且都只能与邻近成员联系。此模式中，成员地位相互平等，每个人的积极性容易调动起来；但其解决问题的速度较慢，正确性差，不能发挥关键人物的作用。

（2）轮式传递。它以某个成员为中心，向上、下、左、右四个方向传递信息，但其他成员间没有横向联系。此模式中，信息传递速度快，可以发挥领导者的作用；但由于成员之间无直接联系，很难发挥他们的积极性，整个群体的士气较低落。

（3）链式传递。此时信息只能串联地传递，比如，上级向下级逐层下达命令等。此模式的优点是，信息传递速度快，正确性高；缺点是，成员间缺乏相互的交流，群体的积极性差。

（4）Y 式传递。在此时的沟通网络中，先是成员之间一对一联系，然后某些成员有多个双向联系。在此模式中，信息传播的速度快，效率高，但抑制了成员的主动性和创造性。

（5）全通道式传递。此时每个成员之间都有相互联系，彼此之间平等交往，没有中心人物。它的优点是，成员的满意度高，彼此间可充分交流，容易调动大家的积极性；缺点是，不能发挥领导者的作用，信息传递易受干扰，效率低。

提高沟通能力的主要途径有：

（1）正确了解和评价自己的沟通状况。特别是要注意沟通情境（在什么场合）和对象（与谁沟通）；要正确认识自己的沟通体验，比如，在沟通时，你的情绪是轻松愉快还是紧张压抑，你喜欢（不喜欢）与谁交流，你喜欢（不喜欢）在哪种氛围里交流，你是否经常感到言不由衷，你是否与对方保持经常联系等；正确评价自己的沟通方式，即沟通的主动性和注意水平。这里，主动性意指，你是主动与别人沟通，还是被动接受沟通。主动者的沟通对象广泛，沟通内容不拘一格，能迅速与别人建立并维持广泛的人际关系；而且与他人的沟通也较为充分、及时和有效；而被动的沟通则刚好相反。注意水平是指，沟通者对沟通活动的注意投入程度。投入度高，就会对沟通产生促进作用，此时会关注自己所发出信息的指向性、准确性和对方的可接受性，还会高度关注对方的反馈信息。因而，可以根据反馈信息，调节自己的沟通过程，使沟通始终保持较好的对应性；投入度低时，情况刚好相反。

（2）提高沟通的准确性。沟通的最大障碍来自误解，因此，在沟通过程中，一方面，要准确表述自己的观点，比如，尽量避免文句不通、含义模糊等；另一方面，要经常换位思考，以便准确理解对方的想法。此外，还要密切关注对方的各种反馈信息，并据此及时调整自己的沟通方式和沟通内容。

（3）巧妙运用身体语言，包括借助身体语言，完整表达自己的信息，同时，关注对方的身体语言，全面理解对方的真实情况等。这方面的技巧，将在本书微表情的相关内容中详细介绍。

（4）注意沟通情境的同一性，即根据不同的沟通情境，及时调整自己的角色和行为。因为当角色行为符合现场特定情境时，你才容易被别人接纳和认同，沟通才会更好。情境同一性包含语音、语调、身体姿势、交谈的距离等。

（5）适当的自我开放。每个人在沟通时，总免不了谈及自己的一些真实情况，即把自己的信息、内心观念和情感等开放给对方。良好的人际关系，是在交往双方逐渐增加的自我开放过程中发展起来的。一个从不自我开放的人，很难与别人建立密切关系；当然，并不是自我开放越多越好，有时候过度的自我开放，反而会引起对方的焦虑、警惕甚至怀疑，从而加大了双方的心理距离。

（6）其他技巧。通过一些技术性的训练，也可提高沟通技能，比如，敏感性训练和角色扮演。敏感性训练，其实就是逼真的模拟训练，即以非指导性的方式为受训者提供真实体验的情境，通过组织者的精心安排，使受训者有机会表达和体验自己在众人面前的感受，同时学会准确掌握、理解和评价别人的情绪状态和行为的意义，并在别人真实的反馈调节中，做出积极的反应。角色扮演，主要是让受训者充当或扮演某种角色，使其站在新的角度去体验、了解和领会别人的内心世界，理解自己反应的适当性，以此来增加扮演者的自我意识的水平、移情能力，并改变过去的行为方式。这样在今后的真实交往活动中，受训者将会更容易"将心比心"，有利于达到沟通的目的。

当人际沟通达到一定的水平后，通常就会产生不同程度的人际吸引，比如，彼此间的相互喜爱、相互需要和依赖等。按吸引力由弱到强的程度，人际吸引可分为亲和、喜欢和爱情。

关于人际吸引主要有以下理论：

（1）交换理论。若与对方交往时，获得的报酬与付出的代价相等甚至更大，那么对方就有吸引力，自己就愿意与对方继续交往；反之，就会失去与对方交往的欲望和动机，人际吸引力也就消失了。当然，人际吸引的交换非常复杂，比如，它还与双方的期望值密切相关，若赋予对方的期望值越高，就越容易失望，那么对方的吸引力也就容易被破坏；反之亦然。由此可见，人们对代价与报酬的评估非常主观，受情感因素的影响很大。

（2）相互作用理论。它强调了交往双方的相互影响、相互制约对人际吸引的影响。比如：若双方相互尊敬，相互喜爱，相互称赞，相互报答，那么双方的吸引力都会增加；相反，如果一方以冷漠、回避的方式对待另一方，那么彼此的吸引力就会减少。

（3）得失理论，即在交往过程中，对方态度的变化将影响己方对他的喜欢程度：当我们认为"得"时，就会更喜欢他；当我们认为"失"时，对他的好感就会降低。比如，我们最喜欢的人是：原来讲我们的坏话，后来慢慢开始讲我们好话的人。出人意料的是：自始至终都讲我们好话的人，并非我们最喜欢的人。因为对前者，我们能够感觉到"得"，我们更容易相信这种由坏到好的态度转变是真诚的；而对后者，我们却未感觉到"得"。另外，我们最讨厌的人是：原来讲我们的好话，后来却又讲坏话的人；此时"失"的感觉会让我们感到更加不愉快，因为它与我们的期待正好相反。

（4）强化理论，即交往的结果可以通过反馈来强化下一步的交往行为。这里的强化，有正强化与负强化两种，分别对应于吸引的增加和减少。强化的手段主要有奖励和惩罚等。当强化手段得到肯定评价时，就会产生好感或喜欢，对方的吸引将增加；反之，就会产生反感或厌恶，对方的吸引将减少。如果这种结果反复出现，就会形成一种稳定的交往印象。人际吸引的大小与奖罚密切相关：若交往行为带来的结果是奖励（如表扬、称赞、报答等），就会引起对方喜爱，产生愉快的情绪体验，交往行为就会在一定程度上得到强化，双方的人际吸引也会提升；相反，如果交往行为带来的结果是惩罚（如批评、讽刺、嘲笑、谩骂等），则会产生彼此的厌恶和反感，人际吸引就会减少。实际上，我们都喜欢奖励我们的人，而不喜欢惩罚我们的人。

人际吸引也与个体的许多特征，包括才华、外貌和人品等密切相关。比如：

（1）才华吸引。其他条件相同时，一个人越有才华，就越有吸引力。但是，当某人的才华太高，让我们可望而不可及时，这种差距就会变成一种压力，促使我们敬而远之。所以，才华吸引是有限度的，在可接受的限度内，越有才华就越有吸引力；但超过限度后，人们便倾向于逃避或拒绝，其吸引力就会下降。拥有非凡才华的人，会使我们感到不安和不可接近；然而，当他偶然犯错时，我们又可接受和喜欢他了，因为这样使他更接近于普通人，与我们的距离拉近了，吸引力反而增加了；这种现象在心理学上叫"犯错误效应"。

（2）外貌吸引。美貌对人的吸引是很难抗拒的，因为与漂亮的人交往，会让我们觉得荣耀和光彩；特别是在与异性交往时，这种表现尤其显著。由于受光环效应的影响，人们常将美貌与优良的个性品质（如聪明、大方、活泼、开朗等）对应起来；有吸引力的人，即使犯了错误也容易得到宽容，因此就更愿意与漂亮者交往了。

（3）个性品质的吸引。我们总愿意与具有优良品质的人交往，因为它使我们更具安全感，同时可以得到较好的回报。具有良好个性特征的人，其吸引力也会是持久、稳定和深刻的。在其他方面都相同的情况下，我们更愿意与乐于助人、友好和善、诚实、正直的人交往。吸引力最大的品质是真诚、诚实、理解、忠诚、真实等；而吸引力最小甚至负面的品质是说谎、虚伪、作假、邪恶、冷酷、不诚实等。个性品质和外貌的吸引各有特点：外貌的吸引力，主要体现在交往的初期；随着交往时间的增加，吸引力的决定因素，将从外表逐渐转为个性品质。

除外貌与个性品质外，人际吸引的深度和广度还会受态度、信念、兴趣、需要、气质等的相似性和互补性的影响。

（1）相似性。初次接触时，如果发现对方与你有任何相似性，那他的吸引力都会有所增加，而且相似性越大，吸引力也就越强。当然，随着交往的深入，某些次要相似性的吸引力将迅速减少，而态度特征、对象身份、社会背景和文化程度等的相似性，将是持续影响吸引力的主要因素。概括地说，影响人际吸引力的相似性，既包括内部倾向性的东西（如态度、信念、兴趣、爱好、价值观等），也包括外部的身份特征（如年龄、性别、学历、经历、阶层、民族、宗教、行业、国籍等）。特别是，在现实生活中，行为动机、立场观点、处事态度、个人嗜好等相一致的人，就更容易建立亲密的人际关系。

（2）互补性。比如，依赖性强的人，会被"喜欢照顾别人的人"所吸引；害羞的人，会喜欢外向而好交际的人；健谈的人，会迷上相对安静的倾听者。这些情况表明，当交往双方的需要和满足途径正好互补时，双方之间的相互吸引程度也会增加。与互补性相似的另一种现象是补偿作用，即当别人所拥有的正是我们所缺少的时，对方对我们的吸引力就会增加。人际吸引中的互补因素，主要发生在交往较深的朋友、恋人、夫妻之间。

环境也是影响人际吸引的重要因素，特别是人际间的空间距离、交往频率以及个体的情境体验等，对吸引力的影响更大。

（1）空间距离。物理距离越接近，交往的频率可能就越高，就越容易建立良好的人际关系，比如，许多人的配偶都选自同学、同事、朋友、同乡等。

（2）交往频率。当交往机会增多时，相互刺激的机会就增多，重复呈现的次数也就越多，就越容易形成较密切的人际关系；因为人际熟悉度，可以增强吸引力。另外，当交往机会增多时，自我暴露和相互了解的程度也会增加，误解和偏见便可得到消除，容易形成共同的见解和经验，相互间的吸引也自然会增加。对于素不相识的人来说，交往频率在人际关系建立的初期，起着特别重要的作用。

（3）交往氛围。它与人际吸引是相互影响、互为因果的。在相互喜爱、相互吸引的交往对象之间，自然会形成融洽的社交氛围；处在平等、自由且具有安全感的人际情境中，我们更愿意主动交流与沟通。因此，交往体验也是人际吸引的重要因素；这种体验表现在交往的态度上，我们喜欢那些能带来愉快或惬意体验的人。反之，如果某人让你担心、失望甚至气愤，你就会尽量离开他，更谈不上被他吸引了。影响个人情绪体验的因素至少有光线、气温、噪声及卫生条件；而情绪反应，又会影响人际间的吸引力。甚至，不同的音乐背景，对人际吸引力也有影响。个体的体验，不仅受物理环境的影响，同时还受到个人的知识、经验、个性等因素的影响，总之，带有强烈的个人主观色彩。

结合心理学和社会学的规律，有人总结了若干增强自身吸引力的技巧。

（1）吸引对方的最有效办法是，在关键时刻帮他一把。"雪中送炭"般的恩惠，能直接吸引对方，甚至让他感激一辈子。莫逆之交、患难朋友，往往都是在困难时候形成的，这样的交情才最有价值，最让人珍视。

（2）让对方占点便宜，他会在心里记住你。当然，你吃亏要吃在明处，至少要让对方心中有数，这样对方才会觉得欠了人情，才会增加你的吸引力，以后你需要帮助，他才会全力以赴。

（3）多用"流行语"，可增加语言魅力，赢得别人好感，增添对话情趣等。

（4）反复暗示可增加他对你的印象。反复的广告和宣传，便是这方面的典型代表。反复暗示主要有两种模式：一是重复相同的语句，再三运用字义相同或相近的语言；二是用不同的方式表达相同的意思。

（5）制造戏剧性，与众不同地吸引对方注意，即换一种思维方式，不随波逐流，多运用智慧、幽默等制造出特别的效果来。但是，戏剧性不宜过分，否则会弄巧成拙。

社工攻击可分为直接攻击和间接攻击两大类，它们分别在第 3 章和本章中予以介绍。与第 3 章中的欺骗等直接攻击不同，本章的各种间接攻击通常不会从攻击对象那里获得最终需要的敏感信息，在社工活动中间接攻击却必不可少。

比如，注意的种类很多，它们分别适合不同的攻防场景，并且针对不同的注意就有不同的攻防优势和技巧。无意注意、有意注意和有意后注意的特殊攻击思路必须结合现场情况实施，很难有通用手段。

黑客有很多实用性很强的妙招能让你很快喜欢上他，适当了解这些妙招，既可以帮助你及时发现黑客的诡计，也有助于你在现实生活中交到更多更好的朋友。黑客为了吸引你，他也许会在才华、外貌和人品等方面进行充分的伪装，也可能充分利用态度、信念、兴趣、需要、气质等的相似性和互补性来或明或暗地影响你，直到你上钩为止。

每个人都有自己独特的人际关系。人际关系是可以按亲疏程度来度量的，最紧密和最疏远的人际关系都不是社工黑客的重点，反而是他们按需临时构建的、亲疏关系处于中等程度的人际关系才会被当成武器。幸好，社工黑客在构建人际关系时需要经历四个阶段，只要在任何一个阶段及时觉悟，被攻击者就会成功逃脱本次攻击。人际沟通是社工黑客的基本功。虽然人际沟通能力与每个人的天赋密切相关，但适当了解人际沟通的基本规律还是有用的，特别是在防范社工攻击的过程中更是必不可少的。

总之，黑客有许多简明有效的办法来构造足够的人际吸引力，让你充分体会到社工攻击的威力。你若事先知道了黑客的招数，那就基本上平安无事了。

📖 重要概念

注意、无意注意、有意注意、有意后注意、注意的稳定性攻击、注意的广度攻击、注意的分配攻击、注意的转移式攻击、喜欢、利他行为、从众行为、服从行为、顺从行为、旁观者效应、人际关系、人际沟通、人际吸引。

📋 知识要点

攻击普通注意的方法主要有注意的稳定性攻击、广度攻击、分配攻击和转移式攻击等。黑客为了让你喜欢他，他通常会充分利用导致喜欢的决定因素，比如，邻近性、良好的人品、熟悉、报答、认识上的平衡和相似性等。利他行为是可以被诱导和促进的，了解利他行为的诱导方法也就有利于防范黑客的攻击。除利他行为外，人类还有很多其他易控行为，比如，从众行为、服从行为和顺从行为等。正是因为这些行为是易控的，所以常被社工黑客用作武器来攻击锁定的目标，对此我们要加以防范。

人际关系至少可分为外露型、内涵型和伪装型三种，而社工黑客最感兴趣的显然是伪装型。因此，如何预防或及时发现这种伪装型人际关系，将是安全保障的重点和难点。为了有效对付黑客行为，需要深入研究人际沟通的作用、类型、模式、途径和技巧等，特别是要注意人际沟通的七个要素（信息源、信息、通道、信息接收者、反馈、障碍和背景），搞清它们彼此之间的相互关系。

❓ 复习思考

4-1 请用实例解释黑客如何基于攻击注意来达到欺骗目的。

4-2 请结合实例逐一阐述注意的统率性、指向性、集中性、选择性和渗透性。

4-3 请用实例对注意的各主要功用进行说明，特别是这些功用的攻防价值。

4-4　请用实例说明如何攻击无意注意、有意注意和有意后注意。

4-5　结合实例阐述注意的稳定性攻击、广度攻击、分配攻击和转移式攻击。

4-6　请用实例说明社工黑客如何充分利用他人的喜欢来达到自己的目的。

4-7　请用实例逐一解释导致喜欢的六个决定因素，并在可能的情况下，结合实例深入分析相关决定因素为何能导致喜欢。

4-8　请用实例说明社工黑客如何利用某些利他行为来实施自己的既定攻击。

4-9　请用实例对利他行为的自愿性、利他性、无偿性和损失性进行解释。

4-10　请用实例逐一阐述利他行为的共同特点，利他行为的受助者的共同特点，影响利他行为的情境因素，以及利他行为的旁观者效应。

4-11　请从防范攻击的角度用实例说明实施利他行为之前的四大步骤。

4-12　请用实例说明社工黑客如何利用从众行为、服从行为和顺从行为来实施可能的攻击，然后用实例分析从众行为、服从行为和顺从行为的原因，以及影响从众行为、服从行为和顺从行为的因素。

4-13　请用实例分析社工黑客将如何利用人际关系来实施社工攻击。

4-14　请结合具体实例来分析人际关系的特点、规律、预测、调控和疏导等。

4-15　请用实例说明人际沟通在社工攻击中的重要价值，以及如何提高人际沟通的能力。

4-16　请用实例阐述人际沟通的过程、类型和模式，并从正反两个方面分析人际沟通的作用。

4-17　请用实例介绍人际吸引的交换理论、相互作用理论、得失理论和强化理论等，并重点分析人际吸引被黑客用于发动社工攻击的可能性和思路。

5 Chapter

第 5 章
微表情泄密

学习目标

- 了解边信息攻击的思路与容易忽略的表情要素
- 从社工攻击的角度理解眼睛所透露的信息
- 理解眉毛微表情透露的信息
- 理解鼻子微表情透露的信息
- 理解嘴巴微表情透露的信息
- 理解头部运动所透露的信息
- 理解笑与哭所透露的信息

案例导入

据《长江日报》2021 年 7 月 7 日报道，在 2021 武汉科技成果转化对接活动——中国车谷活动现场，某公司推出了一项名为"基于视频的异构体系的多模态融合人工智能情绪研判平台研发与应用"的人工智能成果，简称为 AI 情绪研判平台，它可以通过语音识别、视觉识别、文字识别、表情识别等数据，结合深度学习，再加上人工的标记等，从而具备了识别人类情绪的能力。这就意味着今后的人工智能机器人可以通过你的表情及时知道你的真实感受，哪怕你正试图假装出另一种表情来掩盖内心的真情。

该 AI 情绪研判平台由两部分组成：一是前端的摄像头，二是后台的一套人工智能算法。当你面对摄像头时，它将随时捕捉并研读你的种种微表情和肢体动作，比如，眉毛下垂、面颊上扬或玩手指等细节，然后分析出你的真实情绪。该成果的潜在用途非常广泛，比如，分析审讯过程中被告人的面部表情和行为特征，辅助司法机构做判决处理；分析谈判对象的各种潜意识表情和动作，从而知悉对方是否还有让步的余地等真实想法；在招聘的面试活动中，可以及时判断应聘者是否在撒谎；帮助社工黑客及时了解被攻击对象的真实心理动态，从而提高他的攻击成功率。此外，该成果还可用于关注青少年心理状况、察觉婴幼儿的情绪、判断司机是否疲劳驾驶等日常生活领域。

该成果为什么能如此神奇呢？除常规的人工智能算法外，它的核心基础其实是本章和下章所介绍的有关微表情和肢体语言的若干心理学知识。实际上，本章主要介绍社工黑客如何从被攻击对象的脸上读出隐秘信息，从而评估攻击的效果，甚至借此发动下一轮攻击。具体地说，黑客通过对比各种情绪的真实表情要素，确认被攻击对象是否表里如一；通过观察眼睛、眉毛、鼻子、嘴巴、笑、哭等细节，挖掘被攻击对象的真实情感，从而为推测随后的动机提供帮助。

第 1 节　黑客的微表情边信息攻击

学习提示

- 了解边信息攻击思路与容易忽略的表情要素。
- 掌握微表情、肢体语言的概念和它们在人际交流中的重要性，以及以微表情为代表的边信息攻击在社工攻击中的重要性。
- 了解真快乐的表情要素、真悲伤的表情要素、真惊奇及惊愕的表情要素、真恐惧（恐怖）的表情要素、真生气（愤怒）的表情要素等。

黑客在攻击"冷血电脑"时，可从屏幕的电磁辐射信号中，分析出包括显示内容等在内的有用信息；同样，也可以从密码芯片的能量消耗分布中，分析出相关明文内容等。其实，这就是黑客的一种重要攻击思路，统称为边信息攻击，即从系统和器件的"不可避免的泄漏噪声"中，提取出有用的信息。从本书第 2 章社工黑客的世界观中我们已经知道，社工黑客将人当作"热血电脑"来攻击了，他们当然也不会放弃边信息攻击这种重要手段；只不过，"电磁泄漏"被替换成了以微表情和肢体语言等为代表的"心理泄露"而已。由于心理学在这方面的成果相当丰富，但也相当零乱、鱼龙混杂，所以，我们不得不"沙里淘金"，从众多书籍中挖掘出对网络安全攻防有用的东西，并将它们分类整理为本章内容。

社工黑客对"人"的攻击，始终是"赛博式"的，即基于"反馈→微调→反馈"的循序渐进攻击。比如，被攻击目标的当前"情绪"，既是黑客本轮攻击的"输出"，又是下一轮攻击的"输入"；既是攻击的目标（黑客欲控制受害者的情绪），又是攻击的手段（在错误的情绪之下，受害者可能产生错误的言行，从而实现黑客的愿望）。"情绪"需要通过"表情"显示出来，因此从黑客的角度来看，"表情"既是评估本轮攻击"战果"的指标，又是设计并实施下一轮攻击的依据。换句话说，黑客会想方设法了解被攻击者的真实表情

（或表情后面的真实含义）。

以哭和笑等为代表的常规表情，一目了然，一般人们都会解读这些宏表情。但是，黑客最看重的是另一种，最短只持续 0.04 秒的表情，即微表情。这种稍纵即逝的微表情是当事者的下意识表情，除非经过了严格的特殊训练，否则对一般网民来说，微表情一定是其情感的真实反映。所以黑客若发现了某受害者的宏表情和微表情之间彼此矛盾，那么他就窥探到了某种秘密，当然在其随后的攻击中将更加"知彼"。此外，即使是面对宏表情，黑客也还有许多潜力可挖，因为有许多真实表情的要素常常被忽略或误读。通过比对这些要素，便可进一步核实被攻击者是否表里如一。

心理学家发现，人在面对面交流时，用词语能表达的信息只占 7%；说话的声调所表达的信息占 38%；肢体语言（当然也包括表情）所表达的信息最多，占了 55%！由此可见，说话内容并不是最重要的，而眼神、手势、语调、触碰、肢体动作和面部表情等身体语言，在信息交流中才最重要。换句话说，从容易被忽略的表情等下意识的、无声的身体语言中，黑客能窥探出许多真实的秘密。

心理学家还发现，人类约有 70 万种肢体语言，其中，脸部表情最丰富、最集中，达 25 万种之多，占肢体语言的 35.7%。在人的感情和态度中，能用声音表达的只有不到 40%，而无声的肢体动作（包括表情等）所表达的却高达 50%。可见，身体的动作对于表达感情起着主导作用。

那么，表情（特别是微表情）到底隐藏了哪些秘密呢？本章对面部表情进行全面而详细的归纳和介绍。当然，以下规律仅仅是统计性的，即它们是普遍现象，但也有例外的情况。在社工攻防中使用它们时，不能机械地照抄照搬，必须结合多方面的征兆，挖掘真相。

正常人在真实表达相关情绪时，都会出现下列的核心表情要素。假如这些核心要素严重缺失，那么当事者的情绪表情就很可能有假。

1. 真快乐的表情要素

微笑是快乐的核心标志，真快乐的表情要素有：

（1）眼：下眼睑会微微上扬，并伴有皱纹于下眼睑下面；眼角外围也可能分布有鱼尾纹。

（2）嘴：唇角会向外和向上运动，此时嘴巴就会变长；双唇可能分开，并露出上牙（大笑时，也可能产生两条笑纹，从唇角的外部一直向上延伸至鼻翼）。

（3）脸颊：此时脸颊会上升，鼓胀起来，甚至鼓到使双眼显得窄而细，更凸显从嘴到鼻之间的笑纹。

2. 真悲伤的表情要素

真悲伤的表情要素主要有：

（1）嘴：嘴最能表露悲伤情绪。真悲伤时，嘴角下垂，整个面部松弛呆板，显得无精打采。若因悲伤而流泪哭泣，双唇可能会颤抖。

（2）眉毛和额头：真悲伤时会眉端上扬，并在双眉之间的空间、鼻子根部，以及两眼呈现出一个三角形。该三角形上方的额头处可能还有皱纹。

（3）眼睛：噙在眼眶里的泪水，会闪闪发光。

3．真惊奇、惊愕的表情要素

遇到突发事件时，就会出现惊奇；若程度加深，就变成了惊愕。当惊奇时，表情要素主要有：

（1）额头和眉毛：此时眉毛会向上翘，横在额头上的皱纹会形成波状。

（2）眼睛：双眼大睁，露出更多眼白。

（3）嘴：下颌下垂，嘴微张。

（4）有人会无意识地摸嘴，或摸其他部位。

因好事惊奇时，会带有笑容。惊愕与惊奇的表情大致相同，只是更夸张一点而已。假惊奇、假惊愕的常见破绽：

（1）真惊会有瞬间的停顿，若无该停顿，或停顿超过 1 秒，那很可能是假惊；

（2）假惊只是提升眉毛，而无眼睑的变化；

（3）假惊没有吸气动作，或没有吸气的趋势。

4．真恐惧（恐怖）的表情要素

当真恐惧时，主要有以下的表情要素：

（1）眉毛和额头：此时眉毛会上扬，并皱缩在一起。与惊奇相比，眉毛没那么弯曲。额头虽也会出现皱纹，但并不全是横向分布，而是在眉间出现纵向皱纹。

（2）眼睛：上眼睑会被抬起，露出眼白；下眼睑会被绷紧，且上扬。

（3）嘴：此时会张嘴，且双唇紧紧向后拉伸。

恐惧进一步升级便是恐怖，其最初的表现是发呆，心跳加速，身体僵硬，呼吸减慢，本能地逃避目光接触，然后眉毛上扬和眼口张开。当真恐怖时，还可能毛发竖立，肌肉发抖，出冷汗。当恐怖进一步加强时，会出现暂时的呆滞，脸上毫无血色，呼吸费力，鼻翼张大，嘴唇痉挛，面颊震颤，眼球突出，瞳孔放大；要么左顾右盼，要么呆若木鸡。当极度恐怖时，会惊叫，满面大汗。当恐怖来临时，有人会不由自主地闭眼，或慌乱地遮住脸部或眼睛。

5．真生气（愤怒）的表情要素

真生气（愤怒）的表情要素主要有：

（1）眉毛：眉毛向下拉，并向内紧缩；同时眉头紧锁，两眉间有纵向皱纹。

（2）眼睛：上下眼睑彼此靠近，双眼变得窄而细。眼神严厉而冷酷，恰似凝视他人，甚至眼球都向外突出。

（3）嘴：双唇可能紧闭，形成一条线；嘴角向下，或嘴巴张开；双唇紧张，就像要大吼一样。

（4）鼻子：当盛怒时，有人会皱起鼻子，或张开鼻孔。

6. 真厌恶的表情要素

真厌恶的表情要素主要有：

（1）眼睛：下眼睑上扬，眼睑下方有皱纹。

（2）嘴、鼻和脸颊：此时会皱起鼻子，脸颊上移，双唇上扬；或只是向上牵拉上唇，向下拉拽下唇，嘴巴微翘。

（3）味觉：由味觉引起的厌恶，会表现出撇嘴，嘴巴张得很大，多次吐唾沫，或不住地吹气，时有咳嗽，严重时会呕吐或有干呕动作。

7. 真感兴趣的无意识表情要素

真感兴趣的无意识表情要素主要有：

（1）眼：瞳孔会放大，眨眼的频率加快。

（2）头：点头或头向一边稍稍倾斜。

（3）手和头部的复合姿势：若对交谈内容感兴趣，并正在权衡这些内容时，可能会用手托脸颊，同时食指和拇指向上，其余手指团缩在掌中；若被要求做决定，则会抚摸下巴，并上下滑动。

（4）舌头：若正聚精会神于某项精细工作时，可能会伸出舌头，或者将舌头伸出来抵在嘴巴的一侧。

（5）身体和腿：在公众场合，会将身体或脚对着最感兴趣的那人；坐着时，会用双膝或一个膝盖对着那人。

8. 真没兴趣的表情要素

真没兴趣的表情要素主要有：

（1）瞳孔缩小。

（2）摆出全身放松的姿势，例如，某人若对某东西漠不关心时，可能会悠闲地坐着，一只腿悬在椅子扶手上晃来荡去。该姿势也可能表示敌意，或彰显其支配地位及优越感。

9. 真不关心对方谈话的表情要素

真不关心对方谈话的表情要素主要有：

（1）东张西望，很少正视说话者。

（2）不断将头转向别处。

（3）不对称的微笑（坏笑），比如，某一边的嘴角向上扬等。

（4）更极端地，若听者实际上想拒绝或反对，那么他将侧身并把头歪向一边；或面无表情；或目不转睛凝视某处，使讲者无法与他对视；或打哈欠；或板着脸、噘着嘴，甚至嗤之以鼻；或坐立不安，拨弄手指，剔指甲，剔牙，弄响指关节；或厌烦地摇头；或转身离去；或干脆公开表示不同意；等等。

10．真无聊和真厌倦的表情要素

真无聊和真厌倦的表情要素主要有：

（1）对话或独处时，若百无聊赖，那么他将会不时地将头转向一侧；或用手支撑着头；或身体变得越来越弯曲；或腿绷得越来越直；或两只手连扣在一起，两根拇指相互绕着循环打圈；或用手指的指背来回抚摸脸颊，好像在感受脸上的胡楂。

（2）若正在失去兴趣，那么他的头将完全由一只手来支撑着，或身体向后倾斜，或双腿充分伸展。若想降低其无聊的程度，他的身体可能会向前倾。若极度无聊，他可能会闭上双眼，或垂着头。

11．真不耐烦的表情要素

真不耐烦的表情要素主要有：

（1）手指敲击，比如，坐着时，可能用手指快速而连续地敲击桌子或椅子。

（2）晃脚，比如，在跷着二郎腿坐着时，可能会晃动悬着的那只脚。

（3）轻拍大腿，比如，在站着时，可能会张开手掌，反复轻拍大腿外侧。

12．真不赞成的隐蔽式表情要素

真不赞成，即不赞成对方观点，但又不便直说。真不赞成的隐蔽式表情要素主要有：

（1）低头，比如，盯着地板，不与说话者对视。

（2）封闭式姿势，比如，坐着时可能双臂交叉，跷着二郎腿，身体保持直挺等。

（3）揉眼，比如，频繁地揉眼睛，或拉眼皮玩。

（4）扯线头。在衣服上轻轻撕拉，就像要消除微小的线头一样。

（5）翻白眼，嘴角下撇，额头产生皱纹，眉毛向下等。

13．真忧郁、担心、绝望的表情要素

真忧郁、担心、绝望的表情要素主要有：

（1）嘴角下垂。

（2）眉头紧锁。

（3）眼圈发黑，脸色暗淡或发青、没有血色、没有光亮。

（4）有时伴有长吁短叹等。

14．真反省、思索的表情要素

真反省、思索的表情要素主要有：

眼睛盯视，很少眨眼，或不眨眼。眼睛盯视的对象，既可能是正面临的难题，也可能只是虚物。与思索相比，反省的表情会更丰富，比如，伴有长时间的皱眉，呼吸急促等。

15. 真失神的表情要素

受打击后，可能心灰意冷，无精打采，此时的表情就是真失神的表情，其要素主要有：

（1）眼睛微微张开，头部稍微抬高，视线指向远方，目光上移，朝向比仰视时要低一些的方向。

（2）眼光空洞，有时还会以手加额。

16. 真不平的表情要素

真不平的表情要素主要有：

（1）噘嘴、皱眉。

（2）当强烈不满时，眼睛怒视，怒目圆睁，并伴随着鼻翼翕动；当不太强烈时，眼睛斜视，眼白多而眼珠少，即所谓的"白他一眼"；当仅仅有稍微不满又无意招惹是非时，眼睛向下看，低头不语，面有难色。

17. 真决断的表情要素

真决断的表情要素主要有：

（1）浑身肌肉绷紧，有握拳、跺脚等动作，同时伴有瞪眼、咬牙等行为。

（2）缄默不语。

（3）目光僵直，嘴唇紧闭，嘴唇肌肉紧张，呼吸节奏放慢，甚至可能屏气。

18. 真怨恨而激怒的表情要素

怨恨是由长期不满和厌恶而积累的感情。怨恨的爆发，就表现为激怒的情绪状态。当真激怒时，心脏血液运行加快，面色发红或发紫，静脉血管扩张，额头会暴起青筋，呼吸急促，鼻孔打开而发抖，双唇紧闭，牙关紧咬。

19. 真激怒、愤怒的表情要素

真激怒时，有人会噘嘴，有人会收缩双唇，露出牙齿，像是要咬人的样子。真愤怒的表情跟真激怒差不多，只是程度不那么激烈而已，表现为心跳加速，脸色变红，眼睛瞪大，眼中放光，呼吸略加快，还有嘴唇紧闭，眉头紧锁，眉毛上扬等表情。

20. 真轻侮、侮慢的表情要素

当真轻侮时，板起面孔，扬着脸，上唇向后收缩，露出一侧的犬齿；有时冷笑，还伴随皱眉和凶恶的眼神；眼睛不看对方，甚至背过脸去；鼻子歪斜，鼻子和嘴巴两侧显出明显的沟纹。当真侮慢时，会微笑或大笑，并伴随某一边的上唇收缩，露出犬牙，有嘲讽的味道，有时候眼睑半闭或把目光投向别处。

21. 真轻蔑、高傲的表情要素

真轻蔑的表情要素主要有：

（1）鼻子上扬，上唇向上翻，有时会故意弄出点声音，就像感冒时鼻子被堵一样；此时鼻子收缩，鼻子上面会有微微的皱纹。

（2）眼睛看向两侧，且漫不经心地缓慢移向某侧，同时展示俯视姿态，脸部微微抬起。

高傲与轻蔑略有不同，高傲者自我膨胀，常常采取俯视的角度，身体直立，嘴巴紧闭。

22. 真谦卑的表情要素

真谦卑的表情要素主要有：面部表情比较平和，不会把头昂得很高；相反，常有低头状，呼吸迟缓，心跳有时稍微地加速，眼睛向下看，但是目光比较集中、稳定，不会来回左右移动，有时会伴着脸红。

23. 真惭愧、羞辱、心虚的表情要素

自觉不如别人，或出错后内心诚服时，便会产生惭愧的感觉。当真惭愧时，会有回避的眼神，不敢正视，眼睛向下看者较多，眼光左右漂移不定，有时还会伴着脸红。当真羞耻时，会脸红、眼睛斜视或俯视、行动迟钝等。当真心虚时，其眼神与惭愧差不多。

第 2 节　眼睛的泄密

学习提示

- 从社工攻击的角度理解眼睛所透露的信息。
- 懂得如何透过对方的眼睛去了解对方的心灵、动机和情绪等。

观察一个人，包括他的性格、学识、情操、趣味和品性等，最好从观察他的眼睛开始，因为眼睛是心灵之窗，一个人的想法经常会从眼神中流露出来，很难隐藏。天真无邪者，其目光清澈明亮；利欲熏心者，其眼中混浊不正；心胸坦荡、为人正直者，其目光坦诚；心胸狭窄、为人虚伪者，其眼神狡猾、阴晦；志存高远者，其目光执着；为人轻薄者，其眼神浮动；自私者，其眼神内敛；贪婪者，其目光暴露；自信者，其眼神坚毅、深邃；自卑者，其眼神晦暗、迷离；善良淳朴者，其眼神坦荡、安详；不恋富贵、不畏权势者，其眼神刚直、坚强；见异思迁、见风使舵者，其眼神游移、飘忽……。概括地说，人的眼睛至少可能泄露如下诸多机密。

1. 透过眼睛，阅读对方的心灵

两人首次见面时，往往会首先关注对方的脸；而脸上第一个被关注的目标，又往往是眼睛。

交谈时，若对方不时把目光移向近处，则表示他对本次谈话不感兴趣或另有所思；相

反，若对方的眼珠不停地上下左右转动，那么他可能是在说谎或有难言之隐，也可能是为了不辜负朋友的信任而隐瞒了某些真相。

和异性视线相遇时故意避开，表示关切对方或对他/她有意；眼睛滴溜溜转个不停时，说明正拿不定主意，容易遭人引诱而见异思迁；眼光流露出不屑时，意味着敌视或拒绝；眼神冷峻时，说明对你并不信任，心理处于戒备状态；没有表情的眼神，说明心中正愤愤不平或内心有所不满；交谈时根本不看你，则可能对你没兴趣或不愿亲近你。轻轻地一瞥，表示有兴趣或敌意：若再加上轻轻扬起的眉毛或笑容，就表示有兴趣；若再加上皱眉或压低的嘴角，就表示疑虑、敌意或批评的态度。

2. 透过眼睛的动作，阅读对方的动机

眼睛的动作多种多样，有拒绝眼色交流的动作，有各种不客气盯着对方看的动作，有兴趣极浓的不断扫视动作，有心怀戒备的凝视动作，也有用仇恨的目光来公然诅咒别人的动作，也有顶住对方的责备甚至诅咒，而直视对方表示不服或挑战的动作等。这些动作的含义众所周知，所以不是本书关注的对象，我们只关注以下容易被忽略的动作。

交流时，使用眼睛的不同方式，也会泄露一些秘密。比如，若一直盯着对方的眼睛，则可能另有隐情；谈话中注视对方，则表示其说话内容很重要，希望听者及时回应；初次见面先移开视线者，可能想争强好胜，使自己处于优势地位；被注视时的躲闪，便是自卑的表现；偷偷斜眼看对方，则表示对其有兴趣，却又不想被识破；抬眼看人时，表示尊敬和信赖对方；俯视对方时，则是想表现出某种威严；视线不集中于对方，目光转移迅速者，可能性格内向；视线左右不断晃动时，也许他正苦思冥想；视界大幅度扩张，视线方向剧烈变化时，表现其心中可能不安或害怕；对话时，若目光突然向下，则表示转入沉思状态；精神焕发或吃惊时，眼睫毛会直立起来；沉思或疲倦时，眼睫毛会下垂。

此外，久久凝视某人，表示对他/她怀有特殊兴趣、无所畏惧、敢于蔑视或粗暴无礼等；中止注视则表示漠不关心、缺乏兴趣、心中厌烦、困惑尴尬、羞怯畏缩或缺乏尊重等。对所喜爱、仇恨或惧怕的人或物，往往会密切注视；反之，则是不愿关注，因此，或漠然处之，或环顾左右而言他。

3. 瞳孔中的秘密

在人类的所有沟通信号中，眼神是最能说明问题并提供最准确信号的，因为眼神是脸部的焦点，而瞳孔又是眼神的焦点，它最能反映人的内心世界变化。一般来说，瞳孔大小的变化，是不受个人控制的，只能无意识反应。瞳孔的大小与情绪密切相关：当情绪不好或态度消极时，瞳孔会缩小；当情绪高涨或态度积极时，瞳孔则会扩大。比如，在光线一定的条件下，当某人处于热血沸腾、激情四溢，或者极度恐惧时，其瞳孔可能比平常扩大3倍左右；反之，当他处于悲观失望、万念俱灰时，其瞳孔可能收缩为"金色般的小点"

或"鸡眼"。

瞳孔的这种秘密，可以被广泛应用。

在情人约会时，若女方爱上了男方，那她在关注男方时，其瞳孔会明显扩大，并用她那双水汪汪的大眼睛凝视对方；同时，男方会意后，其瞳孔也会渐渐扩大；于是，双方的大瞳孔就"对上眼"了，彼此在对方眼中，便都显得更为漂亮、潇洒。

玩牌高手，可通过观察别人在看牌时瞳孔的变化，来揣摩他是否摸到了好牌；若对方看牌时瞳孔明显扩大，则他可能摸到了好牌；反之，他的瞳孔就会明显缩小。所以，高明的玩家，有时干脆戴上墨镜，以防他人窥视其瞳孔。

此外，售货员通过观察顾客的瞳孔，便可判断对方是否真的喜欢某商品；算命先生通过观察来者的瞳孔，也可了解自己是否又"蒙对了"；等等。

4．高傲的眼神

若某人在与别人交谈时，无论是否有意，他总是习惯性地闭起眼睛（超过 2 秒），或不住地上下打量对方，那么他其实是表达了对彼方不感兴趣，甚至是轻蔑和审视，这是一种典型的优越感和自大感的表现。当然，当某人仰起头来，用鼻孔"看"人时，也表示他的轻蔑态度。睥视，既表示漠然，也有傲视的感觉，有时还是一种调情动作。

5．目光直视的含义

目光闪烁者，可能是在撒谎。比如，若与你的视线相对时间少于交流总时间的 1/3，则他可能对你隐瞒了什么东西。当然，敢于直视你的人，也并不见得其没撒谎，反而，当许多骗子在行骗时，也会长时间直视着你。因此，不能仅仅通过眼神来判定某人是否在撒谎，还必须多方面观察和判断。当与某人（特别是陌生人）交流时，若他与你对视的时间过长（比如，超过交流总时间的一半），那么可能就意味着：

（1）他也许对你有所企图，比如，想从你那儿知道某消息，但又不便开口。

（2）可能在向你撒谎，他之所以长时间和你进行眼神交流，是想使你相信他在说真话。

（3）对你充满敌意，并很可能向你挑战。

6．目光斜视的含义

对话时，用斜视的眼光打量对方，可能有三种意思：

（1）表示对彼方的话很感兴趣，或认为对方很有吸引力，此时还会伴随着扬起眉毛或露出浅笑。情人间的这种斜视，甚至可能是求爱的信号。

（2）表示不确定的犹豫心态，此时还会伴随着眉毛向上拱起，好像在询问："你说的是真事吗？"或试图告诉对方："抱歉，我还拿不定主意。"

（3）表示敌意或轻视的态度，或是自我感觉非常良好，此时还会伴随着嘴角向下撇，或嘴角撇向一边。

7．眨眼的含义

正常人眨眼的频率是每分钟 1～3 次，每次闭眼的时间也约为 0.1 秒；否则，就可能有其他含义了：

当某人心理压力忽然增大时，他眨眼的频率就会增加。比如，常人撒谎时，由于害怕被揭穿，其心理压力便会增加，相应地就会频繁眨眼，甚至高达每分钟 15 次，有时还会伴随着说话结巴等。不够自信时，也会频频眨眼。

若某人故意延长眨眼时间（闭眼达 2～3 秒），则可能意味着他对彼方已失去兴趣，或感到厌烦，或感觉自己"高人一等"。比如，老板与员工谈话时，若出现了这种情况，就可能表明老板不满意了。

视线在不停地移动却有规律地眨眼时，则说明他的思考已有了头绪；集中注意力思考时，通常很少眨眼睛；频频眨眼时，也许什么都没有想，但当他的眨眼开始放慢时，就可能正进入思考状态；皱起眼睑（像是光线太强那样），再结合不同的眼神，则可能是在深思或嘲弄等。

用一只眼睛向对方眨眼，表示两人间的某种默契；或共享某个秘密的双方，在不知情的第三者面前，可用来显示自己的优越感；或异性间的"抛媚眼"等。

8．凝视的含义

凝视的方式，主要有三种：

（1）社交性凝视。此时的视线落在对方眼睛水平线下方，其凝视的重点主要集中于对方双眼和嘴部之间所形成的三角地带。这表明双方正在亲切、友好、宽松的氛围中交谈。

（2）亲密性凝视。此时的视线，从彼此的双眼开始，越过下巴，直至身体的其他部分。具体来说，此种凝视过程如下：当一方从较远处接近时，另一方会迅速扫视其脸至胯部之间的区域，以确定对方的性别；然后，再次打量对方，以确定对来者的兴趣有多大，并将凝视的重点集中在眼睛、下巴，以及腹部以上的部位。如果双方的距离较近，那么彼此凝视的焦点，就主要集中在眼部和胸部之间的亲密区域之内。帅哥和美女们，就是用此种凝视方式来传情达意的。一方做出此种凝视姿势后，若另一方也有意，那么他/她也会报以同样的凝视。

（3）控制性凝视，此时的视线主要集中于对方前额正中的三角地带。这种凝视，不但会使气氛紧张严肃，而且也能向对方施以心理威慑，有助于凝视者掌握谈话主动权。比如，家长吓唬小孩或老师教训学生时，就常采用此凝视的方式。

9．视线方向的含义

视线朝下，也许是怯弱，此时可能还有如下动作：一接触到对方的眼睛，就悄然移开视线；手、脚的动作僵化，或坐姿别扭。视线往左右岔开，也许是拒绝；特别是男士搭讪异性常会遭到此类拒绝。笔直的视线，也许是敌对的表示，特别是不服输的敌意。视线的焦点不定，也许是不安的表现，或对他人谈话漠不关心。视线朝上也许是自信的表现，强悍的领导就常这样。

俯视，含有关切和体贴的成分，比如，父母看待子女；平视，表示冷静和理智；仰视，含有童心和好奇心。目光居中，是诚实的表现；思考问题时，眼球左右晃动，则可能是在查找记忆里的档案；白眼球充血，则意味着愤怒之极或疲劳过度。

10．眼球转动的含义

喜欢转动眼球的人，大都比较活泼开朗。眼球向左上方（或右上方）运动，则表示在回忆以前见过的事物；眼球向左下方运动，则表示心灵的自言自语；眼球向右下方运动，则表示他在感觉自己的身体现状；眼球向左或向右平视，则表示他想要弄懂对方谈话的意义；眼球乱转，可能是恐惧和不安等。

此外，还有一些其他的眼部表情信息，比如，泪腺的规律：当某人很高兴和很悲痛时，很愤怒和很无奈时，很骄傲和很委屈时等，都可能流泪。又如，当行为与眼神不协调时，可能他正在编造谎言等。

眼神的含义当然不仅仅有上述的单一形式，往往是多方面的综合。比如，当某人感到生气或想控制、威胁对方时，他就会眉毛降低，瞳孔缩小，眼睛变小，表现出一副无比威严的样子；反之，当高兴或想与对方建立友好关系时，就会眉毛上扬，同时瞳孔扩大，眼睛变大，表现出温柔、顺从的样子。又如，当小孩抬起头，睁着大大的眼睛，向大人发出某种请求时，大人（不论男女）一般都很难拒绝。因为，这种综合的姿势和眼神，意味着信任、顺从和请求，足以激发成人作为父母的关爱之心。

第 3 节　眉毛的泄密

🖋 学习提示

- 能读出眉毛微表情所透露的信息，比如，知悉低眉、皱眉、斜挑眉、眉毛打结、耸眉和挤眉等眉毛动作的含义。

眉毛与表情密切相关，随着心情的变化，眉毛的形状也会（下意识地）跟着变化，从而泄露许多重要信息。

（1）低眉。这是受到侵略时的表情。防护性的低眉，则只是要保护眼睛，免受外界的伤害。遭遇危险时，除了低眉，还会将眼下的面颊往上挤，以尽量提供保护。这时，眼睛仍然睁开，并注意外界动静。这种上下压挤是面临外界袭击的典型退避反应，比如，突然被强光照射或有强烈情绪反应（包括大哭、大笑或极度恶心）时，就会有如此反应。

（2）皱眉。这种表情与自卫有关，它代表的心情包括希望、诧异、怀疑、疑惑、惊奇、否定、快乐、傲慢、错愕、不了解、无知、愤怒和恐惧等。对眉头紧锁的忧虑者来说，他基本上是想逃离目前的境地，但又因某些原因而不能行动。对大笑而皱眉的人来说，他心中其实含有轻微的惊讶成分。

（3）斜挑眉，即一道眉毛降低，一道眉毛上扬。它所表达的信息，介于扬眉与低眉之间，即半边脸显得激动，半边脸显得恐惧。此时，其心情通常处于怀疑状态。

（4）眉毛打结，即两道眉毛同时上扬，并相互趋近。此表情意味着严重的烦恼和忧郁，比如，有些慢性病痛者就会如此。急性剧痛时，会产生低眉而面孔扭曲的反应；很悲痛时，眉毛的内侧端会拉得比外侧端高，而成吊眉似的夸张表情；见到友善的朋友时，会出现眉毛向上闪动的短捷动作，即眉毛先上扬，然后在几分之一秒的瞬间内又下降，有时还伴着扬头和微笑动作。此外，眉毛闪动也常出现在一般对话里，用来加强语气；即谈话中若要强调某一个字时，眉毛就会扬起并瞬间落下。见面时的眉毛闪动，表示问好；连续闪动，则表示既惊喜又问好。

（5）耸眉。在热烈讨论中，当讲到要点时，会出现不断耸起眉毛的动作；喜欢抱怨者，更会如此。

（6）挤眉，即将两根眉毛上扬，相互贴近，形成大量的抬头纹，同时两眉之间的皮肤也被挤压，从而形成竖直的短皱纹。在对话时，挤眉者可能正处于极度焦虑或忧伤中。当然，身体某部位突然疼痛时也会挤眉。

眉毛的动态形状也有很多，其含义各不相同，比如，双眉上扬，就表示非常欣喜或惊讶；单眉上扬，表示不理解、有疑问；皱起眉头，要么是陷入困境，要么是拒绝或不赞成；眉毛迅速上下活动，说明心情好，赞同或关切对方；眉毛倒竖、眉角下拉，表明极端愤怒或气恼；眉毛完全抬高，表示难以置信；眉毛半抬高，表示大吃一惊；眉毛正常，表示不评论；眉毛半放低，表示大惑不解；眉毛全部降下，表明怒不可遏；眉头紧锁，说明内心忧虑或犹豫不决；眉梢上扬，表示喜形于色；眉心舒展，表示心情坦然、愉快；眉毛呈八字式倾斜，表示悲伤与内疚；眉毛呈钟表指针的 10:10 状，是愤怒的征兆；将手放在眉骨附近，表示已经知道自己的错误，并以示弱的方式求得原谅；等等。

第 4 节　鼻子的泄密

📖 **学习提示**

- 能读懂鼻子微表情所透露的信息。
- 知悉鼻子的主要潜意识动作及其含义。

鼻子的动作虽然轻微，但也能表现人的心理变化，因此，鼻子也有"表情"，也会泄露重要信息。

（1）在对话时，若对方的鼻子稍有胀大，则很可能表示满意或不满，或情感有所抑制。

（2）鼻头冒汗时，说明过于专注、心理急躁或紧张；若对方是重要的生意伙伴，则他很可能急于达成协议。

（3）若鼻子颜色整个泛白，则可能表示他畏缩不前。

（4）鼻孔朝着对方，则意味着藐视和轻视；鼻孔外翻，意味着生气和愤怒。

（5）摸着鼻子沉思，说明正在思考，并希望有权宜之计能解决当前的问题。

（6）有浓味刺激时，鼻孔会明显地伸缩；严重时，整个鼻体会微微颤动，接着就是打喷嚏。

（7）高鼻梁的人，容易有优越感，或表现出傲慢态度；甚至整容医生的临床经验也证实，有些人接受了隆鼻手术后，以往本来属于内向性格者，却可能变为倔强的人。

（8）用手捂着鼻子，则明示了讨厌情绪。

（9）皱鼻子或歪鼻子，表示不信任；鼻子抖动，是紧张的表现；哼鼻子，则意味着排斥；翘鼻子或堵鼻子，往往表示轻蔑。

（10）遇到比较强烈的情绪时，比如发怒或恐惧，鼻孔会张大，鼻翼翕动，并伴随着剧烈的呼吸动作。

（11）思考难题或极度疲劳时，会用手捏鼻梁；特别无聊或受挫时，会用手指挖鼻孔。

（12）为掩饰内心的混乱，比如，怕被揭穿撒谎，会下意识地摸鼻子、捏鼻子、揉鼻子、挤鼻子等。

第 5 节　嘴巴的泄密

学习提示

- 读懂嘴巴微表情所透露的信息，知悉嘴巴的主要潜意识动作及其含义，比如，捂嘴、咬唇、高昂下巴、嘴角上挑、薄唇或嘴唇绷紧等。

此处所谓的"嘴巴泄密"，并不是指胡说乱讲，而是指话外的泄密。嘴巴是语言表达、情感交流的重要工具，即使当事者并未开口讲话，从嘴巴的运动也能暴露出许多信息。

嘴巴抿成"一"字形者，也许正在做重大决定或遇到了紧急事态。此类人比较坚强，不怕困难，不易临阵退缩；也较倔强，做事谋定而后动。嘴巴闭拢，可能表示和谐宁静；嘴巴半开或全开，可能表示疑问、奇怪、有点惊讶；嘴巴全开，可能表示惊骇。噘嘴，可能表示生气或满意；嘴巴紧绷，可能表示愤怒、对抗或决心已定。故意发出咳嗽声并借势捂嘴，则有说谎之嫌。

偶尔用手捂嘴者，比较害羞，在陌生环境中更是少语。他们性格保守且内向，与他人交流时，会极力掩藏自己的真实感受，同时也不喜欢当众露面。若他们捂嘴的同时，还伴随着吐舌头、缩脖子等动作，则可能表示心虚并已意识到了自己的错误。人在紧张时，会舔嘴唇，或伴随着咬嘴唇等动作。顽皮、挑衅、内疚、缺乏信心或意识到身处不利地位时，可能也会吐舌头。舌头僵硬地伸出来，可能表示惊讶或恶心。

牙齿咬嘴唇者，包括上牙咬下嘴唇、下牙咬上嘴唇或双唇紧闭等，他们其实是在聚精会神地聆听，同时也在仔细揣摩对方的含义；当遇到严肃情况时，也会不自觉地咬嘴唇，以此缓解紧张气氛。喜欢咬嘴唇的人，有较强的分析能力，遇事虽不能快速决断，但执行力较强。人在情绪激动时，会口腔大开，自然露出牙齿；有轻侮之意时，会翘起一侧的上唇和牙齿；憎恶、愤恨时，会紧咬牙齿，即所谓的咬牙切齿。当嘴上叼着东西（如烟或笔等），或嘴里咀嚼着什么东西，或吞咽（如吞口水等）时，可能是在缓解某种不安情绪，比如无聊或无奈等。

高昂下巴者，心高气傲，善于强词夺理，喜欢指挥别人。辩论时，他们有明显的优越感。他们的自尊心极强，爱面子，不易承认别人的成功。收缩下巴者，胆小怕事，办事谨慎。他们通常只注重眼前的工作，不善于信任和接纳他人。轻松时，下巴会自然垂落、灵活自如；紧张时，下巴会自然紧收、僵硬。惊讶时，下巴通常会垂落，但比较僵硬；情绪激烈时，下巴会痉挛地抖动。极度疲乏时，下巴会耷拉。抚弄下巴，往往意在掩饰不安，或缓和尴尬场面。手托下巴，暗含我真是受够了；嘴唇带动下巴抽动，表示我很尴尬；眼睑下垂、下巴上扬，表示你惹怒我了；下巴水平前伸，表示我真想揍你一顿；等等。

嘴角上挑，表示善意、礼貌、喜悦、真诚；通常此类人机智聪明，性格外向，能言善辩，喜欢与陌生人打交道，即所谓的"自来熟"。他们胸襟开阔，有包容心，人际关系好。嘴角向下，通常表示痛苦悲伤、无可奈何。

薄唇或嘴唇绷紧者，可能为人吝啬，性格严厉或执拗；厚唇者，易受感官刺激，为人热情；一片嘴唇绷紧而另一片嘴唇松弛丰满者，可能具有相互矛盾的双重性格；绷紧卷曲的嘴唇，常意味着残忍、严厉或盛气凌人；嘴唇丰满者，可能性格开朗，为人爽直随和，接受能力强。

第6节　头部的泄密

学习提示

- 懂得头部运动所透露的信息，比如，头抬高、歪头和低头等潜意识动作的含义。

头部的基本姿势有三种：

（1）头抬高，表示对谈话内容持中立态度。随着谈话的继续，抬头姿势也会一直保持，只是偶尔轻轻点头；若再伴有用手触摸脸颊，则可能是在认真思考。若高昂头部，把下巴向外突出，并刻意暴露出自己的喉部，将视线处于更高水平，那就是在以强势的态度俯视他人。

（2）歪头，即把头倾向一侧，则表示有兴趣，若再有手摸下巴的动作，那就更可能是感兴趣的表示。头部倾斜，也有顺从之意，特别是女士和下属，常会无意识地这样做。

（3）低头，常意味着否定或正在对谈话内容进行评估。压低下巴，意味着否定、不服气或具有攻击性的态度；低着头时，往往会形成批判性的意见，比如，若听众始终低着头，那么演讲者的演讲几乎失败无疑了。

头部动作的其他含义还有：头部端正，表示自信、正派、诚信、精力旺盛；头部向上，表示希望、谦逊、内疚或沉思；头部向前，表示倾听、期望或同情、关心；头部向后表示惊奇、恐惧、退让或迟疑；头一摆，是在下逐客令；仰头，有傲慢、藐视之意；颈部驱使头部向前伸并朝向感兴趣的方向，既可能是满怀爱意（配有深情的凝视），也可能是满怀恨意（配有瞪眼）等；缩头，意味着回避；突然低头隐藏脸部，可能是谦卑与害羞；头部后仰，含有自信甚至挑衅之意；头部歪斜，可能意味着天真无邪或卖弄妩媚；等等。

聆听者的缓慢点头动作，表示他对谈话内容很感兴趣；但是，快速点头则是在催促对方结束说话，自己想插话了；若点头动作与谈话内容协调，则表示听者的认可和好感；若点头动作与谈话情节不符，则表示听者不专心，或有事隐瞒。

第 7 节　笑与哭的泄密

学习提示

- 了解笑与哭所透露的信息。
- 掌握那些容易被忽略的笑或哭所表示的含义。
- 了解假笑的破绽。

谁都会笑，而笑的秘密却鲜为人知。其实笑并不总等于高兴，它更是一种社交语言，笑是含义最复杂的表情。笑的种类非常多，比如：含笑、带笑、微笑、轻笑、大笑；抿嘴笑、张口笑；爽朗的笑、嘿嘿笑、哈哈笑、呵呵笑；动情的笑、掩饰的笑；欢乐的笑、痛苦的笑；甜蜜的笑，苦闷的笑；冷漠的笑、热情的笑；粗野的笑、高雅的笑；奸笑、正直的笑；赞美的笑、嘲弄及神经质的笑；等等。此处当然不打算对"笑"进行全面研究，而只是揭示某些容易被忽略的、隐藏在"笑"背后的秘密。

（1）露出笑容后，随即收起，或突然收起笑容，随即沉下脸来，那么你就肯定遇到麻烦了。

（2）露出笑容后突然停止，这是向对方表示无言警告。

（3）不置可否的微笑，表示一种婉转地拒绝或进退两难。

（4）对陌生人的微笑，表示无敌意、友善。

（5）哑然失笑，通常用来掩盖内心的失望，是一种自我解嘲。咬嘴唇止笑，是一种克制程度更强的"哑然失笑"。

（6）与地位低的人相比，地位高的人笑得更少，他们喜欢用动作或手势来表达意思。

（7）女性比男性喜欢笑、容易笑，而且喜欢边笑边说。

（8）男性掩饰自己的感情时，大多会露出微笑；女性若常带笑容，则可能是缺乏自信，或实力不足，或有求于人。

（9）男性之间谈话时，微笑能弥补话题的中断或润滑两人之间的关系。女性之间谈话或男女之间谈话时，若女性露出微笑，反而会使谈话中断。

（10）眼角出现鱼尾纹的笑，表示心情很好；眼睛里没笑意的笑，是挤出来的假笑；笑时撇着嘴角，表示郁闷的、不情愿的笑；抿着嘴笑，可能是内向者的笑，或炫耀式的笑；笑不露齿，可能是一种拒绝；摸着下巴的微笑，既可能是炫耀，也可能是损人的阴笑；眼眸斜视的微笑，可能是一种嘲讽；双眼微眯的微笑，可能是正在算计别人。

不同的笑，其含义也各异，比如：

（1）经常捧腹大笑的人，可能心胸开阔，为人正直。

（2）经常悄悄微笑的人，可能性格比较内向、害羞；也可能心思缜密，头脑冷静，善于换位思考，善于隐藏自己的真实想法。

（3）经常小心翼翼偷着笑的人，可能性格内向、腼腆，比较传统保守，愿与朋友患难与共。

（4）喜欢跟着别人笑的人，大多乐观而开朗，情绪化较强，且有同情心。

（5）喜欢捂嘴笑的人，比较害羞，性格大多内向，而且很温柔，不易向他人吐露真实想法。

（6）喜欢开怀大笑，笑声爽朗的人，多是坦率、真诚而又热情的人。此类人，虽看似坚强，但内心是脆弱的。

（7）平时沉默寡言，笑起来却一发不可收拾的人，性情直爽，注重友情。但他们为人不够热情，甚至难以接近。

（8）笑的幅度很大，全身都在晃动的人，性格多为直率而真诚，比较大方。

（9）喜欢笑出眼泪来的人，感情丰富，乐于助人，进取心和求胜欲较强。

（10）笑声尖锐刺耳的人，有冒险精神，且精力充沛，感情细腻而丰富，生活态度积极乐观，为人忠诚可靠。

（11）只微笑但不发声的人，多是内向且感性的人，情绪化较强，其性情比较低沉和抑郁，容易受他人感染。

（12）笑声柔和而平淡的人，性格多为沉着和稳重，通情达理，能够替别人着想。

（13）喜欢"吃吃"笑的人，多是自我要求严格的人，他们想象力丰富，创造性强，有幽默感。

（14）在不同的场合，发出不同笑声的人，他们比较现实，而且反应快，善于处理复杂问题。

在众多的"笑"当中，微笑是最重要、最常见的一种。但是，微笑的背后，仍然隐藏着不少秘密。在人际交往中，微笑不仅能消除人与人之间的心理隔阂和障碍，还能促进相互理解，加深友谊。微笑是良好心境的表现，是善待人生的乐观表现，是自信的表现，是内心真诚友善的自然表露。微笑也是礼貌的标志。微笑能给人一种平易近人的印象。但是，在某些特殊情况下，微笑并不一定等于愉快，而且微笑还有性别差异：男子的微笑包含肯定和赞许；而女子的微笑，则更多的是一种缓和气氛的方式，比如在舞会等社交场所，女子往往用微笑来体现端庄和严肃。长时间的微笑就可能有假，因为那是在暗示心不在焉。当愤怒、哀伤、憎恨到达极点时，反而也会用微笑来隐藏真情。为了掩饰内心的紧张，有时也会勉强挤出微笑。

假笑的破绽有：

（1）假笑的力度可能不正确，其微笑看起来要么太过迅速，要么消失得太过缓慢；

（2）假笑持续的时间不太合理，要么微笑的时间太短（比如突然止笑），要么微笑的时间太长（比如冷笑）；

（3）假笑时，嘴角位置往往不对称，是扭曲的笑，比如只有一边的嘴角上翘；

（4）假笑不会影响到面部的其他部分，比如眼睛或脸颊，不会形成真微笑中出现的合适的角度。

常见的假笑有四种：紧闭嘴唇的笑，其笑容比自然微笑的持续时间要长，并且眼睛一般不会出现鱼尾纹；大张下颌的笑，此时下颌张得过大；强颜欢笑，意味着假笑者较紧张，或只是配合他人而笑，或期望获得别人的配合和同情；扭曲的笑，其中充满了复杂的感情或嘲讽，脸面肌肉不对称的、硬挤出来的笑。

性格不同的人，其"笑"也不同。因此，黑客可以根据笑的特点，反推被攻击者的性格。

性格内向的人，其"笑因"经常不明，甚至会被误认为在假笑，因为他们的脸虽在笑，眼却没笑，身体更无笑姿。他们的笑虽然也是种类繁多，但是很难给人真实、热情、纯粹之感，而是显得冷漠、孤独。性格内向者与朋友聚会时，往往会随着朋友的笑而笑，好像只是为了"合群"而笑，或为了掩饰紧张而笑。性格内向者的笑容持续时间很短，很少喜形于色，更难在人前哈哈大笑。他们的笑，主要表现为嘴角微颤，脸上部分肌肉紧缩，有时还会脸红。

性格外向的人，笑得爽朗、直率，甚至无所顾忌，只要有喜事或值得笑的人或事，便会放声大笑，并希望别人和他一起分享快乐。总之，外向的人常常笑容满面。

与笑类似，哭也是人类表达情感的重要方式。人既会悲恸而笑，也会喜极而泣。有声无泪谓之号，有泪无声谓之泣。此处只考虑"既有泪，又有声"的哭，因此，哭泣的区别，主要体现在哭声和眼泪上。

疼痛、疲倦时哭出的泪，能疏解压力；不堪回首的往事袭上心头时，会流出感伤的泪；生离死别时，会流出悲悯之泪；沮丧至极时，会流出绝望的泪；感恩的泪，表达感激之情；感叹成就时，会流出惊喜之泪；观看悲剧时，也会流出同情之泪。哭泣时，若处困窘中，则双颊绯红；若处愤怒中，则声调提高。

流泪、哭泣的原因很多：

（1）生理需要时会流泪，比如，外界刺激（眼里揉沙或洋葱过敏等）、急性伤害、释放难以承受的痛苦、寻求同情和抚慰（特别是小孩）。

（2）触景生情时会哭，其实大多数的哭泣都与过去的记忆有关。此时的哭，好像是在哭别人，其实是在哭自己。

（3）寻求疏解时会哭，以泪水洗涮过去的痛苦，使人释怀并抛开挥之不去的痛苦记忆。此时的哭，就算未被别人注意，也是想尽力向旁人传达自己所受的伤害。

（4）情感交流时会哭，此时会与他人一起哭，甚至伴有拥抱等，比如，婚礼、丧礼、成人礼等仪式上的哭。

（5）忧伤失落时会哭，即为曾经的损失和伤害而哭泣。

（6）极端沮丧时会哭，这种哭泣不可或缺，它其实是一种特殊的行为方式：借哭泣，汲取力量。

（7）欣喜若狂时会哭，这时的主要感受是喜悦和幸福，其眼泪夹杂着痛、惊喜和爱。

哭的含义也是多种多样，例如：

（1）闭着嘴痛哭，则可能含有惭愧、勉强、不容易、辛苦等意思；若再配有笑意出现，则表明他可能是在有意克制笑容，提醒自己低调、别得意忘形。

（2）哭时若刻意咧嘴，其悲伤可能是假装的。

（3）睁大眼睛哭泣，可能是在耍心眼。

（4）流泪时嘴角下拉，则表示内心很委屈。

（5）眼睑下垂、双目无神，可能意味着极度悲伤，或当前的伤心将要消退。

面对面交流时，词语所能表达的信息只占 7%，话音所表达的信息占 38%，而以微表情为代表的肢体语言所表达的信息竟然最多，高达 55%！可是，微表情稍纵即逝，最短只持续 0.04 秒。另外，人类约有 70 万种肢体语言，其中脸部表情最丰富、最集中，竟达 25 万种之多。因此，无论从反应时间还是从微表情的海量种类来看，仅仅依靠人类自身的本领，确实很难熟练掌握并应用本章和下章所介绍的微表情和肢体语言知识，必须借助 AI 等手段。不过，作为教材，本书还是尽可能完整地介绍了主流的微表情，希望它们有助于社工的攻防研究。

当你正与某人当面交流时，如果发现了他的某种表情破绽，那你就要适当警惕了，至少他可能正在言行不一。如果你发现他的许多表情要素，特别是本章第 1 节中介绍的那些容易被忽略的表情要素都有问题,没准儿他其实是正在对你发动社工攻击,你当然就该多个心眼,不能被他牵着鼻子走。

眼睛确实能说话,而且还会说出非常重要的秘密,无论是目光、瞳孔、眼神、视角或眼动等都隐藏着丰富的含义。有关眼睛泄露的秘密实在太多,一般人很难全都熟悉,更难全都掌握,不过只要是有心人,只要在日常生活中注意观察,你一定会发现若干非常有趣的事情。比如,是否有人在暗恋你,是否有人在对你撒谎,某人是否对某事真的很感兴趣,你的谈话对象心中是否有猫腻等。

看似平淡无奇的眉毛,竟然也包含了许多潜在的感情信息。其实,当眉毛的这些形态被画家画出来后,一般人都能正确解读其中的许多信息。可是,在日常生活中,由于缺乏必要的训练,也由于注意力常被影响,再由于眉毛的形态变化转瞬即逝,所以很容易忽略对方眉毛的无意识变化所传递的重要信息。不过,只要你掌握了本章第 3 节中介绍的眉毛解读技巧,你在日常对话中将很容易发现眉毛的秘密,毕竟直视对方眉毛的压力远小于直视眼睛。另外还需注意的是,眉毛经常会与眼睛一起完成某种表情,这在成语中已有充分表现。

鼻子比眉毛还死板,但鼻子的许多潜意识变化仍能透露若干重要信息。其实,古人早就发现了鼻子在展示表情方面的特殊地位,以至出现了众多含有鼻子的成语和俗语,比如,仰人鼻息、嗤之以鼻、鼻青脸肿、碰一鼻子灰、鼻孔朝天、鼻青眼肿等。不过,需要注意的是,与眉毛类似,鼻子也经常与其他肢体动作和微表情一起发挥作用,比如,掩鼻而跑等。

嘴巴的功能很多,当然也少不了在表情方面扮演重要角色。不过,这里的嘴巴并不是一个十分明确的概念,比如,至少包括口、舌、齿、唇、下巴,以及它们的组合,甚至有时还包括脸等。难怪与嘴巴有关的表情成语竟然有那么多,比如,瞠目结舌、咬牙切齿、怒目切齿、张牙舞爪、咬紧牙关和口干舌燥等。

头部所表达的情感信息一般都非常明显,谁都知道点头表示同意,摇头表示反对等,但是头部运动显然不只是点头或摇头那么简单,若再结合身体的其他部位或面部的其他表情,头部所传递的信息就更丰富了。

笑与哭是每个人从出生之时起就常用的表情包,但是笑和哭的种类之多,可能会出乎许多人的意料。若想成为一个合格的社工黑客,或若想对付有经验的社工黑客,你就必须对笑和哭进行深入研究,特别是要善于发现假笑的破绽。

📖 重要概念

微表情、表情要素、瞳孔、眼神、视角、眼动、低眉、皱眉、斜挑眉、眉毛打结、耸眉、挤眉、眉毛的微表情、鼻子的微表情、嘴巴的微表情、头部的微表情。

知识要点

以微表情为代表的边信息攻击在社工攻击中非常重要。微表情中包含着许多重要的表情信息，比如，快乐、悲伤、恐惧、生气、厌恶、感兴趣、无聊、不赞成、谦卑、忧郁、担心、绝望、反省、思索、愤怒、真轻蔑、高傲、惭愧、羞辱和心虚等表情信息。

复习思考

5-1　微表情所泄露的信息是如何帮助社工黑客分析被攻击者的真实情感的？

5-2　专业演员必须学习微表情知识，否则其演出就会露馅。请结合本章第 1 节介绍的若干表情要素，在你所看的表演类自媒体视频中寻找相关破绽。

5-3　人的眼睛会泄露许多情感秘密，适当了解并掌握这些知识也许有助于你的社交活动，更能帮助你在必要时对付社工黑客。请选择你最感兴趣的几种有关眼睛的微表情特征，然后在日常生活中加以实践和检验。

5-4　请试着描述或想象某些词语中的眼神特色，比如，两眼放光、目中无人、望眼欲穿、冷眼旁观、见钱眼开、极目远眺、怒目而视等。

5-5　请分别用实例描述眉毛形态中所隐含的信息，并试着描述或想象某些成语中的眉毛情况，比如，贼眉鼠眼、挤眉弄眼、眉来眼去、低眉顺眼等。

5-6　请尽可能多地找出含有"鼻"字的成语，然后针对其中描写表情的成语，描述或想象出当时的鼻子形态，比如，仰人鼻息和鼻孔朝天等。

5-7　请试着描述或想象一下在成语龇牙咧嘴、笨嘴拙舌、油嘴滑舌、哑口无言和目瞪口呆中所涉及的嘴巴将是什么样子的？

5-8　请试着描述或想象一下在成语焦头烂额、抱头鼠窜、披头散发、垂头丧气、摇头晃脑、交头接耳、点头哈腰和晕头转向中，头部将会出现何种形态？

5-9　请结合实例尽可能多地描述各种笑和哭的具体场景与相关含义。

6

Chapter

第 6 章

肢体语言泄密

学习目标

- 了解社工攻击中的语言解读与误导技巧
- 掌握各种手势的潜意识隐喻
- 掌握言外之意的相关解读技巧
- 了解多种坐相和站相所隐藏的奥秘
- 了解多种走姿和睡姿的明确含义
- 了解多种间距和躯干形态的隐形含义
- 知悉多种肢体语言的综合性隐喻

案例导入

　　情感计算是人工智能的前沿课题之一，其目的就是设计和制造情感机器人，使它们能够像真人那样既能读懂他人的微表情和肢体语言等显性或隐性情绪，也能像真人那样，在待人接物时表现得更像人类而非冷冰冰的机器。情感机器人的核心并不在于其躯体，甚至可以是没有躯体的虚拟人，但它们必须要像人类那样拥有喜、怒、哀、乐等情感，而且这些情感还必须在与他人交流过程中得以正确表达，该笑时就不能哭，该拥抱时就不能站着不动。

　　情感机器人的制造非常困难，曾被认为是不可实现的天方夜谭。从 1947 年开始研制第一代示教再现型机器人起，人类经过 20 余年的不懈努力，终于在 20 世纪 70 年代研制出了第二代感觉型机器人，使它们拥有某种功能性感觉（如力觉、触觉、滑觉、视觉、听觉等）并能通过感觉来感受和识别工件的形状、大小和颜色等。又过了约 20 年，人类才在 20 世纪 90 年代再上一个台阶，开始研制第三代情感识别与表达型机器人，特别是在情

153

感计算、感性工学、人工情感与人工心理等理论方面取得了重大进展，为情感识别与表达奠定了基础。再过了 20 余年，人类总算在 21 世纪早期掀起了研制第四代情感理解型机器人的高潮。如今，许多高等院校和 AI 企业都推出了自己的情感机器人雏形，虽然它们还有很多不足之处，但已在老人护理和陪人聊天等领域投入使用，而且还在不断改进中。

情感机器人的核心之一就是第 5 章和本章所涉及的微表情和肢体语言的识别与表达，可见，以下内容不仅对社会工程学有用，还将在 AI 领域发挥着不可替代的作用。各位读者在学习时，完全可以放开思路，大胆想象，小心求证。

前面各章已多次强调过，社工黑客的基本功之一就是要与被攻击者进行有效交流，并以此达到既定目的。若要交流，当然就离不开各种语言，既包括自问自答等内部语言，也包括书面语言、口头语言（比如对话和独白）等外部语言。而在所有这些语言类别中，黑客可能对受害者进行语言误导的唯一战场，就只有"对话"。不过，针对所有外部语言，黑客都可能从中找到语言泄密的漏洞。比如，社工黑客可以从对方的口头语言中解读其内心秘密，也可以通过大数据挖掘等技术从对方的书面语言中发现许多秘密，更可以从对方的声音、手势和姿势等若干肢体语言中了解被攻击者的许多真实心态，而这正是本章的重点。

第 1 节　黑客的战场分析

学习提示

- 了解语言的解读与误导在社工攻防中的应用。
- 掌握语言误导的常用手段。
- 掌握语言泄密的机理和普遍性，为随后的具体技巧奠定基础。

社工黑客在攻击"人"这种"热血电脑"时，其最终目的是要使其"输出"出错。而"热血电脑"的主要"输出"其实只有两种，即言和行，或者说"语言"和"行为"。当然，"语言"也可以看成是社工黑客发动下一轮攻击的"输入"，即向受害者发布"受害者自以为正确的错误指令"，使其行为出错。因此，如果要在"言"和"行"中只选其一的话，那么也可以说社工黑客的最终目的，就是要使受害者的"行为"出错。此处只讨论"语言"的部分。

"语言"，包括语言表达和语言理解两部分。语言表达，指人通过发音器官或（和）肢体动作等，把语言说出或表达出来；语言理解，指人通过眼睛或（和）耳朵等，感知和理解别人的言语。更进一步，黑客使受害者的"语言"出错的情况，其实可以再细分为两类：

（1）语言误导，即想说的却没有说出来，或者说出来了的却被理解错了，或者本来要说 A 的却说成了 B 等；

（2）语言泄密，即不想说的却被说出来了，或者没有说的却被理解出来了。

1．语言误导

语言误导是复杂的系统工程，此处只对几个关键之处，点到为止。

语言，可分为内部语言和外部语言两种。外部语言，又包括口头语言（对话、独白）和书面语言；内部语言，是一种自问自答或不出声的语言，它是在外部语言的基础上产生的。比如，人在准备外部言语（如打腹稿）时，内部语言就起着重要作用。由于黑客攻击的"非身体接触性"和短暂性，使得他很难对内部语言、书面语言、独白语言等进行误导；因为此时黑客和受害者之间没有相互交流，黑客连实施"误导"的机会都不存在。换句话说，在语言误导方面，黑客唯一的可乘之机，就是"对话语言"。

黑客若想有效误导"对话语言"，可能会利用"对话语言"的以下特点：

（1）语境性，即同样的话，语境不同，其含义也不同。因此，可在双方交谈过程中，在"前后呼应"时，发动攻击。

（2）简略性，简略就会引发歧义，使黑客有机会诱导听者接受歧义解释。

（3）直接性，对话语言是双方的直接交际，黑客可以随机应变，及时调整攻击战术和招数。

（4）反应性，对话语言是由某种具体情境直接引起的，一般都缺乏预计性；从而黑客可以"设套"，挖掘对方的秘密等。

"语言误导"的另一种策略，就是使受害者的语言感知出错，从而导致其理解出错，也就达到了误导的目的。这是由语音感知特性决定的：

（1）语音类似性，即利用语音相同或相似，但语义相异的语言，比如，"童鞋"和"同学"的替代等；

（2）语音强度。当语音强度为 5 分贝时，人便能觉察语音的存在，但不能分辨。当强度增加时，词的清晰度也增加。也就是说，当强度为 20～30 分贝时，清晰度为 50%（有一半的词能被听清）；当强度为 40 分贝时，清晰度达 70%；当强度为 70 分贝时，清晰度达 100%；强度超过 130 分贝时，则会引起不适，甚至出现耳朵的压痛感。

（3）噪声掩蔽，噪声对语音的掩蔽依赖于信噪比。当语音比掩蔽噪声的强度大 100 倍时，噪声对语音的可懂度没有影响；当语音与噪声强度相等时，可懂度为 50%。当然，在日常生活中，由于语境的辅助作用，有时即使语音低于噪声强度，也仍可听懂语音。

（4）上下文的连贯性，语音的感知常受到上下文或语境的影响，即使是部分语音被破坏，人也能通过联想自动纠错，恢复正确语音。

2．语言泄密

除"内部语言"外，所有"外部语言"，无论它是口头语言（对话语言、独白语言）

或书面语言等，都存在"语言泄密"问题。比如，利用大数据挖掘技术，从书面语言或独白语言中发现隐私信息；利用窃听手段，获取对话秘密；等等。但是，所有这些"语言泄密"的研究，都不属于心理学范畴，而是技术黑客的基本业务，因此本书不予考虑。

心理学研究的"语言泄密"问题，只存在于"口头语言"中，更具体地说，主要判断当事者是否"口是心非"；如果是，那么他的"心"到底是什么。

由于"口头语言"主要由"声音"和"动作"两部分组成，如果"声音"和"动作"不矛盾，那么就是"心口一致"；否则就是"口是心非"。与上一章的"表情"类似，"动作"也可分为有意识的"宏动作"和无意识的"微动作"。在绝大部分情况下，"声音"和"宏动作"都是一致的（比如，高兴时哈哈大笑，悲伤时泪流满面等），黑客真正关心的是，在"声音"和"宏动作"一致的情况下，"声音"与"微动作"是否也一致；如果不一致，那么真正的秘密其实就隐藏在（无意识的）"微动作"之中。黑客还会关心，如何根据口头语言的其他特点，来解读说话者的真实内心情况。

在本书第 5 章中研究的"微表情"当然属于"微动作"，不过，本章将研究除"微表情"外的，另一类"容易被普通人忽略的微动作"，心理学上称之为"肢体语言"，即通过头、眼、颈、手、肘、臂、身、胯、足等人体部位的协调活动，来传达的真实思想。当然，与上章类似，本章的所有结论也仍然是统计性的，不会是数学定理那样确定无疑，肯定都有例外的个案。

第2节 手势的泄密

学习提示

● 掌握说话和日常生活中各种手势的潜意识隐喻。

在肢体中，手最为重要。因此，手的语言，即手势，泄密最多，也最受黑客关注。

人在演讲时，手势最多，所以首先来解读一下演讲者的主要手势，看看到底可能泄露哪些秘密：若他的拇指与食指接触（就像 OK 那样），那他其实就是在强调他的观点；若其拇指与食指几乎接触（但没接触），那他其实是对其观点不太确定，并希望征询别人的意见或进行讨论；若其拇指与其他手指接触，那他其实想表达某种精确的观点；若他紧握拳头甚至砸出拳头，那就象征着某种信念和决心；若其拇指和其他手指向内弯曲，好像散漫握着东西，那么这表明他的演讲不是很有力或信念不很坚定，但是他希望听者严肃对待他的讲话；若其拇指和其他手指向内弯曲，好像握住了一件无形的东西，却还没握稳，那么这意味着他正努力建立自己的权威性；若他正攻击别人，那他往往会向目标有节奏地做出戳指动作，就像刺中了那人身体一样；若他竖起食指，上下来回敲打，好像正用棍棒敲打对手，或高举手臂打击敌手，直至对方屈服，那他其实是在展示某种盛气凌人；若他紧紧地攥着一只或两只拳头，对空猛击，那他其实是在强调其进取精神或进攻性观点；若他做出劈砍动作，那他是想强调其决心；若他交叉前臂，用两只手向外砍出，他其实是在说服或驳斥对方的反对意见；若他举起一只手（或双手），用掌心向外推挡，他其实是在拒绝或反驳某个观点；若他同时伸出两只手，就像在比画捉到的鱼有多大一样，随后又用双手上下来回敲打，那他其实希望自己的想法能被听众接受；若他伸出一只手，所有手指都分开，那他其实希望与每位听众产生联系；若他面对听众，双手展开，掌心向上，那他其实是在请求听众给予自己支持和赞同；若他伸出双手，掌心向下，并上下来回拍动，那他意在平息一种紧张而激烈的气氛，或者让喧闹者安静下来，以便继续演讲；若他伸出双手，掌心对着身体，好像要包围某人一样，那他是想让听众更近、更深入地了解其思维方式，或理解所讨论的主题或假设；若他抚摸脸颊，则表示他正在思考问题；等等。

在日常生活中，也有许多有意或无意的手势，只是人们忽略了它们的丰富内涵而已，下面分别列举并介绍。

以手心示人，就表示某种善意或妥协。比如，礼仪小姐引路时，就会用手心向上来指路；向某人介绍另一人时，也会用手心向上指着被介绍者，以示尊敬；老公被责骂时，也常会向老婆双手一摊，既示清白，又带有认错，并希望不再被声讨（但是，通常撒谎的老公不会有此动作，而是下意识地隐藏手心）；举起一只手并以手心示人，则是希望被他人注意；等等。

手心向下，表达了某种权威，上级对下级就经常这样做。因此，通过观察夫妻牵手散步，便能发现谁才是真正的一家之主。比如，若老公在前面，并将手自然压在老婆手上，而老婆的手心自然向前迎合丈夫，那么这个老公肯定不是"妻管严"。

摩拳擦掌，表示了跃跃欲试，即某项活动前的兴奋、期待之情，而且搓手速度的快慢，还显示了所期待的强烈程度。比如，站着（坐着）急速搓手，则说明非常期待，且内心很焦急；反之，若只是慢慢搓手，则可能正犹豫不决，或遇到了困难和阻力，此时的情绪在摇摆不定中。若只揉搓拇指和食指指尖，则所焦急的事情可能与金钱有关。

紧握双手，则可能是受到了挫败，隐含着拘谨、焦虑的心理，或持消极、否定的态度。按其紧握双手的位置高低，此动作又可细分：

（1）脸部前握紧的双手；

（2）坐下时，将手肘支撑在桌子或膝盖上，然后握紧；

（3）站立时，双手在小腹前握紧，而且双手的位置越高，就表明内心越焦虑，挫折感就越强，此时就越难与他沟通。

十指交叉的双手，也含义丰富。既可能是自信，也可能是紧张。比如，坐于桌前，十指交叉置于下巴前方，两肘抵放在桌面上，头微微扬起，双目平视，胸部稍微前挺，双肩自然下垂好像是脖子在上升；这就是典型的自信姿势，能给人一种威严感。很多人闲聊时，也会在不知不觉中，将十指交叉在一起，双手或平放在胸前，或放在桌面，或放于膝盖，面带微笑看着对方，这些预示着他充满自信而胸有成竹。某发言者，若十指不由自主地紧紧交叉在一起，甚至由于太过用力，十指已变得苍白，这就表明他非常紧张，并在极力掩饰其窘迫或失败。十指交叉手势中，双手位置的高低，也有秘密：若双手置于胸前或腹部，则此时的情绪较为积极、高亢，充满自信；若双手置于腹部以下，则此时的情绪较为低落、消沉，坦诚无欺。女性更青睐于十指交叉的手势，但也有不少奥妙：若她用双肘支撑着交叉的双手，或把下巴放在交叉的双手上面，则此时她非常自信；站立时，若她将十指交叉的双手置于胸前，则表明她有很强的戒备心；若将头置于十指交叉的手上，则她可能在后悔或反思某项决策，或在思考某一问题。

托盘式手势，表达倾慕之情和恭顺之意，当然更意味着对谈话内容很感兴趣。此时，双肘支撑在桌上，两只手搭在一起，把下巴放在双手上。女性面对心仪对象时，或希望吸引心仪男性注意时，就常做出该姿态，好像要把自己当成精美的工艺品，呈现给对方欣赏一样。

双手托腮，支撑着脑袋，就意味着厌烦。比如，若听众把双肘支撑在桌上，把头撑在手掌上（注意，不是用交叠的手背托盘式地支撑着头，而是用手掌托着下巴），那么他们就已经听烦了，甚至想要睡了。此手势与托盘式姿势的区别主要有手心的朝向不同，托盘向上；所用的力度也不同，托盘式是用手背托着头，不会用很大的力度，以免脸部因挤压而变形；而双手托腮的力度就较大，整个头部的重量都全压在手掌上。

尖塔式手势，意味着高度自信。此手势的双手各个指尖，一对一地结合起来，但两个手掌并不接触，看上去就像尖塔一样，故称为塔尖式手势。它是一种非常自信的手势，充满了优越感。在上下级互动时，领导会在无形中做出这种手势，以表示自信和无所不能；领导讲话时，常常双臂支撑在讲台上，双手不由自主地形成塔尖式手势。根据塔尖的朝向，塔尖式手势又分为塔尖向上和塔尖向下两种姿势：演讲或发号施令的自信者，其塔尖朝上；听者或受命的自信者，其塔尖会朝下。女性更喜欢用朝下的塔尖，来表达自信。若某人的塔尖朝上，同时还昂起头，那他可能是一个自以为是的自大狂。

抚摩下巴的含义，也很有意思。稍加注意，就不难发现这样的有趣现象：在演讲过程中，很多听众会把手放在脸颊上，摆出一副估量的姿势；当要求听众发表意见时，大家便会迅速结束估量姿势，将手移到下巴处，并轻轻抚摩。这其实想表明，他们在对刚才的演讲进行思考、分析和判断了。更有趣的是：若某听众抚摩下巴后，将手臂和腿交叉起来，并将身体后仰在椅子上，这表明他可能持反对意见；若某听众抚摩下巴后，身体后靠，同时手臂张开，这表明他可能持赞同意见。任何人在陷入深深的思考中时，都可能抚摩下巴。实际上，"抚摩下巴"具有自我亲密的意义，即当失去自信，感到不安、恐惧、焦虑、孤独或进退两难时，会借助触摸身体来掩饰上述心态，以实现自我安慰。任何人在被恭维时，也可能不由自主地抚摩下巴，这就表明他正陶醉呢。

抓头和拍头也很常见，其含义仍然非常丰富。拍头，多表示懊悔和自我谴责。比如，经过苦思冥想，突然回忆起某事后，多半会猛拍脑袋，叫一声"哦，想起来了!"突然来灵感时，也会拍脑袋；只差一点没赶上班车时，也会拍两下脑袋，以示自我谴责、后悔等。不过，虽然同样是拍脑袋，但部位有所不同：拍打后脑勺的人，多半处于思考状态；而拍打前额的人，则表示总算有了结果，无论好事或坏事。处于争斗中的人，若他抓拍脑袋，也可能意味着，在恼怒中急欲反击；若为女士，则她是想以此动作，或再混合着假装梳理头发的动作，来吓唬对方以掩饰自己的恼羞成怒。此外，经常摩擦颈背的人，其性格可能倔强，甚至有点固执；经常摩擦前额的人，其性格可能较为和蔼、开朗。

摸耳朵，可能意味着反感、焦虑。比如，在研讨会上，当某人不喜欢发言者，或对其内容反感想要打断对方时，通常会本能地举手，但往往又在手伸到一半时立刻缩回来，而为了掩饰自己的行为，就会改为一种扯耳朵或摸耳垂的微妙动作。在内心焦虑或紧张时，有些人也会扯耳朵或摸耳垂，甚至会伴随鼻尖冒汗。

自我抚摩，可能是想寻求安慰。当处于紧张、情绪低落、遭遇挫折时，就可能不自觉地借助各种不同的自我抚摩，来安慰自己，给自己打气。对这种动作的需求，女性多于男性，儿童多于成人。常见的自我抚摩，包括头部抚摩（摸额头、挠头皮、抚头发、轻捏脸颊、托脸）、颈部抚摩（抚摩颈部的前方或后方。女性尤其喜欢抚摩前方，常常不由自主地用手掌盖住脖子前方靠近前胸的部位）、手部的抚摩（摩挲手背、吸吮手指、咬指甲）、脸部的抚摩（抹脸、双手捧脸）、间接自我抚摩（撕纸、捏皱纸张、把玩东西等）。挫折感或不安感越强，间接自我抚摩出现的概率就越大，因为这是想借机发泄，同时稳定情绪。此外，双手环抱也是一种自我抚摩。

大拇指，主要表示自我，包括称赞、展示优越感、控制权、侵略性等。说话时喜欢竖大拇指的人，可能较自信，喜欢以自我为中心；也许由于有较高的地位，因而有较强的支配能力，所以喜欢争强好胜。与人交谈时，若用拇指尖指向自己，那就是在暗示自己的优势地位。把拇指从衣裤口袋里露出来，有时附带踮起脚，实际上这是想掩饰自己的霸道态度。

双臂交叉（包括双臂抱于胸前），可能意味着否定或防御。在公共场合，面对面站立交流的陌生人之间，在感到不确定或不安全时，常常无意识地摆出该姿势；但当相互熟悉成为朋友后，便会自然打开双臂，也就代表着打开了心胸。双臂交叉的姿势，还有一个弱化版和一个强化版。弱化版，表现为部分交叉双臂，即把一只手臂从身体面前横过去，握住或摸着另一只手臂，或触摸另一只手臂上的袖口、提包、手表、手链，或去摸上衣口袋等。在众目睽睽之下，或上台领奖等场所，也会出现其他更弱化版本的双臂交叉姿势，比如，调整一下手表、两只手（而不是一只手）握住酒杯等。总之，无论怎么有意或无意的弱化，都会在胸前形成一道较为隐蔽的自保屏障。强化版的双臂交叉就更明显了。此时，在双臂交叉的同时，会出现诸如紧握拳头、两手交叉紧抓胳膊，甚至伴有面红耳赤、咬牙切齿、嘴角发抖等现象；这就很清楚地暴露了紧张或压抑的情绪。通过双臂交叉的姿势，还可大致了解动作者的个性，比如，当某人思考时，习惯于将交叉的双臂置于胸前，那他可能是较为敏感、警惕性高的人，他很难对朋友敞开心扉。

双手紧握，可能意味着正陷于焦虑、紧张、失望、悲观的情绪中。比如，如果某人将双臂环抱于胸前，而且还双拳紧握，那么他可能怀有强烈的敌意，并正在极力克制自己的情绪。紧握的双手所摆放的位置，也大有讲究：

（1）双手握拳放在桌上，此姿势多见于谈判场合，那么其负面信息较为明显；

（2）紧握的双手放在面前，此姿势多见于和朋友、上级交谈时，那么负面情绪就弱一些；

（3）紧握的双手放在腹部前方（站立时）或大腿上（坐着时），此姿势多见于和老师、家人交谈时，那么负面情绪又更弱一些。因此，紧握双拳时，其手举的高度与负面情绪的强度成正比；即当心情越糟糕、越沮丧、越失望时，其手举的位置就越高（但不会高过下巴），反之则越低。

双手叉腰，意味着不可侵犯。泼妇骂街时，就常见这个动作。不过，这种动作还有更隐藏的形式，比如，大拇指叉在胯部的口袋里，而把其余的指头伸在外面，手臂在身体两侧弯曲着。这是一种男性更常用的姿势，当他觉得自己的利益受到威胁时，就会不自觉地摆出这种警告姿势，以震慑对方。

肘部支撑，可能暗含着自信、展示权威、积蓄力量或思考。比如，领导在听取下级汇报时，就常把双肘撑在椅子扶手上，双手的手指交叉，两手食指和拇指互相顶住，掌心虚空，还不时将互相顶住的食指上下摆动，他其实就是在无意识地展示自己的权威。男性思考时的典型单肘支撑动作，就是罗丹那尊著名雕像《思想者》。女性思考时的单肘支撑动作则是：一只手肘撑在桌上，其手掌微握；伸出食指和拇指形成"八"字，撑住侧脸，通常食指顶住太阳穴。肘部支撑动作的版本很多，但都隐含着蓄积力量的意思。单手托肘也是女性喜欢的动作。这时，她一边谈话，一边用一只手在胸前托住另一只手肘，如果她那只托手有较大的动作，那就表示她迫切希望说服对方。

双手后背，可能是在树立权威。领导视察时，常常昂头挺胸，双手背在身后，一只手握住另一只手；这实际上是一种充满优越感和自信的姿势。无意中摆出此种姿势的人，还会下意识地表现出一种大无畏气概，并把某些脆弱部位（如喉部、心脏、肚子、胯下等）故意暴露出来。该姿势确实可以让人感到放松、自信，甚至具有某种威严性。不过，有时"双手背在身后"的姿势也可能代表挫败感，此时的区别在于：一是他不会挺胸，而是收缩前胸。二是他的一只手抓住的是"另一只手的肘部下方"而不是"另一只手"，而且那只抓手若越靠近肘部，就表示其挫败感或愤怒感越强。

双手放在臀部两侧，几乎在说"我已经难备好了"。运动员在比赛开始前，常做出此动作，以此显示自己信心十足，已做好了胜利的准备。当某人摆出此姿势的同时，还稍微向上提起手臂，这是"已准备好了"的更有信心的暗示。即使只把一只手放在臀部，也有

"准备好了"的含义；尤其是当他的另一只手指向想打击的目标时，更是如此。经常摆出这种姿势的人，可能是目标性很强的人。男性常常使用此种姿势，来向女性表现其自信的男子汉气概。女性也常把一只手放在臀部，而另一只手却做出其他动作，以此来吸引男性的注意；恋爱中的女性，更喜欢用该姿势来突出自己的女性魅力。

自我拥抱，可能是想寻求安慰。当女性沮丧、害怕时，就常常交叉双臂把自己抱住。此动作还有一些更隐晦的方式。比如，单臂交叉抱于胸前，即只用一只手臂，在身体前部弯曲后抓住另一只手臂，看起来就像是在拥抱自己一样。在电梯口或候车处等地方，常常会看见女性的这种无意识动作。

握手是司空见惯的一种社交动作，但是仔细分析也意味深长。

（1）握手力度适中，动作规范，双眼注视对方。此种人，可能个性坚毅坦率、思维清晰缜密，责任心强，值得信赖。

（2）抓住对方的手掌，并用力挤握。这种人，可能争强好胜，组织领导能力强，精力充沛，自信心强，和蔼可亲。

（3）用双手握住对方的手。这种人，可能热忱、温厚、善良，对朋友推心置腹。当然，也可能是正要有求于你的人，此时他是在做假动作。

（4）用力握住对方的手，久久不放。这种人，可能感情较为丰富，喜欢结交朋友，而且对朋友忠诚。

（5）用指尖握对方的指尖。这种人，可能性情平和而敏感，有时情绪容易激动，不易接近，缺乏自信。

（6）抓住对方的手，不断上下抖动。这种人，可能性格乐观，豪爽大方。

（7）似握不握，犹豫不决。这种人，可能属于多疑性格，常出尔反尔，有始无终，缺乏恒心和耐性。

（8）经常向对方伸出僵直的胳膊。这种人，可能比较难缠，自卫意识较强。

（9）握手总是掌心向下的人，可能有强烈的支配欲；总是掌心向上的人，可能比较谦虚和顺从。

（10）经常坚硬有劲地握手，这种人可能乐于进取，不知疲倦，坚忍不拔；经常柔软无力地握手，这种人可能敏感而任性，善于交际，喜欢发牢骚。

（11）此外，用力地握手，暗示热情与友善；轻浮地搭握，则代表敷衍与拒绝；长久地握住不放，一定有某种企图；匆匆握一下就松手，是在应付；温暖的手，可能是个乐天派；冰冷的手，可能是虚荣心很强，只是摆摆架子而已。

许多触碰动作也是大有文章。比如，朋友若用手肘碰你，其实就是想与你拉近距离，做更好的朋友。老板轻轻触碰员工的肩部或背部，则意味着鼓励。

从手势中还可读出其他有趣的信息。比如，若某人总是双手藏在衣袋或裤袋中，那么他可能不太注意别人的讲话，也可能正在思考问题。又如，伸手时喜欢将五指并拢的人，可能做事小心谨慎，井井有条，并具有较强的自信心。

手的许多小动作，也暗藏玄机。比如，用手搔头，很可能表示尴尬、为难、不好意思；用手托住额头，很可能表示害羞、困惑、为难；双手插在口袋里，很可能表明内心紧张，对将要发生的事没把握；说话时喜欢玩弄身边的小东西，可能表示其内心紧张不安；交谈中用手指做小幅度的动作，可能表示其对你的提议不感兴趣、不耐烦或持反对态度。焦虑不安时，可能用手玩纸条、烟蒂或手绢等，也可能不停地在桌子或沙发上轻弹手指。犹豫不决或不知所措时，可能会搔脖子或后脑勺。

由于肩部与手相连，为了紧凑计，我们将肩部的肢体语言也放在此节。肩部的动作虽然不多，但是能够表达不少信息，包括威严、胆怯、依赖、攻击、惊恐、失落等。

肩膀耸起，可能正处于惊恐中。说话耸肩，可能意味着没说实话、不坦率，或觉得无所谓；快速耸动双肩，可能正在撒谎；单肩耸动，可能是对自己所说的话不自信，或说了违心话；低头耸肩，可能是想道歉；使劲张开双臂，肩膀牵连动作时，代表着有强烈的责任感；当担负重大责任，感到巨大压力时，会无意识地把双肩向前挺出。

肩膀舒展，可能意味着决心、责任心和力量。肩膀耷拉，可能是内心消极，心情沉重，感到压抑，无精打采。肩膀收缩，可能意味着愤怒、敌意。另外，通过肩膀是否收缩，也可判断正在谈话的两人中谁是领导。

通过观察两人肩部的距离，便可断定他们之间的关系：如果他们两肩相依，或手与肩互相接触的话，可以确认这两人的关系十分密切。

第3节　说话的泄密

学习提示

- 掌握言外之意的相关解读技巧。
- 了解说话者心中的隐私信息。

此处"说话的泄密"，当然不是指主动说出了什么秘密，而是要研究"言外之意"，了解说话者的真实意图。由于"口头语言"是由"说话内容"和"说话声音"两部分组成的，因此，本节就是希望通过分析"说话声音"的语速、声调、韵律、音量、语气，以及说话方式、内容、动作、习惯等，来判断说话者的心理状态，发现某些隐藏的秘密。

1．说话人的声音解读

1）语速

正常人说话时，环境不同，其语速也不同，时快时慢，时缓时急。每个人都有自己特定的语速习惯：慢性子的人，说话语速较慢；急性子的人，说话像放鞭炮；当然，大多数人都属于中等语速。一般而言，语速慢的人，较憨厚、内向；说话快的人，较精明、外向。但是，当某个平常说话像"放鞭炮"的人，突然变得慢吞吞地、反应迟钝，那么他心中一定"有鬼"，或想隐瞒什么，或心虚、紧张。反过来，当某个说话慢悠悠的人，面对别人的指责，突然快速大声反驳，那很可能他是问心无愧的；若他支支吾吾，那就很可能有问题，自觉心虚，理屈词穷。还有，若某人的语速突然放慢，那他一定是想强调什么，或想吸引别人的注意。

2）声调

每个人都有自己的声调，有的轻缓柔和，有的沉重威严。具体来说，主要有以下 7 种情况。

（1）声音高亢尖锐。此类人，一般较神经质，对环境敏感，富于创意，想象力强，不服输，喜欢滔滔不绝地陈述己见。此类人若为女性，则她的情绪经常不稳定，爱钻牛角尖，容易小题大做，爱憎分明，并且说话经常前后矛盾。此类人若为男性，则他可能个性狂热，既容易兴奋，也容易疲倦，是心里憋不住话的"直肠子"。

（2）声音温和沉稳。此类人，慢条斯理，特别是在上午，更容易显得有气无力；他们富于同情心，为人忠实可靠。此类人若为女性，则多属内向型性格，喜欢控制自己的感情，但又渴望表达自己的观念。此类人若为男性，则表面上老实，其实很固执，不容易妥协，不喜欢讨好别人，也很有主见。

（3）声音沙哑。此类人的领导欲较强，不怕失败，做事喜欢全力以赴。此类人若为女性，则可能个性很强，待人亲切有礼；但不轻易暴露其真实想法，让人难以捉摸；虽不善于与同性相处，却容易获得异性欢迎；喜爱高品位服装；也常常具有音乐、绘画才能。此类人若为男性，则往往耐力十足，执行力很强；但是容易自以为是，有时对重要的事也掉以轻心。

（4）声音粗而沉。此类人可能乐善好施，有领袖欲，喜欢社交，中年后容易发胖。此类人若为女性，则在同性中人缘较好，容易相处，容易受到信赖。此类人若为男性，则可能重视事业，正义感较强，善于社交，容易凭感情用事，事后又懊悔不已。

（5）声音娇滴滴、黏糊糊。女性发此声者，通常是渴望受到大家的喜爱，她可能心浮气躁。男性发此声者，可能是一位娇生惯养的人；独处时，他可能感到特别寂寞；碰到问题时，会感到迷惘，不知所措；在女性面前，会特别紧张；做事优柔寡断。

（6）音调明朗，节奏适当，抑扬顿挫的人，性格内向，有艺术才能，爱幻想，爱浪漫。

（7）音调平直，词语含糊不清的人，大多比较平庸，才气平平，难有作为。

3）韵律

充满自信的人，语气坚定；缺乏自信的人或性格软弱的人，讲话犹豫不决。讲到一半话时，突然强调"不要告诉别人……"，很可能是在说别人的坏话，内心却又希望传遍天下。

4）音量

大嗓门的人，通常支配欲强，性格外向，喜欢以自我为中心，重视人际关系，擅长社交，为人正直；尤其当遇到知音时，他的声音会更洪亮，且声调也更充满自信。说话轻声细语的人，可能性格内向，常常压抑自己的感情，不容易和盘托出其内心想法；这种人就算是滔滔不绝，其发言的影响力也很有限。

5）语气

语气温和而沉稳的人，处事稳重，按部就班，认真负责，具有长者风度，有责任心和耐心，喜好深入研究，原则性强，待人随和有礼，重情重义，富有爱心。语气刚毅而坚强的人，原则性强，有正义感，胸怀坦荡，善恶分明，对自己要求严格，常会以身作则，有领导才能，个性耿直，感情内敛，不善变通。语气凝重而深沉的人，性格耿直爽朗，成熟稳重，较理智，知识渊博，有责任心和耐心，不善随机应变。语气圆通而和缓的人，性格外向，性情开朗，心地善良，待人热情、真诚，有同情心和包容心，善于换位思考。语气浮躁而急切的人，急性子，做事果断，脾气暴躁，缺乏周密思考和耐性。语气平稳的人，性格正直，待人诚恳，人缘较好。语气低沉、缓慢，语调断断续续的人，大多疑心较重，不轻信别人，凡事都亲力亲为。语气、音调、音色等均变化频繁的人，性格外向，做事轻率，比较随性，责任心不够，比较自我。语气很冲，语调铿锵有力的人，是急性子，比较任性，做事武断，态度蛮横霸道。

2. 说话方式解读

每个人都有自己的特定说话方式，有的人谈吐幽默，妙语连珠；有的人颠三倒四，废话连篇。说话方式虽然与发言者的知识文化背景和生活环境密切相关，但是，仍然有一些潜藏着的规律。

1）语态

说话的态度（语态），也与性格密切相关。爱讲恭维话的人，一般圆滑世故，善于随机应变，性格弹性较大，与各种人都能搞好关系。讲话礼貌得体的人，学识和文化修养都较高，能尊重和体谅别人，心胸开阔，有包容力。说话简洁的人，性格多豪爽，开朗大方，干练果断，说话算数，拿得起放得下，有魅力，有胆量，有开拓精神。爱讲废话的人，可能比较软弱，责任心不强，胆子小，心胸窄，爱唠叨，爱抱怨，爱忌妒，喜欢在小事上纠缠不清，缺乏开拓进取精神；遇事不主动，经常推脱逃避。爱讲方言的人，感情丰富且特别重感情，适应能力可能不强，但自信心较强，有魄力，有胆量。爱发牢骚的人，大多好逸恶劳，贪图享乐，不思进取，自私自利，心胸狭窄，总希望坐享其成，喜欢以自我为中心，喜欢逃避困难和挫折；对别人要求严，对自己要求宽。妙语连珠者，大多反应迅速，头脑聪明，观察力强，善于化解危机。

2）幽默

千万别小看了幽默，背后的学问可大啦！比如，善用幽默打破僵局的人，随机应变能力强，反应快，喜欢自我表现。常用幽默来挖苦别人的人，心胸较窄，生活态度消极，经常不开心，喜欢算计别人，常常自我否定，比较自卑，嫉妒心较强，甚至会落井下石。善于幽默自嘲的人，心胸宽阔，能接受批评和建议，有自我反省的勇气，敢于承认并改正错误，人际关系一般较好。喜欢制造幽默式恶作剧的人，热情大方、活泼开朗，活得潇洒，善于释放自身压力，比较顽皮；既娱乐自己，也娱乐别人。

3）口头禅

口头禅绝不仅仅是口头禅，它带有很深的性格印记。比如，经常重复"果然"的人，多自以为是，强调个人主张，很少替他人着想。经常说"其实"的人，表现欲强，性格较任性和倔强，还会有点自负。经常使用流行语的人，喜欢随大溜，喜欢夸张，独立意识不强，主见不足。经常使用外来语（包括外语）的人，虚荣心强，爱卖弄和夸耀。经常理直气壮地使用方言的人，自信心很强，富于独特的个性。经常使用"这个……""那个……""啊……"等的人，言行都谨慎小心，害怕招惹是非，他们多为"好好先生"。经常使用"最后怎么怎么样"等词汇的人，大多属于其潜在欲望未被满足的人。经常使用"确实如此"的人，多为浅薄无知，且还自以为是。经常使用"我……"等词汇的人，或是软弱无能，总想求助于别人；或是虚荣浮夸，总想表现自己，引起他人的注意。经常使用"真的"等强调词汇的人，大多缺乏自信，害怕别人不信自己的话。经常使用"你应该……""你必须……"等命令式词语的人，多专制、固执、骄横，有强烈的领导欲望。经常使用"我个人的想法是…""是不是……""能不能……"之类词汇的人，一般较为和蔼亲切，待人接物客观理智，行事深思熟虑，不独断专行，尊重他人。经常使用"我要……""我想……""我不知道……"的人，大多思想单纯，爱意气用事，情绪不稳定，让人难以揣摩。经常使用"绝对"的人，做事草率，容易主观臆断；要么缺乏自知之明，要么自知之明太强。经常使用"我早就知道了"的人，有强烈的自我表现欲望，不喜欢听取别人的意见，心中只有自我。经常说"说真的……""老实说……""的确如此……"的人，性格稍显急躁，缺乏自信，内心常有不平，情绪不稳定。经常说"另外……""还有……"的人，思维敏捷，头脑灵活，富于创新，好奇心强，爱好广泛；做事只凭一时的热情，往往不能坚持到底。经常说"啊……""呀……""嗯……"等"官腔"的人，比较自信，表现欲强，决断力强，有组织和领导能力，当然也许是思维和反应较缓慢，需要用停顿来做休整。经常说"听说……""据说……"的人，处事圆滑，为人低调。经常说"但是……""不过……"的人，可能较任性，很执着，也很自我，很有主见，为人温和有礼。经常说"可能……""也许……""大概……""差不多……"的人，大多比较圆滑，与世无争，遇事沉着，待人温和。经常说"反正……""大不了……"的人，大多较悲观，自信心不足，负面情绪较重。经常说"想当年……"的人，不满现状，对未来缺乏信心。经常说"不靠谱"的人，性格多疑、苛刻，既注重细节，又要求结果，属完美主义者。经常说"凭什么呀"的人，内心郁闷，性格正直，追求公平，反对特权。经常说"我晕"的人，性格活泼、坦诚，容易意气用事。另外，口头禅太多的人，大多办事不干练，意志不坚强。

3. 说话内容解读

此处的"说话内容"当然不是直接内容，而是间接内容。比如话题和风格等。

话题。话题太偏重自己（包括自己的家庭或职业等）的人，可能喜欢以自我为中心。喜欢打听别人私密的人，其实是想挖掘别人的缺点。特别关心他人传闻的人，很难获得真正的友谊，故内心很孤独。热衷于在美女面前讨论车子等财产的小伙子，其实是想谈性。喜爱谈论"恋情"或"爱情"的中年妇女，其实内心隐藏着对性的欲望。埋怨待遇低的人，其实是对当前工作不满意，不热爱。经常谴责领导无能，或批评领导过错的人，其实是想出人头地。以开玩笑的方式骂人，或指桑骂槐的人，其实是想释放积压已久的不满情绪。喜欢在下属或年轻人面前自吹自擂的人，其实是不能适应职位，或跟不上潮流的人。经常故意岔开话题的人，怀有强烈的支配欲与自我显示欲。总是不喜欢他人插话的人，是不愿屈居他人之下的人。不断离谱地转换话题，说明思维不够集中，或逻辑性差。不愿抛出自己的话题，反而努力讨论对方话题的人，有宽容心，能为他人着想，行事有大家风范。极端回避谈性的女性，很可能对性怀有浓烈的好奇心。喜欢谈论生活琐事的人，通常很会享受生活，性格开朗温和，待人宽容，与世无争，平易近人，重视家庭。喜欢发布小道消息的人，性格张扬、外向，而且爱慕虚荣，不够稳重。喜欢谈论金钱的人，性格内向，主动性不强，安于现状，生活缺乏激情，内心深处缺乏安全感。喜欢谈论自然景象的人，性格沉稳，处事谨慎，讲原则，注重身体健康，生活有规律，重视调节自己的心态。喜欢谈论学问的人，有进取心，也有奋斗目标，眼高手低，不喜欢听取别人的意见，比较自我。

风格。说话风格也有奥妙，比如，夸夸其谈的人，粗枝大叶，不重细节，他们善于从宏观上把握事物，大局观强，奇思妙想多，喜欢创新；但是系统性和条理性较差，不太谦虚，学识广博但不深厚。义正言直的人，刚正不阿，不屈不挠，公正无私，原则性强，是非分明，立场坚定；但是处理问题不善变通，非常固执，不苟言笑。抓住弱点猛攻对方的人，他们言辞犀利，看问题透彻，往往一针见血；一旦抓住对方弱点，就猛烈反击，不留回旋余地；但是他们大局观不强，容易舍本逐末，过于偏执。快人快语、辞令丰富的人，他们知识丰富，言辞激烈而尖锐，精通人情世故，对新生事物的接受能力强；对力所能及的事情，他们会全力以赴；但是对力所不及的事情，他们就会慌乱无措。似乎样样都懂的人，他们知识面宽；但是系统性差，逻辑思维能力弱，思想性不够，做事经常抓不住要领。满口新名词、新理论的人，他们接受新生事物很快；但是缺少主见，不善于独立处理难题，经常反复不定，左右徘徊，比较软弱。说话平缓的人，他们性格优雅，为人宽厚，具有长者风范；但是反应不够敏捷，观念转变难，思想较保守，遇事喜欢反复仔细思考。讲话温柔的人，他们性格柔弱，不争强好胜，权力欲望少，不轻易得罪人；但是意志薄弱，胆小怕事，怕麻烦，喜欢逃避困难。喜欢标新立异的人，他们的独立思维能力强，好奇心强，敢于否定权威，勇于向传统挑战，开拓性强；但是常常不够冷静，容易偏激。语言婉转含蓄的人，感情细腻，敏感多疑，性格沉稳，思维周密，内心世界很强大、复杂，心事较重。说话一板一眼的人，语言严谨，从不夸大其词，性格沉稳，稍显内向，为人保守，谨小慎微，做事循规蹈矩，略显呆板。

言辞过谦的人，必怀戒心，他们总是低声下气，始终用过于恭敬，甚至过度赞美的口气说话，这种人的内心里往往郁积着强烈攻击欲。在很亲密的人际关系中，若突然使用了恭敬语，那可能就有裂缝了。过分使用敬语，就表示有强烈的嫉妒、敌意、轻蔑和戒心。彼此交往很久，了解也很深的朋友间，若依然运用客气与亲切的言辞，语气也十分谨慎，那么他们心中肯定怀有冲突与苦闷，甚至怀有敌意。若某人故意谦逊而客气地与你说话，那么他很可能是想闯进你的心里，麻痹你的警戒，然后利用你的信任来达到他的目的。

4．说话动作解读

说话时，往往会伴随一些动作。这些动作，有的是习惯形成的，有的则是说话者特意做出的，以便加强说话的效果与语气等。从这些动作中，在一定程度上可以窥探说话人的内心世界。

1）点头与摇头

有的人在对话时，会不停地点头，好像很明白、很认同他人观点，其实，这种人被动性较强，处事常显得轻率大意；自以为独立能力不错，却常常不能兑现其承诺。还有的人，说话时不停地摇头，这显然是对别人不尊重；这种人，心高气傲，自视过高，却轻视别人，他们经不起挫折，一遇困难就悲观失望。

2）摸头发

在与别人面对面交谈时，有的人总喜欢摸头发，好像要让对方关注他的发型一样；其实这种人，哪怕独处时，也喜欢玩自己的头发。他们大都性格鲜明，个性突出，爱憎分明，疾恶如仇，善于思考，做事细致，但可能对家庭缺乏责任感。他们享受追求事业的努力过程，但并不太在乎结局；哪怕失败，也会心安理得。

3）抖腿

有的人喜欢抖腿，无论开会也好，与别人交谈也好，独坐休息或工作也好，看电影也好，总之，都喜欢用腿或脚尖使整个腿部颤动，有时还用脚尖磕打脚尖，或以脚掌拍打地面。这种人，可能比较自私，很少顾虑别人的感受；对别人很吝啬，对自己却很慷慨；凡事都从自身利益考虑，尤其在家中更霸道，甚至会达到"神经质"的地步。不过这类人很善于思考。

4）盯人

有些人，在与他人谈话时，总喜欢目不转睛地盯着别人；在聚会的时候，也常常盯住某人不放，而他并不是看上了此人。这种人，比较慷慨，支配欲望很强，而大多数时候，他们确实又有某种优势。他们一旦选定了目标，就会努力去实现。他们不喜欢受束缚，经常我行我素。

5. 说话习惯解读

人的某些说话习惯，也能泄露相关信息。

经常说错话的人，可能表里不一。正如弗洛伊德所说：说错、听错或写错等"错误行为"，可能也是将内心真实愿望表现出来的行为。偶尔说错话，也许是不小心，但经常说错话，可能就另有原因了。经常说错话的人，其实是习惯性地隐藏自己真实感情的人，他们无意识地强烈禁止自己说真话。其实每个人的心中都或多或少暗藏着一些秘密，当你越想去隐瞒它、掩盖它的时候，就越容易说错话或做错事，无意间让心虚表露无遗。

得理不饶人的人，其实是弱者。他们喜欢辩论，也善于辩论，总认为真理只掌握在自己手里，不把对方"打垮"决不罢休。此种男性经常与别人争执，表里不一。他们不善于把握事物发展的大方向，虽然不怕困难，但很少成功；因为他们树敌较多，人际关系差。他们的内心充满害怕和孤寂，所以借高声辩论来掩饰懦弱。

从见面打招呼的习惯中，也可以在一定程度上了解说话者的性格。比如，喜欢说："你好！"的人，大多头脑冷静，稍显迟钝，工作认真负责，能把握自己的感情，不喜欢大惊小怪，能够深得朋友们的信任。喜欢说"喂！"的人，快乐活泼，精力充沛，直率坦白，思维敏捷，风趣幽默，善于听取不同见解。喜欢说"嘿！"的人，腼腆害羞，多愁善感，容易陷入尴尬境地，为人热情；由于害怕出错，经常不敢创新。喜欢说"过来呀！"的人，办事果断，喜欢与他人分享感情和思想，喜欢冒险，且不善于从失败中吸取教训。喜欢说"见到你很高兴！"的人，性格活泼、乐观，待人热情、谦逊，喜欢参与集体活动，不愿意袖手旁观，喜欢幻想，容易被自己的情感所左右。喜欢说"有啥新鲜事？"的人，雄心勃勃，好奇心极强，凡事都爱刨根问底，重视物质享受，行事计划周密、有条不紊。喜欢说"你怎么样？"的人，喜欢出风头，希望引起别人的注意，自信心强，经常陷入沉思；喜欢谋定而后动，且目的性很强。打招呼时，眼睛直视对方的人，有强烈的自我意识，甚至盛气凌人。打招呼时，不看对方眼睛的人，缺乏自信，胆小怕事，犹豫多疑。打招呼时，故意退后几步的人，心里封闭，对人不够信任。很少或者从来不与别人打招呼的人，可能极端自卑。

从选择约会地点上，也可以适当了解人。比如，喜欢在饭店大厅谈事的人，多为胆量大，有智慧，有自信，不在乎泄露自己的隐私。喜欢在茶馆里聊天的人，通常行事都较为谨慎。喜欢在俱乐部或酒吧谈事的人，可能是沽名钓誉的人。喜欢在办公室里谈事的人，多半很有诚意，他们对工作充满自信。喜欢在被窝里聊天的人，可能其社会适应力不强，胆小怕事，性格软弱、压抑，善于掩盖自己的情绪。喜欢在宽敞安静处聊天的人，多为心胸开阔、乐观直爽，但也稍显怯懦；此种男人，一般志向远大，居安思危，沉着稳重。

粗话、脏话的弦外之音。爱说粗话的男人，可能是内心的欲求不满；爱说粗话的女人，可能是想让别人觉得她是"女汉子"；爱说粗话的孩子，要么认为是在玩"游戏"，要么是有逆反心理而想摆脱父母管制。还有些人喜欢故意在异性面前讲粗话，其实他们是想观看对方的难堪反应，比如，面红耳赤或手足无措等。总之，说粗话主要是想发泄内心的不满。

从受到表扬后的反应，也可了解某些性格特点。比如，受到表扬就害羞的人，可能也经不起批评，他们温柔敏感，感情脆弱，抗挫折能力差，富有同情心，无攻击性。受到表扬后总是用"不敢相信"来表达喜悦的人，憨厚淳朴，为人大度而慷慨，人际关系好，喜欢参加集体活动；哪怕是损失自身利益，也不愿与他人发生矛盾。受表扬后无动于衷的人，工作兢兢业业，不喜欢争强好胜，凡事顺其自然，喜欢独处，不爱嘈杂的集体活动。受表扬后相互赞扬的人（听到表扬后，马上也用表扬来回敬别人），有个性，独立性强，自信心也较强，喜欢与别人平等互利地交往。受到表扬后极力否定的人（经常用诙谐的话来回敬对方的表扬，有时否定对自己的表扬），他们比较封闭，不喜欢参加集体活动，不愿受他人干扰，喜欢独处，难以与别人建立起深厚的友谊。受到表扬后来者不拒的人，他们较为公平，乐于助人，喜欢换位思考，喜欢肯定别人的优点，慷慨大方。受到表扬后心不在焉的人，反应灵活，机智聪明且才华横溢，眼光远大，既现实又果断，可能过于自信和狂放，对名利不太看重。受表扬后心平气和的人，这种人沉着稳重，注重实际，富有进取心，善于韬光养晦，喜欢独立行事，对预定的目标能坚持不懈。

从回答时间询问的方式来看，不同性格的人也各有差异。比如，总是回答准确时间的人，性格内向，实事求是，踏实肯干，做事认真，积极上进，遇逆境能忍受，不喜欢主动接近人，待人不热情，爱好不广泛。总是回答大约时间的人，他们不拘谨，不计较个人得失，性格温和，与世无争，知足常乐。回答的时间误差极大的人，办事马虎，处事不机灵，头脑反应慢，看问题只注重表面，但他们能面对实际。回答时故意夸大或缩小时间值的人，考虑问题不周全，办事不认真，为人虚伪，表里不一，不能承担责任。

此外，在正式场合发言，刚开始就清喉咙者可能是紧张或不安。说话时不断清喉咙，改变声调的人，可能处于某种焦虑，或迟疑不决需要继续考虑。故意清喉咙，则是对别人的警告，表达某种不满。吹口哨，有时表示潇洒或处之泰然，有时是虚张声势，掩饰内心的不安。内心不诚实的人，说话声音支支吾吾，这是心虚的表现。心怀鬼胎的人，声音会阴阳怪气。有叛逆企图的人，说话时会带愧色。内心愤怒时，就容易言辞过激。内心平静的人，声音也平和。内心清顺畅达之人，言谈清亮和平。诬蔑他人的人，闪烁其词。浮躁的人，喋喋不休。善良温和的人，言语不多。内心柔和平静的人，说话平柔和缓。

第 4 节　坐姿与站姿的泄密

- 了解多种坐相和站相所隐藏的奥秘。

前面归纳了如何从手势和说话等肢体语言，来了解被攻击对象的心理秘密。当然，心理学中所说的肢体语言，绝不仅仅限于手势和说话，至少还包括坐姿、站姿、走姿和社交间距等方面的有意和无意的行为。由于这些内容太多，为了保持各节篇幅大致相当，我们只好将它们分割成数节，本节专门归纳坐姿和站姿的隐蔽内涵。再次提醒，这里介绍的结果也仍然只是统计意义上的，即肯定存在例外，但大部分情况是相吻合的。

看似随意的坐姿，其实也是心灵的反映。比如，坐稳后两腿张开、姿态懒散者，通常都较胖，可能是说得多做得少的人，喜欢发表豪言壮语。坐下时左肩上耸，膝部紧靠，致使双腿呈 X 字形的人，可能比较谨慎，决断力较差，男者阳刚不足，女者则像"女汉子"。坐下时手臂曲起，两脚向外伸的人，可能行事缓慢，喜欢空想，计划订得多，但实现得少。坐下时两脚自然外伸，看似沉着稳重的人，可能大都性格直爽，身体健康。坐下时一只手托肘，另一只手托下巴，还架着"二郎腿"的人，可能大都不拘小节，不怕失败，喜欢逃避责任，比较利己。坐下时双肩耸起，一腿架在另一腿上，做出庄重之态的人，可能志向远大，但缺乏计划。坐车时两脚长伸在外，阻碍通道，同时将双手插在口袋里的人，可能大多贫困潦倒或在恐吓他人。若是近视眼，他坐着时可能会稍稍抬起屁股看书。坐着看书时，脚尖竖起，同时眼睛不断上翻的人，可能是急性子。在读书时，用手撑着下巴且姿势难看的人，可能其读书效率不高，理解力差，记忆力也不好。其他典型的坐姿还有：

古板型坐姿（坐着时两腿及两脚跟并拢靠在一起，双手交叉放于大腿两侧）的人，可能行事古板，不愿听取他人意见，不愿承认自己的错误，待人接物缺乏耐心，喜欢夸夸其谈，缺少实干精神，想象力丰富，有艺术才能，喜欢挑剔。

悠闲型坐姿（半躺而坐，双手抱于脑后，看似悠然自得）的人，可能性情温和，善于为人处世，也善于控制自己的情绪，适应能力强，生活乐观有朝气，有毅力，喜欢学习但不求甚解，对钱财看得较淡，不善节约，雄辩能力强。

自信型坐姿（将左腿叠放在右腿上，双手交叉放在腿跟儿两侧）的人，可能具有较强的自信心，喜欢坚持自己的看法，有才气，智商高，协调和领导能力强，有"胜不骄，败不馁"的品性，喜欢见异思迁。

腼腆型坐姿（两膝盖并在一起，小腿随脚跟分开成"八"字，两手掌相对，放于两膝盖中间）的人，可能特别害羞，开口说话便脸红，不愿出入于社交场合，感情细腻，但并不温柔，观点稳定不易变化，属于保守型的代表，喜欢因循守旧，对朋友和家人都很诚恳。

谦逊温柔型坐姿（两腿和两脚跟紧紧并拢，两手放于两膝盖上，端端正正）的人，可能性格内向，为人谦虚，情感倾向封闭，喜欢替他人着想，工作努力，讨厌夸夸其谈。

坚毅果断型坐姿（大腿分开，两脚跟儿则并拢，两手习惯于放在肚脐部位）的人，可能有勇气，有决断力，也有行动力，行事主动，独占欲较强，属于好战的人群，喜欢追求新生事物，也敢于承担责任，善弄威权，不善处理人际关系。

投机冷漠型坐姿（右腿叠放在左腿上，两小腿并拢，双手交叉放在腿上）的人，可能看似温和可亲，但可能对人冷漠；喜欢炫耀自以为是的各种心计，做事不专注。

放荡不羁型坐姿（常将两腿分开距离较宽，两手无固定放处）的人，可能喜欢追求新意，不满足于常规事物，总是笑容可掬，喜欢交朋友，人缘好，不在乎别人的批评。

锁腿和锁脚坐姿（腿、脚或脚踝相互交叉锁定。具体地说，男性在锁定脚踝时，通常还会双手握拳，并将其放在膝盖上；有时也会双手紧抓椅子或沙发扶手。女性做这个姿势时，则将两膝紧靠在一起，两脚分别交叉在左右两边，两手并排放在大腿上；或一只手放在大腿上，另一只手叠放在这只手上）的人，可能持有否定或防御态度。他们正努力控制和压抑着消极、否定、紧张、恐惧等不安情绪。这种坐姿常见于法庭上的涉案人员。当然，这种坐姿，有时也是踌躇不决的信号。

欧式交叉腿坐姿（往后背一靠，左脚自然而优雅地放在右脚上，交叉起来）的人，可能是在无意识地做一个闭锁性动作，传达了拒绝的含义。此时若是几个人在交谈，那么他可能其实并不想加入，所以他将会很少发言。

数字"4"型坐姿（在椅子上，一条腿规矩地放在另一条腿上，通常是右腿放在左腿上，让身体和椅子形成一个"4"字）的人，可能其实是想要进行争辩或竞争。此坐姿的男性，具有控制力和霸气，甚至显得桀骜不驯。通常，女性只有在与同性进行交谈时，才会采用此坐姿，否则就显得不雅。人只有在两腿着地时，才容易做出决定。所以，若与处于此种坐姿中的人谈判，多会无果而终，除非他已无意识地取消了这一坐姿。

喜欢侧身坐在椅子上的人，可能很有主见，不太在乎别人的想法和评价，心态很好，不拘小节，为人率真善良，真诚友好，喜欢社交，不愿隐藏自己的心理感受。

喜欢双腿盘坐的人，可能性格较内向，不善交际，做事放不开，想得多做得少。若在交谈中对方采取了这样的坐姿，那就表示他心存防范，有些忧虑或紧张。

喜欢托腮侧坐的人，可能行事谨慎。若是在交谈中，对方托腮侧坐，那很可能是他对你产生了疑惑。采用这种坐姿的小孩，会显得非常可爱、纯真，这是他/她在认真倾听和思考的表现。

不仅坐定后的"坐姿"会泄露心理状态，甚至"坐下"这个动作本身，也有丰富的内涵。比如：舒适而深深地坐入椅内的人，可能其实是无意识地在向对方表明，自己处于心理优势；始终浅坐在椅子上的人，可能也是在无意识地承认自己居于心理劣势地位；斜靠在椅子上与人讲话的人，可能多是具有某种能力或实力的人；坐在椅子上时，习惯性地将脚交叉，这是不服输且有对抗意识的表现。

坐下后立即跷起二郎腿的人，若是女性，则她可能对自己的容貌颇有信心；若是男性，多表明他可能有很强的对抗意识，性格自信而随便。坐下时，双腿不断碰撞或抖动的人，可能此刻心情很不平静，可能正在思考重要问题。坐着时，把双手放在屁股下，此时他可能心情沉重，但又想控制自己的情绪。坐下后，立刻交叉手臂的人，往往傲慢自负，甚至趋炎附势，爱用自己的长处挑剔别人的短处；若是女性，则能言善道，甚至善于说谎。坐下后，将一手放在另一手的臂弯处的人，可能自视清高，孤芳自赏，不太容易佩服别人，有时爱慕虚荣，讲究衣饰打扮，言行比较检点。坐下后，将一手放在另一手腕上的人，可能小心拘谨，内向矜持，这是典型的女性化坐姿；若是女性，则文静温顺；若是男性，则可能有洁癖，性格怯懦。坐下后，总也不安稳，时常变换坐姿的人，可能缺乏理智信念，意志不坚，喜新好奇，容易被诱惑。坐下后，喜欢玩弄头发的人，若是男性，可能常识丰富，为人性急，喜欢浮夸吹牛；若是女性，且坐下后眼神还飘移不定，那她可能学历不高，城府不深。坐下后，眼睛看着膝盖或脚趾的人，可能自卑感重，往往自寻苦恼。坐下后，喜欢盘弄手指的人，也许正在商议事情（比如相亲），此姿势表示他/她心中有所不决或困惑。坐下后，就立刻猛吸烟的人，可能正情绪不安，或心里不服，此类人可能轻率、易怒。在几张相并的椅子上坐下来时，喜欢坐在两张椅子之间的人，随和而缺乏主见，不喜欢得罪人，缺乏个性。刚坐下来，两耳就红起来的女性，很可能在为男女之情而为难；若又见她含情脉脉地低头，偶然看你一眼又立即移开视线，手上还不断抚摸东西，或不时掠头发，那基本上对你就已经"爱在心里，口难开"了。坐下后，不忘衣领及袖子等衣饰整齐的人，可能聪明有余，魅力不足，观察力强，有些神经质及刚愎自用，很爱体面，荣誉感强。坐下来就打呵欠或无意中摸眼皮的人，很可能对谈话内容没有兴趣，或正在走神。坐下后，好像发慌，时常转头打量周围情况的人，可能意志薄弱，心情不沉稳，不能担当责任，喜欢找借口。坐下后，喜欢闭目养神的人，可能主观意识强烈，独立性强，是非分明，对别人不太信任，喜欢亲力亲为。坐下后，喜欢看天花板的人，可能正遭遇"心有余而力不足"的烦恼。在公共场合，喜欢悄悄坐在角落里的人，可能性格孤寂，缺乏自信，防范心理较强，很在乎别人的眼光及批评，常常郁郁寡欢，甚至有些神经质或有精神闭锁症。

与坐姿类似，站姿也大有讲究。比如，站立时抬头、挺胸、收腹，两腿分开直立，两脚掌呈正步，那么他是健康自信的人，做事雷厉风行，有魄力，有正直感和责任感。站立时弯弯曲曲、头下垂、胸不挺、眼不平的人，则可能缺乏自信，畏缩不前，心虚，不敢承担风险和责任；当然，也可能患有疾病。

下面介绍人的四种站姿所泄露的秘密。

（1）交叉双腿的站姿，即双臂和双腿保持交叉的姿势。这是鸡尾酒会上，陌生人之间交谈时的常见站姿，表示了防御和封闭的心理状态。此时，持这种站姿的交谈者，彼此之间的距离都比较大，如果他们都穿着外套或夹克，那么通常是将纽扣紧扣的。但是，当交谈者成为朋友后，他们便会无意识地双臂张开，手掌伸开，身上的夹克也敞开，身体重心落在一只脚上，另一脚则无意识地指向交谈对象，看上去非常轻松、惬意。交叉双腿站姿在女性身上，常常表现为所谓的"剪刀"式站姿（全身重量压在一条腿上，而另一条腿的脚尖着地交叉地站着），有两种意思：其一，她不想离开此处，而是想留下来；其二，她想与别人保持距离，不想让任何人靠近。

（2）双腿张开的站姿。此种站姿，多为男性使用。其含义是在向对方表示"我是不会离开的"，并以此显示自己的支配、决定地位及男子汉气概。竞技场上的男选手，在比赛开始或终场时，通常就会摆出此种站姿，以显示自己战无不胜的力量。比较有趣的是，两个男人面对面交谈时，张开双腿的一方，通常是地位高或处于优势的一方；地位低的一方，则可能会双腿交叉站立。

（3）立正的站姿，在日常生活中最为常见，也是一种较为正式的站姿，表明了一种不温不火或中立的态度。陌生男女初次见面时，女性尤喜欢采用此种站姿。此外，晚辈见长辈、学生见老师、下属见老板，以及地位低的人见地位高的人时，低地位的一方往往会采用立正站姿，以示其恭敬之意。

（4）一只脚尖指向前方的站姿，在很多老友聚会场所较为常见。此种站姿最能揭示人的心理活动状态，因为脚尖所指的方向，往往就是他心里所渴望去的地方或是自己最感兴趣的地方。比如，当一个人和一群人交谈时，他通常会将自己的一只脚尖，指向与他说话最投机的那个人。如果他与对方交谈够了，打算离开时，他就会不知不觉地把那只脚尖，指向身体侧面，以此来向对方暗示：对不起，我想离开了！

此外，在不同的心理状态下，还会无意识地展现不同的站姿，比如：

思考型站姿（双脚自然站立，双手插在裤兜里，时不时抽出来又插进去）的人，小心谨慎，凡事喜欢三思而后行，工作中可能缺乏主动性和灵活性，常常没有主见，喜欢独自冥思苦想，经不起失败的打击。

服从型站姿（两脚并拢或自然站立，双手背在身后）的人，可能感情上比较急躁，经不起长期考验；能与别人融洽相处，很少对他人说"不"，喜欢赞扬别人；缺乏开拓和创新精神；工作踏实，对生活容易满足，喜欢与世无争。

攻击型站姿（双手交叉抱于胸前，两脚平行）的人，可能叛逆性很强，经常忽略对方的存在，具有强烈的挑战和攻击意识。在工作中，敢于打破传统，敢于表现自己，因此创造力很强。

古怪型站姿（双腿自然站立，偶尔抖动一下双腿，双手十指相扣在胸前，大拇指相互来回搓动）的人，可能表现欲很强，喜欢出风头，喜欢争强好胜，难容他人，很聪明，也很善辩。

抑郁型站姿（两脚交叉并拢，一手托下巴，一手托着手臂的肘关节）的人，可能是工作狂，对事业很有自信，多愁苦感，喜怒无常，对社会有爱心，也有奉献精神，面对挑战会很坚强，不会轻易屈服。

社会型站姿（双脚自然站立，左脚在前，左手习惯于放在裤兜里）的人，可能善于处理人际关系，善于替他人着想，喜欢安静，看起来文质彬彬，但愤怒时也会暴跳如雷，不喜欢被别人议论。

弯腰驼背的站姿（类似于佝偻病的症状），说明他正心理消沉和封闭，可能遇到了困难和挫折，或生活和工作不顺利。

喜欢靠墙或靠门随便站立的人，可能行事随便，不拘小节，为人善良，常会替别人考虑。他们为人坦诚正直，大方无私，不掩饰自己的感情，表里如一，人缘好。

第 5 节　走姿与睡姿的泄密

学习提示

● 解读多种含义比较明确的走姿和睡姿。

不同的人，有不同的走路姿势，包括但不限于节奏均匀的慢跑、大摇大摆的阔步、老态龙钟的蹒跚、偷偷摸摸的蹑行、故作姿态的扭摆、兴高采烈的蹦跳、摇摇摆摆的跛行、无精打采的漫步、急促小跑的碎步、闲庭自得的信步、消磨时间的散步、夸张行进的正步、风驰电掣的疾奔、犹豫不决的徘徊、姿态优雅的滑行、心焦气躁的急走等。

虽然每个人的步态千差万别，但是在某些具体走姿上还是存在着一定的趋同性，而且通过观察一个人的走姿，还可大致知晓其身体状况或心理性格等。

如果在走路时"脚踏实地"，则说明其性格较为稳重，凡事喜欢三思而后行，办事有条理，能够处乱不惊，比较重承诺、讲信义。如果某人在走路时，高抬下巴，左右双臂很夸张地来回摆动，脚也显得较僵硬，则说明此人可能较为清高，甚至自命不凡；与人交往时，喜欢摆出一副高不可攀的样子，以此来满足自己的骄傲感。如果某人在走路时，喜欢双手叉腰，身体前倾，就像蓄势待发的短跑运动员，那么他可能性格较为急躁，具有较强的爆发力和雄心壮志，喜欢直来直去地与人交往。如果某人在走路时，经常低着头，双手放在衣袋中，则说明其性格可能较为内向，不太喜欢与人（特别是陌生人）交流，做事时喜欢安静，喜欢与内向的人交往。如果某人在走路时，风风火火，大步向前，双臂还不由自主地前后摆动，则可能说明其性格外向，心直口快，也喜欢与活泼开朗的人来往，经常显得豪放、洒脱，做事有自己严密的计划和规划。如果某人在走路时，身体前倾，则说明他性格较为内敛、温和，也很谦逊，但不卑不亢。

　　此外，年轻、健康、充满活力的人在走路时，步速要快于老年人，而且他们的手臂前后甩动的幅度也比老年人大，以至看起来像行军一样。若某人很快乐，他会走得比较快、脚步也轻快；反之，他的双肩会下垂，脚步沉重。走路快且双臂自在摆动的人，可能有坚定的目标，且有积极的准备。习惯于双手半插在口袋中的人，喜欢挑战，且具神秘感。郁闷中的人，往往拖着步子，将两手插入口袋中，并很少抬头关注前方。沉着冷静的人，步伐稳健。健步如飞的人，充满朝气。

　　含义比较明确的走姿，主要有：

　　（1）昂首挺胸走姿（如走路时抬头挺胸，大踏步向前，充分表现出自己的气魄和力量，也让旁人有一种骄傲的感觉）的人，可能爱以自我为中心，淡于人际交往，不轻易求人。思维敏捷，做事逻辑性强，考虑问题全面周到，事前喜欢订计划，组织力和判断力强，喜欢修整仪容，衣履整洁，有时会比较羞怯，毅力不够坚强，常常不能充分发挥自己的能力。

　　（2）摇摆不定走姿的人，看似行为放荡，但可能对人热情诚恳，有侠义之气，处事坦荡无私，喜欢抛头露面，乐于助人；有时容易锋芒太露，举止轻慢。

　　（3）步伐整齐走姿（走路如同上军操，步幅如一，双手有规则地摆动，让别人觉得不自然，他们自己却认为很协调）的人，可能意志力很强，对自己的信念十分专注；不会因为环境和事物的变化，而改变既定目标。

　　（4）行动急促走姿（如总是像遇到紧急情况那样，快步疾行）的人，可能办事急躁，效率高，遇事从不推诿搪塞，勇敢正直，精力充沛，喜欢迎接各种挑战，但不够细致，甚至草率，耐性不足。

　　（5）微倾式走姿（走路时身体向前倾斜，甚至像是弯着腰；步速不快，步伐平稳）的人，可能性格内向，有爱心，害羞腼腆，甚至见到异性常会红脸；修养较好，为人谦虚、诚实，不喜欢花言巧语，注重感情，但生活意趣不高，不苟言笑，不善与人相处。

　　（6）八字式走姿，特别是内八字式走姿的人，外表显得滑稽可笑、憨实厚道，但是内心可能并不沉静，很留意生活细节，凡事都喜欢按部就班，多不喜欢创新，不喜欢掌权，喜欢平淡的生活，若遇突发事件，可能会手足无措。

　　（7）走路时手足很协调的人，可能对待自己十分严厉，不允许半点差错，总希望成为他人的榜样，意志力强，组织能力强，但有时武断独裁，比较固执，不易被外部环境干扰。

　　（8）走路时手足很不协调（双足行进与双手的摆动极不协调，而且步伐忽长忽短，好像很不自在）的人，可能性格多疑，做事小心翼翼，责任感不强，做事往往有始无终，甚至中途溜之大吉。

　　（9）步调混乱的人，好像心不在焉，走路时步调混乱，没有固定的习惯，或双手放在裤袋里、双臂夹紧，他们一般可能豁达大方，不拘小节。

（10）落地有声（双足落地时，发出清晰的响声，行进迅速，昂首挺胸，一副精神焕发的样子）的人，可能志向远大，积极进取，对未来的安排很有计划，理性成分超过感性成分，做事有条不紊，注重感情。

（11）走路文质彬彬（走起路来不疾不缓，双手轻松摆动，显得很有教养）的人，可能胆小怕事，不会好高骛远，喜欢平静和一成不变，遇事冷静沉着，不轻易动怒。用这种姿态走路的女人，多为贤妻良母。

（12）走路横冲直撞（走路迅疾，不管是在拥挤处，或空旷处，都喜欢横冲直撞，长驱直入，而且不顾及他人）的人，可能性情急躁，办事风风火火，坦诚率真，喜欢结交各类朋友，讲义气。

（13）走路犹疑缓慢（走路时仿佛身处沼泽地，行进艰难）的人，可能性格软弱，容易知难而退，不喜欢张扬和出风头，遇事总是三思而行，不喜欢冒险，憨直可爱，胸无城府，重视感情，交友小心谨慎。

（13）慢悠悠走路的人，看似无所事事，游手好闲，不务正业；而此类人，大多性格迟缓，对自己放任自流，凡事得过且过，顺其自然，没有过高追求，缺乏进取心。

（14）走路连蹦带跳的人，可能他们一遇好事，便喜欢手舞足蹈、喜形于色；而此类人可能城府不深，不会隐藏自己的心思，人际关系好，朋友多。

（15）走路不安静（步幅不定、快慢不定、跳跃式行走）的人，可能喜欢引起他人的注意。他们做事粗心大意、丢三落四，但慷慨好施，不求名利与享受，安分守己，专注于自己喜爱的事业，喜欢凑热闹，害怕孤独；健谈，思想单纯，喜欢户外活动。

（16）走路不断回头的人，可能很难相信别人，疑心较重，容易无事生非，经常把简单的事情搞得很复杂，不善与人相处，欠缺协调意念。

睡觉的姿势，是一种直接由潜意识表现出来的身体语言。无论是假装睡觉还是真正熟睡，睡姿都会显示出清醒时表露在外和隐藏在内的某种思想感情。

喜欢俯卧的人，可能有很强的自信心，且能力也很突出。在大多数情况下，他们都能很好地把握自己。他们对自己有很清晰的认识，知道自己的长处和短处，也知道自己该做什么。对于所追求的目标，他们会坚持不懈，有信心也有能力最终实现。他们随机应变的能力较强，知道如何调整自己。另外，他们还可以很好地掩饰自己的真实感情，而不让别人看出破绽。

喜欢侧卧的人，可能是漫不经心的人，经常把自己当成生活的旁观者。他们属于情绪型的人物，总是处在情绪波动之中，做事时容易受感情因素影响。他们能很快忘掉过去的不愉快，而重新做自己的事。他们不喜欢树敌，能与大家和平共处。他们既是别人耐心的听众，有时也愿加入交谈中。在工作中，他们一般都有很好的表现。他们对自己的内心世界也有较深的了解，明白自己的缺点，但并不打算去纠正，因为他们坚信人无完人，并且对现状也容易满意。他们不愿去做过多的追求。

喜欢独睡的人，可能是有自恋倾向的人。无论是在生活中，或在工作中，他们都是独行主义者。他们极度重视私人空间，认为那是神圣不可侵犯的，即使是最亲密的人，也不允许随便闯入。他们喜欢孤独，很难有交心的朋友，更不愿意与别人倾心交谈。在生活中，他们乐于自给自足，不信任别人。他们并不是敌视别人，只是不希望私人生活被干扰而已。

喜欢裸睡的人，可能是感性生活者。他们向往自由和轻盈的东西，无论工作还是生活，都相当感性，所以经常受到他人指责，被批评为"缺乏理性，而喜欢感情用事。"

喜欢靠边式睡姿的人，可能是势力范围的捍卫者。他们其实并不善于维护自己的权利或坚持自己的主张，而且他们的理智经常否定他们的感觉。

喜欢对角式睡姿（躺在床上，就像一条对角线）的人，可能相当武断。他们对新事物很敏感，喜欢随时掌握情况，让所有事情都处于自己的直接控制之下。凡事喜欢亲力亲为，不要秘书或助理，因为他们不相信权力能共享。处事精明强悍，绝不妥协。若与别人有争执，他们的态度通常是：要么别人无条件让步，要么就分道扬镳。

喜欢单脚靠边式睡姿的人，可能是生活很有规律的人。其实，他们并不喜欢睡觉，恨不能永远夜以继日。他们精力充沛，参与的事情太多，以至于没时间休息。尽管如此，他们生活很有规律。

喜欢四肢交叉睡姿的人，可能防卫意识比较强，不允许别人侵犯自己。他们的性格多数是脆弱的，很难承受挫折。他们对人比较冷漠、内敛，常压抑自己，不外露真情实感。与此类人的心理相似的是握拳睡觉的人，好像要随时准备应战；其实，这是心理紧张的表现。若他是把拳头放在枕头或身体下面，就表示他正试图控制这种紧张的情绪；若他是仰躺或侧睡、拳头向外，则有向别人示威的意思。

喜欢婴儿般睡姿的人，大多缺乏安全感，比较软弱，经不起挫折。他的独立意识较差：对熟悉的人物或环境，总有很强的依赖心理；而对不熟悉的东西，多为恐惧。他的逻辑思考能力差，做事缺乏先后顺序，责任心不强，在困难面前容易选择逃避。

喜欢仰睡的人，多是十分快乐和大方的。他们为人热情和亲切，且富有同情心，能洞悉他人的心理，懂得他人的需要。他们乐善好施，思想成熟，判断准确，凡事都能分清轻重缓急，责任心很强，遇事不推脱责任，不找借口，勇于面对困难，敢于担当。

喜欢呈"大"字状睡觉的人，性格外向，待人接物热情、开放，快人快语，心直口快，敢想敢干。他们思维敏捷，情绪起伏较大，防卫心理不重，容易相信别人，比较放任自己，不够克制，自信甚至自负。

喜欢"树干形"睡姿（睡觉时身体一侧着床，两手靠近身体，腿稍直）的人，性格大多随和，喜欢热闹，愿意待在人群中；很容易相信别人，甚至是陌生人。

喜欢"思念式"睡姿（身体偏向一边，双手向外伸展，与身体形成直角）的人，性格外向，为人亲和，平易近人，喜欢交友，容易融入集体，生性多疑，甚至还可能有些偏激和愤世嫉俗。

双脚放在床外的睡姿，可能是相当疲劳的人，其生活和工作态度都很积极、乐观，精力充沛，为人热情。他们有一定的实力和能力，生活节奏快。

第 6 节　间距和躯干的泄密

学习提示

● 了解多种间距和躯干形态的隐形含义。

每个人都有自己的私人空间，比如：当你逛商场时，若有人靠得太近，你便会有意或无意地远离他；同样，当你慢慢地靠近别人时，如果太近了，他也会躲避你，直到彼此间都拉开一定的空间距离为止。根据亲密关系的不同，人的私人空间，大致可以分为四个区域：

亲密区域（15～20 厘米）：这是最重要的区域，通常人们会把它当成私人财产来保护；只有恋人、父母、配偶、子女等亲朋好友等，才允许接近甚至身体触碰。

私人区域（0.5～1 米）：这是同事和朋友聚会，或宴会中彼此保持的距离。

社交区域（1～4 米）：这是对陌生人，比如在大街上的行人之间，彼此保持的距离。

公共区域（在允许的情况下，保持 4 米以外）：比如演讲者与听众之间的距离就是这样。

总之，彼此间的物理距离，就意味着相互的心理距离。因此，根据某两人彼此之间的自然间距，便可判断他们之间的亲疏关系。

在公园的长椅上，如果某人坐在椅子正中，那他其实是不希望别人再来坐下；如果他只坐在椅子的一边，那就意味着，他不在乎别人也来此休息。居中而坐，也暗含某种优越感和支配欲，比如，许多领导进入会场后会不由自主地坐在中间，而普通员工则喜欢坐在角落里。

正在交谈中的两人，若一方不断靠近另一方，那他其实是想拉近彼此之间心理距离；若另一方没反应，甚至无意识地躲离，那么他其实是想与对方保持一定的心理距离。最初并排而坐的人，若忽然改成面对面而坐，则表明彼此间有所猜测，产生了矛盾。当然，也有可能是对某话题产生了浓厚兴趣，急于知道更多真相。相反，如果由对面而坐，改成了并排而坐，则暗示彼此间心理距离正在缩小。坐得越靠近的人，可能关系越近。喜欢靠近门口而坐的人，权力意识强烈，或行事谨慎。会议室中，面向入口的人比背向入口的人在心理上更有优越感。

在特定的姿势中，每个人都有自己喜好的身体指向，而这种指向往往与其性格和心理状态有关。比如，当头部低垂，身体前倾，双手紧紧交握在背后，迈出的步伐也非常慢，有时还可能停下来做一些毫无意义的动作（如踢一脚小石子，或捡一根树枝等），那么他其实可能满怀心事，处于烦躁之中，不希望别人来打扰。

通常情况下，身体的倾斜指向，是有好恶含义的。比如，你正与几个同事坐在一起群聊，大家都将身子靠在椅背上，静听你眉飞色舞地讲话时，若某人突然将身体从椅背上分离出来，身体前倾，对着你，那么他其实是不同意你刚才的发言，打算反驳。一旦他阐明了自己的观点后，就很可能恢复原来的坐姿，其身体的朝向也会不再对着你。又如，当两人面对面交谈时，若其中一个人想暂时离开，他通常下意识地把身体朝向门口，并表现出前倾的姿势；回来后，他又会重新以认真的身体姿势，继续交谈。

两个陌生人对话时，他们面对面的角度，也很有意思。如果直接面对面，形成的角度为 0，那么他们很可能正在或即将为某事而争执；如果他们的身体稍微偏一些，形成 45 度的角度，那么他们希望友好商谈，并逐步成为朋友。三人谈话时，情况也类似：当三方都有谈话意愿并谁也未被排斥时，他们就会站在三角形的三个角上，每两人之间都有一个夹角，不会形成某两人之间的正面相对；如果某人受到了排斥，那么从另外两人的身体角度就很容易看得出来；此时，他们不会给他留下夹角，而是接近于对面的角度站立。当然，这种夹角理论，对亲人（特别是恋人）是无效的。

身体姿势还能揭示当事者的心态，到底是开放的，还是封闭的。比如，患者刚坐在牙医椅子上时，常常会身体僵硬，背部挺直完全不靠向椅背，双腿紧紧交叠在一起，脚踝相扣，双手也紧握着放在膝盖上；这就是典型的封闭式身体姿势，此时患者的心理也是紧张的。处于封闭身体姿势时，皮肤会收紧，双手会交叉，好像要保护自己的胸腔一样，当然同时也会伴随着恐惧、压抑等情绪。如果患者放松了身体，靠在沙发后背上，双手松开，双腿不再夹紧，胸腔的轮廓也是打开的，肺部也能自由呼吸，手心向外，若大夫把患者的手心朝外翻转，继续移动，两臂就会自动向上伸展，从紧贴身体两侧，变成离开身体；那么，此时就是开放式的身体姿势，其心态也是完全开放的。

当两个人正在谈话时，若有第三方加入，那么根据前面两人的身体姿势变化，便可以轻松判断这个第三方是否受欢迎：若交谈的双方，由原来的侧面相对，转变为正面相对，那么这就表明交谈的双方有着封闭性的亲密感，这时，第三方是不受欢迎的；若交谈的双方侧面相对，并形成 60 度～90 度的角度，这就说明交谈的双方是开放性的非亲密关系，这时第三方的加入是受欢迎的。如果在继续交谈过程中，另外两人突然形成了面对面的封闭格局，那么第三个人就该知趣地离开了。

警觉与否要看腰臀，即当后背挺直，腰臀紧绷时，人便处于"蓄势待发"的警觉状态。比如，在办公室紧张工作时，一般都会将腰挺得笔直，后背绷得很紧，这时便处于高度警觉状态；而下班回家后，又会一屁股陷入沙发中，腰、背、臀都彻底放松下来，不再警觉。起跑线上的运动员，也会有类似的腰臀姿势，表示其警觉。上级与下级谈话时，通常下级也会处于"后背挺直，腰臀紧绷"的警觉状态；而上级则是潇洒地坐在老板椅上，全无警觉的腰臀迹象。

躯干的收缩与心力直接相关，并且成正比：恐惧、害怕、愤怒、挫败时，躯干会自动收缩、绷紧；而愉悦、轻松、高兴时，身体会伸展、放松。比如，突遇危险又不知怎么办时，最直接的反应就是躯体冻结反应，即惊呆了。当处于绝对可控环境中（家里或下属面前等），身体就会放松，会以舒服的姿势安放躯体。当愤怒达到顶点时，就会双拳紧握，全身绷紧，甚至身体微微发抖，而待到愤怒爆发后，发抖症状反而会消失。失败或被人打败后，身体会呈下坠趋势，躯干不再挺直，头也下垂，腿也会自然弯曲，甚至蹲坐在地上，总之，整个身体呈收缩趋势。

呼吸频率也会反映内心的紧张程度。呼吸频率与能量的储备有直接的正比关系：频率增加，意味着能量的储备增加，此时准备有所动作；频率降低，意味着能量的储备减少，此时将停止所有动作。比如，吃惊时，会本能倒吸一口气，留着备用；回忆往事时，会不由自主地减弱呼吸；在感到非常恐惧又不能逃跑、反抗时，则会屏住呼吸等。

腰部的暗语也很丰富。比如叉腰，表示内心的愤怒和力量，即将上场的运动员，也用此动作来表示已经准备好了，可以出发了。仰腰，表示不设防，比如，美女坐在沙发里，用仰腰对着异性，就意味着她对他相当信任和尊重，相信他不会伤害自己。点头哈腰的人，实际上是在乞求某种利益。若将双手拇指插入腰间皮带部位，这可能有威慑对方的意思。女人扭腰或扭动臀部都蕴含了希望异性关注的信号。

此外，还有一些有趣的身体姿势现象。比如，两人面对公众时，站在左边的那位通常会更加主动，特别是在握手时更主动，而右边的那位就相对被动。袒胸露腹，则意味着不加防卫，对来者很信任。拍抚肩膀，其实是在传递信心，上级表扬或安抚下级时，就经常拍其肩膀。得意、胜利时，就会出现身体的反重力反应，比如，高举双手、欢呼跳跃、相互击掌相庆等。内心强大、非常自信（比如高兴、炫耀、得意、豁达）时，就会不由自主地做出摇头晃脑等身体动作。

第 7 节　综合性肢体语言

 学习提示

- 了解多种肢体语言的综合性隐喻，发现假冒某些肢体语言时的常见破绽。
- 了解撒谎者的一些综合性肢体表现。

与前面介绍的微表情类似，肢体语言也不能机械地解读，更不能仅仅根据某一个"小动作"就草率地下结论，而必须综合各方面的信息，才能得出更可靠的判断。实际上，每一种心理活动，都会有意、无意地表现出多种肢体语言。因此各种动作的匹配程度越高，结论就越准确。

情绪紧张和放松时，肢体语言主要表现有：

（1）当意识到做了蠢事时，会埋怨自己笨，同时还会拍打自己头部的脸颊、额头、头顶和后脖子等。

（2）伸舌头，比如，"多嘴"说了不当的话时，会迅速伸一下舌头，以示非常尴尬。

（3）郁闷至极。当感到严重失礼、出丑或诸事不顺时，当事者可能声称要"自杀"，并伴以象征性的自杀动作，比如割腕等。

（4）当沮丧或情绪低落（或正在思考）时，可能会拖着缓慢而费力的步伐缓行，或将双手放在口袋里，或低着头，欠着身。

当感到不确信、紧张或百无聊赖时，会无意识地做出一些看似无意义的"移位活动"。例如：

（1）典型的"移位活动"：面对挫折和焦虑时的紧张状况，当事者会将手放在领带上，好像要调整领带，其实领带已经笔挺了；或用手指敲击椅子的扶手；或用脚敲击地板；或抚弄手指上的戒指，甚至将戒指摘下来，又重新戴上；或挠头；或掐捏眼皮；或垂头坐着，眼睛盯着地板或对面墙上的某点。

（2）口部的移位活动：咬指甲；或吮吸拇指；或做记录时，吮吸钢笔或铅笔；或取下眼镜，并将一只镜腿放在嘴里。

（3）抽烟者的移位活动：叼着烟或烟斗；或用香烟敲击烟灰缸，将烟灰弹落；或延长清理烟斗、装烟丝、点烟斗的例行过程。

处于巨大压力下的人，可能会有四种无意识的眼部活动：

（1）回避视线，即尽管在与别人对话，但不敢对视而凝视别的地方。

（2）转移视线，即迅速注视一下对方，但马上把视线又移开。

（3）即使偶尔对视，其眼睑也在微微颤动。

（4）眨眼，即对视期间，眨眼的持续时间会更长。

缓解压力的另一种肢体语言，就是暂时孤立自己。例如：

（1）适度孤立。在阅读时，将胳膊肘支撑在桌子上，两只手的拇指和食指支撑着头部，就好像在保护两只眼睛，试图将那些分散注意力的景象挡开。

（2）极度孤立。紧紧缩成一团，头埋在膝盖间，双手紧紧抱着膝盖。遭遇灾难性事件（比如丧亲等）且不知所措时，就会做出这种姿势。

陌生对话者之间的逐渐放松的过程。在社交中，当两人由陌生人变为朋友时，他们对话时的肢体语言也大不相同。

（1）刚开始，两个陌生人面对面站立时，相互间会隔开一段距离，并交叉双腿和双臂。若穿着夹克或外套，纽扣可能都会扣得很严整，即使天气并不冷。

（2）过了一会儿，这两人可能会松开交叉的腿，双脚微微向外，但他们的双臂可能仍然保持交叉，放在胸前。

（3）再过一会儿，每个人在说话时可能都会开始用放在上面的那只手臂和手做手势。做完手势后，会将这只手放在上面，而不是将它放在另一只手臂的下面。

（4）随着紧张情绪越来越少，每个人在说话时，可能都会松开交叉的手臂，将一只手插进衣袋，或用手势来强调自己讲述的内容。

（5）随后，他们会解开夹克或外套最上面的纽扣。两个人可能都会向前伸出一只脚，指向对方，而后面那只脚承受着大部分体重。

（6）随着他们从陌生到熟识，可能就会向着彼此移得越来越近，直到最后刚好处于彼此的私人空间范围之内。

在面对面交流对话时，当希望对方相信自己时，往往会无意识地看着对方的眼睛，并伸出双手，掌心向上，似乎表明"我什么都没隐藏"。表现真诚时，会将手伸出，这是值得信任的信号，包括彼此靠近时的打招呼和挥手、握手、发誓或宣誓的手势等。

肢体语言也有其破绽，下面进行简要介绍。

假动作的破绽。人有时会无意中流露出本来想要掩饰的事情，例如：

（1）不完整的手势和动作。当询问对方是否愿意做某事时，他可能出于礼貌说"愿意"，但是，也许他做出了一个不完整的耸肩动作（或微微耸肩，或短暂地伸出双手），这其实表明他有些勉强或不同意。

（2）有所掩饰的姿势，比如，不伸出手臂，摊开双手做耸肩动作，或者仅仅将手翻转，掌心向上，放在大腿上；又如，坐着的失意者，可能在无意中，将手指放在膝盖上。

手势的破绽。紧张的演讲者手掌向上时，可能与他宣扬的"要有决心、有信心"的主张相反。因此，为了避免其手势泄露实情，撒谎者有时会将两手紧握，或干脆将手插在衣兜里，他尤其会掩藏手掌心。比如，小孩否认偷吃过糖果时，可能会将双手藏在背后；有外遇的丈夫，在声明其清白时，可能会双臂交叉地站着。手势是自然的流露，甚至若某人没做手势，那可能也"有鬼"。撒谎者会不由自主地紧抱双臂，好像在保护自己免受他人攻击。

自我触摸的破绽。撒谎者的手势往往偏少，但仍会做一些细微的自我触摸动作，即触摸头部，尤其是嘴、眼、耳或脖子等。此时，可能在隐蔽某个重大谎言，或隐蔽某种恐慌。当然，个人习惯或挠痒等除外。

（1）捂嘴。小孩撒谎时，往往会两手捂嘴；成人撒谎时，也会有捂嘴的弱化形式，包括触摸脸颊、鼻子、嘴唇或额头等，表面看起来好像是在挠痒，却抓挠得很轻，抓挠的部位也不集中。

（2）揉眼。为避免与被骗者视线相对，撒谎者可能会突然揉眼。男人撒了谎，往往会用力地揉眼，或盯地板；女人撒了谎，则会轻轻按摩眼睑，或仰望天花板。

（3）揉耳。小孩撒谎，可能捂住双耳；成人撒谎则变形为揉耳朵，包括揉耳垂、摸耳根、挖耳朵等。

（4）摸脖子，包括拽衣领等，很可能在撒谎，至少对某些事情有所保留。

（5）抚弄下颌，往往是为了掩饰不安或话不投机的尴尬场面。当然，若与面部的积极表情相配合，也可能是自得和胸有成竹的表现。女性手支下颌，则可能是需要安慰。

（6）摸鼻子，双方谈话时，说话者下意识地在鼻子下沿很快摩擦几下，或只是略微轻触，这意味着他在掩饰谎言；倾听者若有这种动作，则表明他怀疑说话者的内容。

（7）手指放在嘴唇间，以减轻撒谎造成的压力，获得安全感。男性摸鼻子，可能是想要掩饰某些内容。手放在眉骨附近，表示羞愧。

腿脚动作的破绽。比如，当对方腿和脚不停地颤动时，往往显示他想要结束谈话而离开。又如，某女若用一条腿磨蹭另一条腿，那她可能不太端庄娴静，即使表面看起来一本正经。撒谎者的脚会不由自主地动起来：站立撒谎时，会不停地改变双脚的重心；坐着撒谎时，会不由自主地抖脚。撒谎者会双脚紧绷，稍许战栗，双脚也比较木，好像不能动弹一样。

身体移位的破绽。坐着撒谎者或保留信息者，往往会坐立不安，他可能会更早地靠向椅子，就像要逃离现场一样。百无聊赖者，在佯装感兴趣时，更有可能通过垂头的姿势让自己"现出原形"。用力缩紧下巴，表示畏惧和驯服。下意识地退缩，表示自己也不相信自己的话。

撒谎者的一些综合表现：

从行为上看，肢体语言僵硬，说话时基本没有手和手臂的动作配合，刻意避免与你目光接触，会不时地抓耳挠腮。

从表情上看，面部表情反应迟缓；一旦表情出现在脸上，就会保持较长的时间；表情转换时也很突然；语言和表情不能合拍甚至矛盾，一般不会面带微笑。

从互动和反应方面来看，撒谎者通常采取防御态度，而无辜者会采取进攻态度；撒谎者在面对质问和指责时，头部和身体会有微小的晃动。撒谎者会无意识地将一些物品，摆放在对方和自己之间。

从语言习惯上看，撒谎者会重复质问者的话作为答复，其简短的答复通常是真实的；撒谎者不对问题直接回答，而是采取暗示的方式来肯定或否定；撒谎者在回答问题时，会补充各种不必要的细节，他们对谈话中的沉默会感到很不舒服；撒谎者会尽量避免使用人称代词，叙述语调也较为单一。

撒谎时还会表现出含糊其词，不强调任何事情。此外，撒谎者在转换话题时，会非常乐意并感到很轻松。描述一连串发生的事情时，编造者都是按时间顺序进行的；能否流利准确地倒叙，是判断是否说谎的重要标准。叙事时眼球向左下方看，这代表大脑在回忆，所说的可能是真话，而谎言不需要回忆的过程。陈述时，语气过分平和缓慢，很少有语法上的差错，说明其陈述是事先做了准备的。被打断后很难接上前面的陈述，需要提醒才能继续陈述时，要么在说谎，要么讲的内容是道听途说的。故意强调自己说的是对的，或对别人的正确猜测产生抵触情绪时，也很可能是在撒谎。

由于电话的超常普及性，电话诈骗已成为社工黑客的主要攻击手段。电话诈骗之所以屡屡成功，主要是因为骗子充分利用了语言误导技巧，当然有时也辅以语言泄密等手段。非常遗憾的是，许多受害者都是相当精明的成功人士，甚至他们自己都说不清楚当初为什么就被骗子钻了空子。待到他们回溯当初骗子的行骗过程时，都会非常惊讶地发现，其实骗子的手法并不高明，甚至漏洞百出。这就再一次警示我们，无论你今后是否从事网络安全工作，你都有必要适当了解本章第 1 节所述的防社工黑客知识，否则将后悔莫及。

在所有肢体语言中，手势的含义可能最为丰富，本章第 2 节其实只介绍了部分常用手势。一般来说，所谓手势就是指当事者在运用手臂时，所做出的具体动作与体位，它是人类最早使用且至今仍被广泛使用的一种交际工具。手势既有动态的，也有静态的。在长期的演化过程中，手势被赋予了许多特定含义，具有丰富的表现力。若再加上手指、腕、肘和肩等关节，手部的活动幅度将更大，更具有高度的灵活性，以至于手势已成为人类传情达意的最有力手段，在肢体语言中占有中心地位。除本章所介绍的手势外，其他手势还有通用手势（如言语障碍人士使用的手语），以及在特定情况下使用的手势（如球场裁判的手势等）。

俗话说，听话听声，锣鼓听音，本章第 3 节介绍了许多"听声"技巧，这里就不再复述。不过，需要强调的是，在人际沟通中若想与别人建立良好关系，有时候会听比会说更重要。倾听别人说话其实是一件费神又费力的事，甚至需要针对不同的人采取不同的倾听方式。比如，在与陌生人交流时，你若搞不懂他说的意思，不妨重复他的话再加上自己的理解，然后向他确认你的理解是否正确。在与熟人交流时，若你没听明白他的意思，不妨鼓励对方直说，即使双方的观点不同，也可以相互探讨。在与重要人物交流时，你必须全神贯注，特别要聚焦于其谈话的目的性或动机，你听完后不妨回想一下，务必要听出他的论点、论据和关键假设之间的因果关系等。

本章第 4 节介绍了许多稀奇古怪的坐姿和站姿，你很可能见过这些坐姿或站姿，但也许并不知道它们的名称，更未曾思考过它们的含义，甚至都没意识到其中所隐藏的含义。古人特别重视坐姿和站姿，甚至形成了许多严格的规矩，这也就将许多含义融入其中。规矩型的坐姿和站姿经过长期的历史演化后，难免会出现若干变异和传承，而且其含义还与相关族群的文化氛围密切相关。此外，许多坐姿和站姿都具有相当大的普遍性，甚至跨越了国家和民族，所以需要更多的关注。各位不妨花精力分辨出本章所述坐姿和站姿的普适性和局域性。

本章第 5 节聚焦于走姿和睡姿的泄密。关于走姿，其研究和应用都相对容易。但一般说来，睡姿却是一个相对隐私的东西，其观察和研究的机会明显减少。比如，我们通常只能看到身边亲友的睡姿，而你显然又不需要通过分析其睡姿来了解对方。本章之所以没有忽略睡姿，纯粹是为了保持教材的完备性。

本章第 6 节所介绍的重点是社交间距和躯干动作所隐含的奥秘。其实，对普通人来说，即使没有学过任何书本知识，他们也能在一定程度上，在潜意识中觉察到这些奥秘，只是不曾将它们系统整理出来而已。不过，无论是社交间距还是躯干动作，它们都与相应的文化密切相关。比如，通常多数英语国家居民之间的交谈距离都偏远，西班牙人和阿拉伯人交谈时会凑得很近，拉美人交谈时几乎贴身。更有趣的是，英国人与意大利人交谈时，意大利人会不停地"进攻"，而英国人不断的"撤退"。由于西方文化与东方文化的差异，导致西方人和东方人的隐私观也有区别。

📖 重要概念

语言误导、语言泄密、语境、肢体语言、手势、语速、语气、语态、声调、音量、韵律、坐姿、站姿、走姿、睡姿、社交间距。

🕐 知识要点

如果当事者处于某种情绪中，他的肢体语言通常都会通过多种渠道表现出来，而且综合各方面的肢体形态来判断对方的情绪，那么将会获得更准确的结果。若能借助计算机来建立完整而全面的肢体语言数据库，自然就有助于研制出理想的情感机器人，使它们既能善解人意，又能不露破绽地表达自己的复杂情绪。

❓ 复习思考

6-1　请用具体实例揭露电话诈骗人员如何用语言来误导受害者，包括但不限于营造必要的语境，充分利用语言在简略性、直接性和反应性等机会。

6-2　请用具体实例揭露电话诈骗人员如何误导受害者的语言感知系统，让受害者误解谈话内容，从而达到诈骗目的。

6-3　请注意观察家人、朋友和老师等身边所有人在谈话进入忘我阶段时，其手舞足蹈的若干手势与本章第 2 节所介绍的规律是否一致？若有不一致之处，请进一步分析相关原因。

6-4　请在日常生活中有意识地结合本章第 3 节所介绍的话外之音解读技巧，认真观察和体会身边亲朋好友的有趣对话，特别是要注意语速、声调、音量、韵律、语气、语态、幽默感、口头禅、话题、风格、习惯和伴随的动作等在语言交流过程中的神奇作用。

6-5　请在日常生活中有意识地结合本章第 4 节所介绍的坐姿与站姿解读技巧，若你的观察结果与书中内容存在不一致之处，请认真分析原因，至少要搞清楚这种差别是统计的例外，还是其他因素的干扰等。

6-6　请在日常生活中有意识地结合本章第 5 节所介绍的走姿解读技巧，若你的观察结果与书中内容存在不一致之处，请认真分析原因，至少要搞清楚这种差别是统计的例外，还是其他因素的干扰等。

6-7　请在日常生活中有意识地结合本章第 6 节所介绍的间距和躯干解读技巧，若你的观察结果与书中内容存在不一致之处，请认真分析原因，至少要搞清楚这种差别是统计的例外，还是其他因素的干扰等。

6-8　除本章第 7 节中所介绍的综合性肢体语言外，请选定你所熟悉的另一种情绪，然后尽可能多地罗列出这种情绪所对应的综合性肢体语言。

7

第 7 章

感觉与知觉漏洞

学习目标

- 了解黑客的漏洞思维，探索漏洞的可能应用
- 了解规律与漏洞的关系，探索感觉和知觉漏洞的可能应用
- 了解视觉与听觉的规律性漏洞
- 了解错觉的规律，探索这些规律在社工中的应用
- 了解感觉和知觉的病态性极限

案例导入

黑客攻击工控系统的常见思路之一，就是搞乱该系统的感觉子系统，然后让整个工控系统在自以为正常的状态下运行，从而完成"自杀程序"。比如，伊朗铀浓缩系统的离心机转速监测仪表盘（相当于离心机的感觉或知觉系统），在被黑客多次故意调低后，操作人员为了确保离心机在正常转速下工作，不得不人为地频繁调高转速。一来二去，最终导致离心机因为超速运行而毁于一旦，尽管此时仪表盘上显示的转速仍然低于正常值。

与工控系统类似，若某人的感觉或知觉系统失灵，他就会做出一些不可思议的事情。比如，若痛觉失灵，当事者便不能觉察到自己的身体所受伤害，也就无法做出相应的调节和保护行为，于是他们就会在无意中做出自残举动。

扰乱感觉或知觉的重要思路是漏洞利用，本章将努力挖掘感觉和知觉的漏洞。

第 1 节　感觉、知觉与漏洞思维

学习提示

- 了解黑客的漏洞思维。

- 探索漏洞的可能应用。

- 知悉人性漏洞与人性弱点的区别和联系。

抛开心理学对"感觉"的枯燥定义，让我们先来看看身体上的感觉器官——眼、耳、鼻、舌、身等；它们产生的感觉，就相应地称为视觉、听觉、嗅觉、味觉和体觉等。其中，"体觉"相对较陌生，所以多说几句。体觉通常包括运动觉、肤觉、平衡觉和脏腑觉。

运动觉是指人在运动时，对自己身体各部分（如四肢、躯干和头部等）肌肉、骨骼运动所发生的感知状态，故又叫肌肉运动感觉。不过，请注意当我们看到自己在动时，这不是运动觉。只有闭眼或不看而感到自己在动时，这才叫运动觉。运动觉反映人体各部分的位置、运动和肌肉的松紧。人在活动时，为了保证每个动作的准确无误，就得依靠运动觉的反馈信息来随时微调——这本身也是一个赛博循环过程。其实，在人的几乎所有言行和思维过程中，都存在大量的、层层套接的、各种各样的赛博式"反馈微调循环"，它们保证了结果的准确性和协调性。由于人的活动是由一系列动作组成的，所以若无运动觉，人就不能正常进行各种活动。

肤觉是各种皮肤感觉的总称，它包括痛觉（如破坏性刺伤的感觉）、触觉（受到机械性压力的感觉）、冷觉和温觉（低于或高于体温的感觉）。这四种肤觉虽然遍布全身，但是它们的感觉器个数各不相同（每个人身上，大约有痛觉 400 万个，触觉 100 万个，冷觉 50 万个，温觉 3 万个），它们分布在身体各处，而且不均匀。因此，在皮肤的不同部位，其感受性也不一样。比如：手指尖、舌尖等的触觉灵敏，而痛觉不敏感；脸、手对温差不敏感，而背、腹等不常暴露的部位，对温差较为敏感。此外，诸如痒、燥热等肤觉，则是上述四种基本肤觉的复合感觉。

手的肤觉和运动觉相结合而产生的感觉，叫触摸觉。它可以感知物体的大小、形状、软硬、轻重、弹性、光滑或粗糙等属性。

平衡觉又叫静觉，它反映人体在空间中的姿势。人的平衡觉器官在内耳中，所以耳朵出毛病后，就有可能损害平衡觉。平衡觉同人体内脏也有密切联系。人在高速或加速运动时，平衡觉可帮助我们控制身体的平衡。晕车、晕船等现象就是平衡觉失调的表现。

脏腑觉又叫机体觉或内脏觉，它反映身体内部各器官的工作状态，如饥饿、口渴、作呕以及内部疼痛等。脏腑觉对体内的正常状态反映不明显，所以在健康时，脏腑觉并不明显。比如，正常人感觉不到自己的血压等。

心理学家又将感觉分为外部感觉和内部感觉。外部感觉包括视觉、听觉、嗅觉、味觉和体觉中的肤觉等，它们主要接受机体以外的客观事物的刺激并做出反应。内部感觉主要是指体觉中除肤觉外的其他部分，它们是由机体内部器官的状态以及机体同外部环境的关系变化而引起的。

虽然在日常生活中经常会用到"知觉"这个名词，但是与"感觉"不同，"知觉"的心理学含义其实并不很直观。

感觉与知觉之间的关系非常紧密，以至于经常将它们合称为感知。实际上，知觉（感觉）是事物作用于感官后，在人脑形成的整体（个别）属性，并且知觉和感觉同时发生。知觉以感觉为基础和前提，感觉（事物个性）越丰富、越精确，获得的相应知觉（事物的整体属性）也就越完整、越正确。人都是以知觉的形式来直接反映事物的；而感觉只是作为知觉的组成部分，很少有孤立的、不包含感觉成分的知觉。

但是，知觉和感觉又有以下区别：

（1）感觉反映事物的个别属性，而知觉却反映事物的"个别属性间的关系"，是事物的整体形象。比如：看见林妹妹，是感觉；联想到才女，则是知觉。

（2）从反映事物的方式看，感觉是分析式的，知觉是综合式的。

（3）感觉只涉及某一个感官，其信道模式是"刺激→个别感官→大脑"；而知觉却涉及多个感官，其信道模式为"刺激→感官联合→大脑"。

（4）感觉是大脑对"被感对象的信息"的简单反映，而知觉则是经大脑复杂加工后的结果。

知觉的种类很多，按不同标准，可得到不同的分类结果。比如，若以起主导作用的感官来划分，知觉可形象地分为视知觉、听知觉、嗅知觉等。注意，知觉涉及多个感官，比如，视知觉并不意味着就与耳朵无关，只是眼睛起主导作用。为避免混淆，本书不采用这种分类法，而是以对象事物的存在状态来划分，即将知觉分为时间知觉、空间知觉和运动知觉等。

时间知觉反映了客观现象的延续性和顺序性。作为时间知觉的参考系有太阳的东升西落、月亮的阴晴圆缺、四季的更替、历史事件（如公元某年）、计时工具、人体的生物节律（如脉搏、呼吸）等。时间知觉是形成时间观念的基础。影响人对时间估计的因素很多，包括人的活动内容、对该活动有无兴趣、活动时的情绪和态度、以往的经验等。比如：谈恋爱时，觉得时间很快；和自己不喜欢的人相处，则觉得时间很慢。

空间知觉反映了客观事物的空间特性，包括形状知觉、大小知觉、距离知觉、立体知觉和方位知觉等。其中，形状知觉是靠视觉、运动觉和触摸觉等来感知的。大小知觉是对外界物体的长度、面积和体积的反映，它主要取决于物体的大小及物体间的距离，还可通过对比过去熟悉的物体大小而形成。距离知觉是对物体远近的知觉，它既取决于被观察对象的性质，也取决于主体自身的特性（如近大远小、近高远低、近宽远窄等）。立体知觉也称深度知觉，是对同一物体的凹凸或不同物体的远近的知觉。在 500 米以外，双眼视差对感知立体物就几乎不起作用了，1300 米是立体知觉的极限。方位知觉（或方向定位）是对物体或自身所处方向的知觉，包括对东南西北、前后左右和上下等的知觉。物体在空间的方向位置，是以参考系为准而相对确定的。方位知觉是综合各种感觉（如视觉、听觉、动觉和平衡觉等）的信息而形成的。

运动知觉是对物体的空间位移和移动速度的知觉。在运动知觉中，视觉起主要作用。影响运动知觉的因素，既有物体的运动速度，又有运动物体与观察者之间的距离（太远的物体运动，单靠肉眼就很难准确感知），还有观察者所用的参考系及其状态（静止还是运动）等。

在"冷血网络"的信息安全对抗中，黑客和红客的主要战场，可能要算"漏洞挖掘"了。黑客挖掘漏洞的目的，是要充分利用漏洞来发起进攻，以获取自身利益；红客挖掘漏洞的目的，是要尽早给网络打好相应的"补丁"，确保信息系统的安全运行。从理论上来说，一方面，无论工程师多么认真负责，他们打造的"冷血网络"都一定存在各种各样的漏洞；另一方面，无论是什么漏洞，只要能被及时发现，都可以很快找到相应的补救措施，从而挡住黑客的进攻。

既然社工黑客将人类个体看成"热血电脑"，将人类群体看成"热血网络"，那么挖掘相应的人性漏洞，也是红黑双方信息安全对抗的核心战场，这也是本章的主题。与"冷血网络"一样，每台"热血电脑"和每个"热血网络"，也都存在各种各样的漏洞。但是，与"冷血网络"不同的是，许多"热血网络"漏洞根本无法"打补丁"，因为某些漏洞干脆就是人的本能或潜意识习惯。因此，从漏洞角度看，社工黑客比纯技术黑客处于更有利的地位。换句话说，我们更应该重视如何对抗社工黑客。幸好，社工黑客的攻击，几乎都是循环反馈的"赛博式"攻击。所以，只要在其攻击过程中的任何一个环节挡住了黑客，就是成功。总之，针对"热血网络"漏洞，虽然无法像"冷血网络"那样来"打补丁"，但是，如果被攻击者意识到了自己的人性漏洞或感觉知觉漏洞，也会有利于后续防范，甚至还可以"将计就计"反击黑客。还有一点需要特别提醒：千万别藐视"小漏洞"！历史上就曾有一个微不足道的小漏洞（计算机"千年虫"），把全世界搞得鸡犬不宁。人类不但为它付出了沉重的经济代价，而且至今还留有后遗症！所以说，蚁穴虽小，可溃千里长堤。因此，本章将聚焦于感觉和知觉，努力挖掘所有可能的漏洞，而不在乎漏洞是否微不足道。

人性漏洞和感觉知觉漏洞非常多，如果从"热血电脑"模型角度看，至少有输入漏洞、输出漏洞、处理漏洞、存储漏洞四大类。无论哪类漏洞，只要被黑客成功利用，那么都有可能使"热血电脑"被攻破，最终导致安全问题。

本章全面梳理了包括视觉、听觉和错觉等人类感觉和知觉方面的漏洞。这些漏洞将组成社工黑客所有无限多种攻击方法的少数有限种"元素"，从而使得看似杂乱无章的社工攻击变得脉络清晰，有利于系统地展开安全防范工作。当然，本章介绍的感觉漏洞是最易懂、最直观的漏洞，它们属于"热血电脑"输入漏洞中的外部输入漏洞。知觉漏洞则相对抽象一些，不过其中的错觉漏洞还是会经常被用到的。

第 2 节　感觉与知觉漏洞概述

学习提示

- 了解规律与漏洞的关系。
- 探索感觉和知觉漏洞的可能应用。

　　从社工黑客的角度看，粗略地说，所谓感觉漏洞就是本该感觉到的却没有感觉到，不该有的感觉却被感觉到了，本该感觉强烈的却被弱化了，本该感觉很弱的却被强化了，本该感觉为 A 的却被感觉成 B 了，等等。总之，所有能够导致感觉失控的因素，都可视为感觉漏洞，自然也都可以被社工黑客所利用。

　　人的各种感觉能力都很强。比如：在黑暗而晴朗的夜晚，可以看见数千米外的一支烛光；在安静环境中，能听到约 10 米远处的手表嘀嗒声；也能嗅到一升空气中散布的、十万分之一毫克的人造麝香的气味；等等。但是，从理论上说，超出人类感觉区域之外的刺激，都不会被感觉到。比如，视觉是由电磁波刺激引起的，但在整个电磁波谱中，只有很少一部分（称为可见光）能被视觉感觉到；超出这一范围，人眼就看不到了。听觉也有一定范围，正常人能听到的声音频率，最低不能小于 16 赫兹，最高不能超过 2 万赫兹。同时，听觉不仅与声音的频率有关，还与强度有关。当音强超过 140 分贝时，所引起的就不再是听觉，而是感到不舒服、发痒或发痛。嗅觉是由有气味的物质引起的，只有当气味达到一定浓度时，才能被人嗅出，比如，无嗅气体就不能引起人的嗅觉。味觉是舌头对溶于水的化学物质的感觉，主要有苦、酸、咸、甜四种味觉。除外部感觉外，人的内部感觉也有一定的感知范围。

　　另外，在社工黑客眼里，任何规律性的东西，也都是可被利用的漏洞；所以，感觉的规律性漏洞至少会体现在以下五个方面：

　　第一，对机体状况和感觉器官功能的依赖性。不管是哪种感觉，都同个人机体的状况有关。若机体不健康或有缺陷，就会直接影响感觉的发生和水平。比如：盲人无视觉，聋哑人无听觉；患感冒的人，其嗅觉会急剧下降。另外，在感觉方面，个体的差异也较大（比如，有的人是色盲，有的人对颜色却极其敏感等），感觉特性还会随年龄、环境的变化而变化等。

　　第二，所有感觉都与外在刺激的性质和强度有关。一种感受器只能接受一种刺激。刺激的性质不同，它所引起的感觉也不同。例如，眼睛只接受光刺激，识别颜色、形状等；耳朵只接受声音刺激，识别声音的强弱、音调的高低等。另外，刺激本身必须达到一定强度，才能对感受器官发生作用，也才能被感知。当然，也并非刺激越强越好。比如：若照明光线太弱，将看不清东西；若太强，将使人眩目，也看不清东西；等等。

　　第三，感觉的适应性。所谓适应，是指由于刺激物对感受器的持续作用而使感受性发生变化的现象。例如：当从亮处走进暗处时，会突然致盲或弱视，过短暂时间后会有所恢复；相反，当从暗处进入亮处时，会有眩目感，出现暂时性视物不清，约 1 分钟后视觉才逐渐恢复。其实，其他感觉（如嗅觉、味觉、触觉、温觉等），也都有适应性特点（痛觉除外）。例如，"入芝兰之室，久而不闻其香"就是嗅觉适应。听觉适应一般不很明显。

　　第四，不同感觉间具有相互作用。对某种刺激物的感受性，不仅取决于对该感受器的直接刺激，还与同时受刺激的其他感受器的机能状态有关。例如：电锯的"吱吱"刺耳声，不仅会强烈刺激听觉器官，还会使皮肤产生冷感；食物的颜色、温度等不仅影响视觉和温觉，也影响味觉和嗅觉。感觉之间相互作用的另一种特殊表现是感觉代偿，即某种感觉失却后，可由其他感觉来弥补。例如，盲人的听觉和触觉可能更敏感。

第五，感觉的模糊性。尽管感觉器官具有很强的感受性，但对外界事物变化的感知却并不很精确；对不同个体来说，其感受到的结果也有较大差异。

当然，除规律性漏洞外，"热血电脑"和"热血网络"还有许多其他漏洞。比如，从漏洞致因的角度看，包括（但不限于）错觉性漏洞、幻觉性漏洞、病理性漏洞和缺陷性漏洞等。不过，社工黑客并不关心漏洞的致因（那是心理学家的事情），只在乎漏洞是什么，以及如何利用漏洞来展开攻击等。所以，本书将基于前人的心理学成果，尽力挖掘所有已知的人性漏洞，以使防御有备无患。针对不同的感觉，相应的漏洞也不一样，因此需要单独深入考虑。

在社工黑客眼里，任何人的感觉系统几乎都是漏洞百出。其实，感觉漏洞只是表象，还有更多的内在漏洞。虽然它们更加抽象，但照样能够被社工黑客利用，所以也不得不防，不得不让普通大众尽量知悉自身的弱点，以便提高警惕。下面将归纳抽象漏洞中相对较易理解的一类漏洞——知觉漏洞。

将人的个体当作"热血电脑"后，从社工黑客的角度看，"知觉"既可以是内部反馈输入，也可以是内部反馈输出。或更准确地说，若从"感觉"角度，那么"知觉"便是输出；但是，若从"记忆"或"思维"角度，那么"知觉"又成了输入。不过，无论将"知觉"看成输出还是输入，只要能够找到并成功利用"知觉"的漏洞，让"知觉"出错，并最终导致后续的过程出错，那么社工黑客就达到目的了。

与感觉漏洞类似，从社工黑客的角度看，粗略地说，所谓知觉漏洞就是本该知觉到的，却没有知觉到；不该有的知觉，却被知觉到了；本该知觉强烈的，却被弱化了；本该知觉很弱的，却被强化了；本该知觉为 A 的，却被知觉成 B 了等。总之，所有能够导致知觉失控的因素，都可视为知觉漏洞。

根据已有的心理学成果，知觉的规律性漏洞及其简单利用，主要体现在知觉的选择性、理解性、恒常性、整体性和适应性等方面。

1. 知觉的选择性

人不可能在瞬间全部清楚地感知身边的所有刺激，却可以按某种需要和目的，主动而有意地选择少数事物（或事物的某一部分）作为知觉对象；或无意识地被某种事物吸引，以它作为知觉对象，对它产生鲜明、清晰的知觉映象，而把周围其余的事物当成知觉的背景，只产生比较模糊的知觉映象。知觉的选择性，既受知觉对象特点的影响，又受知觉者的主观因素（如兴趣、态度、爱好、情绪、知识、经验、观察能力或分析能力等）的影响。例如，在教室里，若把黑板上的文字当作知觉对象，那么周围的其他东西（比如，头顶的电扇、墙上的标语、同学的面孔等）便成了知觉的背景。舞会上与朋友交谈时，对方的说话声便是你的知觉对象，他的讲话可以听得很清楚；而身边的其他杂音则是谈话声的背景，尽管背景音很强却仍能听而不闻。在喧闹嘈杂处，可以辨析出朋友的呼唤，这在心理学上称为"鸡尾酒现象"。针对同样的客观事物，选择不同的知觉对象（其他东西就是知觉背景），便会有不同的知觉结果。

所以，社工黑客若能调控被攻击者的知觉背景，那么也就能改变其知觉结果，从而实现自己的攻击目标。常用的调控手段有：

调整客观刺激的量，因为刺激强度大、对比明显、颜色鲜艳的东西容易被当成知觉对象。这便是间谍片中常用光线强、声音响和轮廓分明的东西来吸引对方注意力的依据。

调整客观刺激的关联度，因为当在其他条件相同时，空间上彼此相邻或接近的刺激物、具有连续性的刺激物和在视野中相似的刺激物等，都容易组成图形而从背景中凸显出来，被知觉选为加工和处理的对象。这便是大街上双胞胎格外引人注目的原因。

调整刺激物的图形，因为当图形具有简明性、良好连续性和对称性时，容易成为知觉的对象。如果不能对整体轮廓进行调整，也可以调整部分轮廓；因为封闭或趋于闭合的部分容易组成图形，而被选为知觉的对象。

2．知觉的理解性

人在感知事物时，总是根据以往的知识或经验来理解它们，并用语言、文字、图形把它们表示出来，这便是知觉的理解性。这也是为什么老中医通过望闻问切，就能诊断患者病情的原因——他曾看到的和理解的东西，要比一般医生多。其实，经验在知觉事物时扮演着重要角色，它决定了到底能知觉到什么，以及知觉的深刻程度等。可见，知觉并不是一种纯粹的感性活动，而是与部分理性活动和思维活动相联系的心理现象。与感觉相比，知觉在更大程度上依赖于人的主观态度和过去的知识与经验。所以，同样的外界刺激，对不同知识背景和经验的人来说，其知觉的内容、对事物的理解以及深刻性等，都有很大差异。比如，同样一句话，对有的人可能是"对牛弹琴"；对别的人，则可能是"听君一席话，胜读十年书"。

由于社工黑客的攻击是没有身体接触的，所以社工黑客显然不能改变被攻击者的知识和经验等固有特性；但这并不意味着黑客就无能为力了。

黑客可通过言语或情绪状态的诱导等，来影响被攻击者对知觉对象的理解。其实，当环境复杂、知觉对象的外部标志不明显时，运用言语诱导可唤起人们对过去经验的回忆，从而形成对知觉对象的理解。比如，在溶洞中看怪石时，导游只需轻轻点拨一下说"这是猪八戒背媳妇"，于是游客们便会点头称是，而同场景中的外国游客可能会莫名其妙。又如，若营造出紧张的劫机氛围，即使是武器专家，也可能将一把玩具手枪当成真枪。

黑客还可通过改变活动的任务或目标，来达到改变受害者知觉的结果。因为对同一项活动，如果任务或目标不同，将导致对同一对象产生不同的理解，从而产生不同的知觉结果。比如，若将白大褂男子的背景从饭馆改为诊室，那么你看见的对象将可能从厨师变为大夫。

3. 知觉的恒常性

当知觉的条件变化后，知觉的映像将在一定范围内仍然保持相对不变，这便是知觉的恒常性。它体现在许多知觉领域中，尤其以视知觉最为明显。主要的知觉恒常性包括大小恒常性、形状恒常性、方向恒常性、明度恒常性和颜色恒常性。

（1）大小恒常性。大小恒常性是指在一定范围内，人对物体大小的知觉不随距离的变化而变化，也不随视网膜上视像的大小而变化的、与光学原理矛盾的一种知觉特性。比如身边某人，无论他是站着、坐着，或动或静，但都会被知觉为同一个人（而遵守光学原理的机器人，却很难做到这一点）。当刺激条件越趋复杂，则越表现出恒常性，而刺激条件减少则恒常性也会减少。当距离很远时，大小恒常性便消失。当水平观察时恒常性表现大，而垂直观察时，恒常性则表现小。

（2）形状恒常性。当观察角度变化而引起视网膜影像变化时，其原本的形状知觉，仍然保持相对不变。比如，不管你从哪个方向去观察，一本书的形状在知觉上都是长方形的。

（3）方向恒常性。当身体部位或视像方向改变后，感知物体的实际方位仍会保持相对不变。比如，当某人看一只狗时，无论他是站着看，躺着看，弯腰看，侧卧看，甚至倒立看等，他看到的都是同一条狗。方向恒常性与个体的先前经验密切相关。比如，从未倒立看物的人，需要短暂地适应，即刚开始时那只狗也好像在倒立，但过一会儿后狗就不再倒立了。又比如，遇到不熟悉的、复杂的环境（如进入森林后），就不容易识别出方向。查看陌生地图时，就更难查清地理位置。

（4）明度恒常性。当照明条件改变时，物体的相对明度或亮度保持不变。例如，白墙在阳光和月色下看，它都是白的；而煤块在阳光和月色下，都是黑的。

（5）颜色恒常性。当物体的颜色因光照条件改变而改变时，个体对熟悉物体的颜色知觉仍保持不变。比如，一个番茄，不管在白天或晚上，在红光或黄光的照射下，人们都会把它感知为红色。

其实，知觉的恒常性也并非绝对，社工黑客还是可以改变它的。比如，只要能够改变"视觉线索"（所谓"视觉线索"就是指环境中各种参照物给人提供的物体距离、方位和照明条件的信息），就能改变受害者的知觉恒常性。更形象地说，只要能"适当"改变参照物的信息，便能改变知觉对象的恒常性。这里的"适当"，取决于被攻击对象以往的知识和经验，比如，刚出生 4 个月之内的婴儿，就还没有恒常性的知觉。成人对知觉对象原有的知识、经验和环境越丰富，就越难改变其对感知对象的恒常性。

前面的"改变恒常性"是一种攻击思路，社工黑客的另一种完全相反的攻击思路是：加强受害者的知觉恒常性，诱导他用过去的老经验和老眼光去理解和处理事情，从而促使他犯经验主义的错误，引发相应的安全问题。

4．知觉的整体性

在知觉感知过程中，人不是孤立地反映刺激物的个别特性和属性，而是将多个属性进行有机的综合，反映事物的整体和关系，这就是知觉的整体性。比如，呈现一个由许多小写字母 s 组成的一个大写字母 H，那么人们一般会首先看到字母 H，然后才细辨出该 H 是由许多小写 s 组成的。又比如，同样是"0"，当它被放入数字串中时，它将被看成数字零；而当它被放入字母串中时，又会被误认为英文字母。

即使是对事物个别属性的知觉，也会依赖于事物的整体特性。比如，观看一个有较小缺口的圆环时，心中仍能将缺少的部分补足，完成一个整体圆环的知觉形象（魔术师们就常以此来施展其障眼法）。在知觉感知过程中，常常会对整体的知觉先于个别成分的知觉。社工黑客在攻击受害者的知觉整体性时，还可充分利用以下规律：

（1）接近律，即在空间、时间上彼此接近的部分容易被知觉为一个整体。

（2）相似律，即物理属性（强度、颜色、大小、形状）相似的个体易被知觉为一个整体。

（3）连续律，即具有连续性或共同运动方向等特点的客体易被知觉为同一整体。

5．知觉的适应性

当视觉输入发生变化时，人的视觉系统能够适应这种变化，使之恢复到正常的状态。比如，刚换一副眼镜后，开始时会觉得不习惯，一段时间（半天或一天）后，这种不舒服的感觉就消失了。

第 3 节　视觉与听觉的漏洞

学习目标

- 了解视觉与听觉的规律性漏洞。
- 探索影响视力的常见攻击法。
- 了解噪声武器的攻击威胁。

人从外界获得的信息当中，至少有 80% 来自视觉。可见，视觉是最重要的感觉。除上一节中的普遍感觉漏洞外，视觉还有以下独特的规律性漏洞。

（1）视野。当头部不动、眼球不动时，眼睛观看正前方物体时所能观察的空间范围称为视野，而视野之外便是盲区。一般人的水平视野最佳角度为 30 度，水平视线左右夹角各为 15 度；最大固定视野界限（眼动而头不动时）为 180 度；头部活动扩大的视野界限为 190 度。垂直视野最佳角度为 30 度（水平视线上、下夹角各为 15 度）；最大固定视野界限为 115 度（上 70 度，下 45 度）；头部活动扩大的视野界限为 150 度（上 90 度，下 60 度）。

（2）视觉的对比效应。当同时观看黑色背景上的灰点和白色背景上的灰点时，会感到前者比后者亮一些。这说明背景不同，对相同颜色的感觉也就不同。对象与背景之间的对比越强烈，就越容易被感知。人易于从远处辨认颜色的顺序，依次是红、绿、黄、白。如果两色对比，则最易辨认的次序是黄底黑字、白底绿字、白底红字、蓝底白字、黑底白字。黄底黑字，最引人注目。

（3）视觉分辨力。它指人眼辨别景物平面上相邻两个亮点的能力。例如，在白纸上有两个相距很近的黑点，当人眼离它超过一定距离时，就会分不清是两个点，而只模糊地看到一个黑点。分辨力与照度、背景亮度以及对象与背景的对比度密切相关。照度太低时，人眼分辨力会大大降低，且分不清颜色。人眼对黑白细节的分辨力，要大于对彩色细节的分辨力。

（4）视觉运动习惯。人眼的水平运动比垂直运动快，因此，垂直阅读更容易出错（看来古书的纵向排版，确实不科学）。一般来说，人眼习惯于从左到右阅读；看圆形物体时，总习惯于沿顺时针方向看；感知闭合图形，比感知开放式图形容易；感知数字比感知刻度更准确；两眼总是同步运动，几乎不可能一只眼转动而另一只不动；人眼对直线轮廓比对曲线轮廓更易于接受；人眼对水平方向尺寸和比例的估计，比对垂直方向尺寸和比例的估计要准确；当眼睛偏离视觉中心时，在偏离距离相等的情况下，人眼对左上限的观察最优，其次为右上限、左下限，而右下限最差。

（5）视觉的马赫带。它是指人们在明暗变化的边界上，常常在亮区看到一条更亮的光带，而在暗区看到一条更暗的线条。因此，当观察两块亮度不同的区域时，边界处亮度对比会加强，使轮廓表现得特别明显。

（6）后像。当刺激物对感受器的作用停止以后，感觉现象并不立即消失，它能保留一个短暂时间，这种现象就叫"后像"。后像分两种：正后像和负后像。后像的品质与刺激物相同的，叫正后像；后像的品质与刺激物相反的，叫负后像。例如，在注视灯光后，闭上眼睛，眼前会出现灯的一个光亮形象，位于黑色背景之上，这是正后像；随后又可能看到一个黑色形象，出现在光亮背景之上，这就是负后像。颜色视觉也有后像，一般为负后像：如果注视一朵绿花，约一分钟，然后将视线转向身边的白墙，那么将看到一朵红花；如果先注视一朵黄花，那么后像将是蓝色的（某些魔术师，就是用此漏洞来"变换"衣服颜色的）。

（7）闪光融合。断续的闪光，当频率增加到一定程度后，人眼会得到融合的感觉，这种现象叫闪光融合。例如，日光灯的光线每秒闪动 100 次，于是便看不出它在闪动，以及高速转动的电风扇看不清每扇叶子的形状，这些都是闪光融合的结果。刚刚能够引起融合感觉的最小频率，叫闪光融合临界频率，它表现了视觉分辨时间能力的极限。融合临界频率越高，对时间分辨作用的感受性也就越大。闪光融合依赖于许多条件：刺激强度低时，临界频率就低；随着强度上升，临界频率明显上升；在视网膜中央部位，临界频率最高；偏离中央部位 50 度时，临界频率明显下降。

（8）视觉掩蔽。在某种时间差之下，当一个闪光出现在另一个闪光之后，这个闪光能影响到对前一个闪光的觉察，这种效应称为视觉掩蔽。目标物无论出现在掩蔽光之前、之后或同时出现，对目标物的觉察都明显受到掩蔽光的影响。视觉掩蔽除光的掩蔽外，还有图形掩蔽、视觉噪声掩蔽等。

利用上述规律性漏洞，社工黑客便有多种方法来攻击"热血电脑"。为了增加趣味性，此处介绍一种攻击方法，黑客仅仅通过调节照明和色彩等，便能轻松控制和干扰人类的视觉，从而引发输入错误，达到破坏信息安全的目的。

首先，可通过照明来影响视力。随着亮度的增加，视力也会提高。在一定范围内，亮度的对数与视力提高之间存在线性关系。视力还受对比度的影响，即视觉对象与背景的亮度差越大，视觉效果就越好。当然，对比度和亮度不能无限增加，否则会产生眩光，引起目眩，反而降低视力。如果照明很差，特别是缺乏阴影或亮度差，则可能引起虚假的视觉表象或歪曲视觉对象，从而引起视觉错误。还可以通过较差的照明来促使视觉疲劳，进而引起全身紧张和疲劳，最终使视力下降，导致视觉错误。眩光还能破坏视觉的暗适应，产生视觉后像，导致视觉不舒适和分散注意力，从而引起视觉错误。当人眼在亮度极不均匀的环境中不断切换时，就会频繁发生明适应和暗适应，也会导致视觉疲劳。此外，照明还可影响人的观察力、记忆力、思维能力、意志力和想象力，降低人的兴趣，让人犹豫不决，反应迟钝等。光照不足，会让人产生压抑感和烦躁感；光照差，使人辨识困难，从而导致挫折感，影响自信心等。总之，所有这些后果，都会对视觉产生直接或间接的负面影响。

其次，可利用色彩来展开攻击。正确的色彩，可提高视觉器官的分辨能力，减少视觉疲劳。在亮度和对比度都很小时，可通过改变色彩对比来改善视觉条件；因为在视野内若有色彩对比，则视觉适应力比仅有亮度时有利。不容易引起视觉疲劳的最佳色彩有浅绿色、淡黄色、翠绿色、天蓝色、浅蓝色和白色，而最容易引起视觉疲劳的色彩有紫色、红色和橙色等。色彩能引起或改变人的某些感觉，比如，色彩能引起人的冷暖感（红色、橙色、黄色能造成温暖的感觉，称为暖色；而蓝色、青色能造成清凉的感觉，称为冷色）。色彩能够调节人的态度，例如，红色、棕色、黄色等一些暖色调，可刺激和提高人的积极性，让人活跃，故称为积极色；而蓝色、紫色则相反，使人平静和消极，故称为消极色。有些色彩既不能使人"积极"也不能使人"消极"，它们属于中性色。色彩按照激励程度，有着与光谱一样的排列顺序：红、橙、黄、绿、青、蓝、紫。处于光谱中央的绿色，是生理平衡色。以绿色为界，可以将其余六种颜色，分成"积极色"和"消极色"。色彩可以产生凹凸立体感，例如，淡蓝色造成房屋空间被扩大的强烈感觉；棕褐色则相反，给人以凸出的感觉。色彩能改变重量感觉，例如，浅绿色、浅蓝色及白色的东西，让人觉得轻便；而黑色、灰色、红色及橙色的东西，则给人以笨重的感觉。色彩还能引起或改变某种情绪，例如，积极色和明色，会使人愉快、活跃；而消极色和暗色，则使人压抑、不安。总之，色彩不但会影响视觉，也会使其他器官活动的兴奋性增强；明色调的物体，容易引起注意，也更可能引起兴趣；适当的色彩对比，更有利于人的观察；积极性色彩的使用会使人充满活力，积极性更高。

除规律性漏洞外，视觉还有缺陷性漏洞。其中，比较典型的便是所谓的色觉缺陷，例如色弱和色盲。

（1）色弱。色觉正常的人，可以用红、黄、绿三种波长的光来匹配光谱上任何其他波长的光，因而被称为"三色觉者"。色弱者，虽然也能用三种波长来匹配光谱上的任一波长，但他们对三种波长的感受性均低于正常人。在光刺激较弱时，色弱者几乎分辨不出任何颜色。男性中大约 6%的人是色弱者。

（2）色盲。色盲包括全色盲和局部色盲两类。全色盲者只能看到灰色和白色，丧失了对颜色的感受能力。这种人的视网膜锥体细胞异常或不全，即无论在白天还是晚上，均缺少视觉色彩感知能力。全色盲者在人口中所占比例很少，大约只有十万分之一。局部色盲者虽有某些颜色体验，但他们所能体验到的颜色范围比正常人要小得多。

视觉的错觉性漏洞也不少，下面归纳几种与运动错觉相关的漏洞。

（1）游离的光线。在全黑房间的远端，放一个亮点。如果盯住该亮点数秒后，将发现亮点以一种奇怪的、飘忽不定的方式来回移动，时而扑向某个方向，时而又前后轻微颤动；光亮点的运动很矛盾，好像在动，但又未改变位置。

（2）错乱的世界。比如，人疲倦和醉酒时，会觉得天旋地转。

（3）瀑布效应。早在亚里士多德时代，人们就发现了该效应。比如，注视留声机的旋转轴约半分钟后，如果转盘突然停下来，那么在几秒钟内，人会把中心轴看成向相反方向旋转的。又如，在注视河水流动半分钟后，如果再看岸边的固定物体，将发现这个物体在逆水流方向移动。

（4）联结式适应。这是在 1965 年，由麦可罗发现的一种错觉现象。他在橙色背景上，画一些垂直的黑色条纹；然后在蓝色背景上，画一些由水平条纹组成的同样格栅。再用幻灯机交替呈现这些条纹格栅：先呈现一组条纹 5 秒钟，继以 1 秒钟的黑暗；然后，呈现另一组具有不同颜色和方向的条纹 6 秒钟。当观察者受到这种交替刺激 2～4 分钟后，若用具有相同方向的黑白格栅代替彩色格栅；那么将会发现，这时黑白格栅也变成彩色了：垂直条纹看起来具有蓝/绿背景，而水平条纹看起来是在橙色背景上。

（5）电影和电视中的运动画面。电影本来呈现的是一系列静止图片，而我们却看到了连续的动作。这依赖于两个错觉：视觉暂留和飞现象（phi phenomenon）。视觉暂留，使得闪烁率大于每秒 50 次的光，看上去像是稳定不变的。飞现象的最简单描述是：用两个能自动开关的光，一个光刚刚熄灭，另一个光就亮了；只要光线间的距离以及闪动的时间间隔大体适当，人眼看到的将是光从第一个位置移向第二个光的位置（大街上那些看起来像是在来回跳动的霓虹灯，都是飞现象的例子）。

（6）似动与距离。从飞驰的汽车上观看月亮，你会看到月亮也在随你而缓缓运动。当车速为每小时 50 千米时，月亮似乎按每小时 10～20 千米的速度运动；但是，月亮虽比汽车慢，它却又紧紧跟上，从不落后！当眼睛看向很远的物体时，如果观察者在运动，那么整个景物会从观察者的前方变到后面，即与正常的运动视差相反。这种效应还会产生其他有趣的现象，比如：对某些图画，它明明是平面的，却可能看起来像是立体的，甚至会看到一个逼真的悬崖。坐在车内，如果两脚离地，就只能依靠视觉来判断自己是否在运动，以及运动的速度。如果在高空飞行，乘客就几乎没有运动的感觉。

听觉是仅次于视觉的重要感觉，在处理大量信息时，听觉比视觉更不容易疲劳。听觉听到的东西是声音，它是声波刺激耳朵的结果。不同声音的频率各不相同，男声频率低，女声频率高；当频率低于 16 赫兹（次声波）或高于 2 万赫兹（超声波）时，人耳就听不见了。纯音是声波为标准正弦波时的声音，比如音叉发出的声音。但是，日常生活中的声音，多数不是纯音，而是复合音。声音还分成乐音和噪声，前者是周期性的声波，后者则是不规则的、无周期的声波。听觉的基本特性包括音调、音响和音色。

音调是由声波频率决定的听觉特性。声波频率不同，听到的音调高低也不同。音乐的音调一般在 50～5000 赫兹之间，言语的音调一般在 300～5000 赫兹之间。人耳对音调的最敏感区域在 1000～4000 赫兹之间。当频率约为 1000 赫兹、响度超过 40 分贝时，人耳甚至能觉察到千分之三的频率变化；换句话说，人耳能够分辨 1000 赫兹和 1003 赫兹这两种音调的差别。音调是一种心理量，它不仅取决于频率的高低，而且还受到许多其他因素的影响，如声音的持续时间、声音强度和复合音的音调等。

音响是由声音强度决定的一种听觉特性。声音的强度大，听起来响度就高；强度小，听起来响度就低。测量音响的单位称为分贝。音响还和声音频率有关。在相同声压水平上，不同频率的声音响度是不同的；而不同的声压水平却可产生同样的音响。

音色是声音的另一种感觉特性。音调的高低，取决于发声体振动的频率；音响的大小，取决于发声体振动的振幅。但是，不同的发声体，由于材料、结构等的不同，发出声音的音色也就不同。因此，可以通过音色去分辨不同的发声体。比如，根据不同的音色，即使在同一音调和同一音响的情况下，也能区分出某个声音是由何种乐器或何人发出的。

听觉也有以下独特的规律性漏洞。

第一，听觉接收信息，并无方向限制。听觉器官可接收任何方向的声音信号。

第二，人耳对声音频率变化的感觉，呈指数递减规律，即频率越高，频率的变化就越不易被辨别。

第三，可以通过传到两耳中的声音时间差、头部的掩蔽效应等来辨别声音的方位，这也称为"双耳效应"或"立体声效应"。

第四，可以通过声强的变化来判断声音来源的远近距离。

第五，听觉有掩蔽效应，即当两个声音同时出现时，声强大的一个被感知，而声强小的一个被遮掩，甚至听不到。由于听觉的复原需要一段时间，所以当掩蔽声去掉以后，掩蔽效应并不立即消除。此现象称为残余掩蔽或听觉残留，其量值可表示听觉疲劳，即掩蔽声对人耳刺激的时间和强度，直接影响人耳的疲劳持续时间和疲劳程度：刺激越长、越强，则疲劳越严重。

社工黑客攻击听觉的最有效武器，当然是噪声。其威力涉及许多方面，如影响人的身体和心理。

影响人的身体：

（1）对听觉的影响。在噪声环境中，人的听觉敏感性会降低。如果声音较强，时间较久，就会引起听觉疲劳。如果声强及作用于人耳的时间进一步增加，则可以引起噪声性耳聋。在强声压的冲击下，甚至可导致双耳完全失聪。

（2）对视觉的影响。在噪声环境中，由于听觉受损，可使视力下降，蓝绿色视野增加，红色视野减小。

（3）对神经系统的影响。长期处于噪声环境中，可使大脑皮层兴奋与抑制失调，导致条件反射异常，引起头痛、头晕、失眠、多汗、乏力、恶心、心悸、注意力分散、记忆力减退、神经过敏、惊慌、反应迟钝等。

（4）对内分泌及消化系统的影响。长期处在噪声环境中，会使胃的正常活动受到抑制，有可能导致胃溃疡和肠胃炎。

（5）心血管系统的影响。噪声会引起心动过速、心律不齐、血压升高及毛细血管收缩、供血减少等。

影响人的心理：

（1）在噪声环境中，人的语言交流困难，从而使语音信息不能清晰准确地传递，就有可能造成失误。此外，语言交流的困难，还可使人烦躁、着急、生气，使人的情绪变坏。

（2）对注意和记忆的影响。噪声的干扰会使人分散精力。尤其带有一定信息的噪声，更会对大脑活动产生消极影响，使人的注意力分散，或注意集中时间缩短。噪声对人的记忆也有影响。突然出现的高频噪声，会严重干扰注意力，甚至中断正在做的工作。噪声对注意力的影响，既与个人体质有关，也与他是否对该噪声敏感有关。

（3）对情绪的影响。噪声对情绪的影响取决于噪声的性质和人的状态。强而频率高的噪声，以及强度和频率不断变化的噪声，更易使人紧张、烦乱、生气。当人正在想问题、休息或心情不好时，即使很小的噪声，也能使人厌烦。当人正在激烈运动或在歌厅娱乐时，反而需要一定的噪声助兴。

不过，需要指出，噪声是社工黑客的攻击武器。同样，隔绝任何音响也是一种武器；因为在极静的环境下，人的注意力也很难集中。

第 4 节　知觉的错觉性漏洞

学习提示

- 了解错觉的规律。
- 探索错觉的规律在社工中的应用。

每一个错觉都可被社工黑客直接用来误导受害者，让其产生错误的判断。知觉具有恒常性，但是当知觉条件变化到一定程度时，就会产生各种各样的错觉，即此时的知觉不能正确表达外界事物的特性，而出现种种歪曲。比如，古人早就发现，太阳本来在天边时远，在天顶时近；按理天边的太阳看上去应该小，而天顶的太阳看上去应该大，可是直观现象正好相反。这就是一种错觉。

错觉的种类很多，主要包括大小错觉、形状错觉、方向错觉、形重错觉、倾斜错觉、运动错觉和时间错觉等。其中，最著名的错觉有下面 16 种：

（1）缪勒莱耶错觉（Müller-Lyer illusion）。缪勒莱耶错觉也叫箭形错觉，两条长度相等的直线，如果一条直线的两端加上向外的两条斜线，另一条直线的两端加上向内的两条斜线，那么前者就显得比后者长，如图 7-1（a）所示。

（2）潘佐错觉。潘佐错觉也叫铁轨错觉，在两条辐射线之间有两条等长线段，结果上面的一条线段看上去比下面一条线段更长些，如图 7-1（b）所示。

（3）垂直/水平错觉。两条等长的直线，一条垂直于另一条的中点，那么垂直线看去比水平线要长一些，如图 7-1（c）所示。

（4）贾斯特罗错觉。两条等长的曲线，放在下面的那条，比放在上面的那条看去长些，如图 7-1（d）所示。

（5）多尔波也夫错觉。两个面积相等的圆形，一个在大圆的包围中，另一个在小圆的包围中，结果前者显小，后者显大，如图 7-1（e）所示。

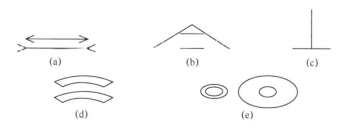

图 7-1　几种大小错觉

（6）月亮错觉。月亮在天边刚升起时，看起来较大；而在天顶时，看起来较小。

（7）佐尔拉错觉。本来是彼此平行的一些线段（长线段部分），由于附加了一些其他线段（短线段部分），使得长线段看起来变成不平行了，并且不同方向截线的黑色深度也似不同了，如图 7-2（a）所示。

（8）冯特错觉。两条平行线由于附加线段的影响，使中间变狭而两端变宽，直线看似弯曲，如图 7-2（b）所示。

（9）爱因斯坦错觉。在许多环形曲线中，正方形的四边略显弯曲，如图 7-2（c）所示。其实，若将不同的几何形状（如圆形、方形、三角形等），放在线条背景上；那么这些形状看上去均会变形而出现形状错觉。

（10）波根多夫错觉：被两条平行线切断的同一条直线，看上去却不在一条直线上，如图 7-2（d）所示。

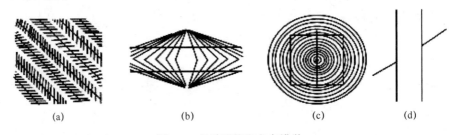

图 7-2　几种形状和方向错觉

（11）编索错觉。图 7-3 看起来像是盘在一起的编索，呈螺旋状，其实它是由多个同心圆所组成的。

（12）桑德错觉。在图 7-4 中你会发现，左边较大平行四边形的对角线看起来明显比右边小平行四边形的对角线长，但实际上两者等长。

（13）阶梯错觉。注视图 7-5 数秒后，你将有两种透视感：有时楼梯看似正放的，有时又看似倒置的。

  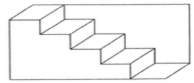

图 7-3　编索错觉　　　　图 7-4　桑德错觉　　　　图 7-5　阶梯错觉

（14）闪图错觉。请盯住图 7-6 看，你将会发现其中的交叉点在不断地黑白闪烁，而这显然只是一张静止的图片。

（15）墨基辐射线图形。盯住图 7-7 看一会儿后，再看另一个屏幕，便会有一种后效：似乎看到很多米粒在运动。

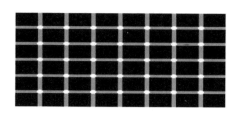 

图 7-6　闪图错觉　　　　　　　　　图 7-7　墨基辐射线图形

（16）黑白线条。当你盯住由黑白线条组成的图 7-8 看一会儿后，便会产生眩晕的效果。

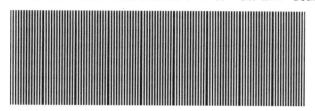

图 7-8　黑白线条

错觉当然远不只上述 16 种，还有心因性错觉、生理性错觉、病理性错觉和可主观克服的错视等。

（1）心因性错觉。心因性错觉是由心理因素引起的错觉，比如：在影院门口等恋人，急切中常将路人错当成恋人；急寻丢失的孩子时，看到每个小孩都像是自己的宝贝等。

（2）生理性错觉。生理性错觉是指错误地感知了体内某种生理性活动。比如，怀疑自己患癌症后，身体上的许多无关反应看起来都像在印证自己的猜测。

（3）病理性错觉。生病的时候也会出现错觉，这是病理性错觉。例如，高烧病人有可能将输液管错看成毒蛇，将床边柜上的花瓶错视为骷髅等。病理性错觉常带有可怕的成分，使人惊恐万分。当体温正常，意识清晰后，病理性错觉也就消失了。

（4）可主观克服的错视。成语"杯弓蛇影"，就是这类错觉的典型代表。它把实际存在的事物，通过主观想象作用，错误地感知为与原事物完全不同的另一种形象。这类错视一般通过主观再认知都是可以克服的。除错视外，还有错味、错触、错嗅、错听和内感性错觉。

错觉的出现是有条件的，条件具备时必然产生，而且错觉的产生具有固定的倾向。

第 5 节　感觉与知觉的漏洞极限

学习提示

- 了解感觉和知觉的病态性极限。
- 探索它们在社工中的可能应用。

由于社工黑客的攻击是无身体接触的攻击，所以应该主要关注正常人的人性漏洞。但是，在某些特殊情况下，也有办法使正常人变为非正常人，至少可以短暂地变成非正常人。所以，了解一下人类感觉漏洞的极限，对人们提高信息安全防护能力也是有帮助的。这些极限漏洞，可以分为感觉过敏、感觉减退和内感性不适。

（1）感觉过敏，即对外界一般强度的刺激感受性增高。比如，感到阳光特别耀眼、声音特别刺耳、普通的气味异常刺鼻等。

（2）感觉减退，即对外界一般刺激的感受性减低，甚至感觉消失，甚至对外界刺激不产生正常的感觉。比如，几乎感知不到强烈的疼痛，外界环境变得暗淡，颜色模糊不清，声音发钝。

（3）内感性不适，即体内产生各种不适感和难以忍受的异样感觉。比如，牵拉、挤压、游走、蚁爬感等，而且当事者还不能明确指出具体的不适部位。

虽然知觉漏洞的极限情况也主要发生在病人身上，但对信息安全的攻防双方还是有参考价值的；因为在某些特殊情况下，社工黑客也许有办法使正常人变为非正常人，至少可以短暂地变成非正常人。

知觉的极限漏洞，可以分为视物变形症、空间知觉障碍、时间知觉障碍、非真实感等。

（1）视物变形症，即患者感到外界事物的形状、大小和体积等都出现了改变。比如，看到母亲的脸变长、眼睛变小、鼻子变大等。若看到的外界事物比原来大，则称之为视物显大症；若变小了，则称为视物显小症。

（2）空间知觉障碍，即患者感到周围事物的距离发生了改变。比如，汽车已驶近身边，但仍觉得车还在远处。

（3）时间知觉障碍，即患者感到时间流逝得特别缓慢或特别迅速，或感到事物的发展变化不受时间的限制等。

（4）非真实感。非真实感又称现实解体，即患者感到周围事物和环境发生变化，变得不真实，像是一个舞台布景。例如，周围的房屋、树木等都像是纸板糊的，周围的人好像都是无生命的木偶等。

还有一种，与错觉性漏洞很相似，但属于病态的人性漏洞，即幻觉。回忆一下，错觉是指对客观事物的不正确感知，是一种被歪曲了的知觉。但是，幻觉则是在没有现实刺激的情况下所出现的知觉体验。换句话说，"错觉是一种错误的感知觉"；而幻觉则是"一种虚幻的不存在的感知觉"。错觉多见于正常人，而幻觉则多见于精神病患者，因而幻觉是一种严重的知觉障碍。

幻觉主要有幻听、幻视、幻嗅、幻味、幻触、思维鸣响、机能性幻觉和内脏性幻觉等。

（1）幻听。这是最常见的幻觉形式。幻听的形式多种多样，既可以是嘈杂的噪声，也可以是音乐，更多的是言语声。言语性幻听，既可以表现为直接与患者对话，也可以在与第三人讲话时以"他"或"她"提及患者（第三人称幻听）。幻听的内容，既有评论性的，更为特殊的是"实时评论性幻听"，即对患者的言行随时随地发表议论。幻听的内容也可以是争论性的，即两个甚至多个人的声音，对患者的人品、能力和表现等发表各不相同的看法；也可以是命令性的，即以权威的口气命令患者做这做那，不服从便威胁恐吓等。

（2）幻视、幻嗅、幻味、幻触。它们是在视觉、嗅觉、味觉与触觉领域出现的幻觉。幻视真切、生动，多带恐怖性质。比如，坚称看见窗户外有飘浮的物体或地上、床上全是老鼠等。幻嗅、幻味与幻触较少见，但它们的感觉大多是不愉快的，一般与被害性质的妄想相伴随。比如，患者吃东西时，总尝到一股异味，坚信这是其"死对头"在下毒，因而拒食。幻触的感觉可以是电击感、虫爬感、针刺感等离奇感觉。

（3）思维鸣响。患者体验到自己的思想被声音重复或在头脑里回响，即思想变成了清晰可辨的言语声。重复出来的思想，虽然内容与原来的一样，但患者可以清楚地感觉到两者在性质上的不同。

（4）机能性幻觉。机能性幻觉最常见的是患者在出现客观听觉刺激的情况下出现的幻听。比如，在开关门的声音中，听到说话声；或在"嘀嗒嘀嗒"的挂钟声中，听出有人骂自己。

（5）内脏性幻觉。内脏性幻觉是指固定于某个内脏或躯体内部的异常知觉。如患者感到自己的内脏器官被穿孔、牵拉、切割和烧灼，一般能确定异常感觉的部位，并十分清晰地描述这种令人痛苦的感觉。

有时，幻觉还可被进一步区分为真性与假性幻觉。真性幻觉的印象，出现在患者的外部空间；假性幻觉的印象，只出现在患者的心灵中或"脑内"。

上面讨论的知觉，几乎都是纯客观性的，即不带任何主观因素的东西。但是，社工黑客攻击的对象主要是"人"，而"人"本身就充满主观因素，对"人"的感知就更主观了。比如，只能用诸如"印象"之类的概念来含糊地描述。即使是这样含糊的描述，也仍然存在着称为"知觉偏见"的漏洞。它们主要包括：

（1）光环偏见。若某人被标明"好人"时，他就被一种积极肯定的光环笼罩，并被赋予一切好的品质；反之，若某人被标明"坏人"时，他就被认为具有所有的坏品质。比如，领袖会被标明为"好人"，但他可能是位坏父亲；杀人犯会被标明为"坏人"，但他仍可能是位好父亲。

（2）逻辑偏见。从一种品质的存在，武断地认为另一些品质也存在。比如，知道某人聪明后，就很容易断定他富有想象力、机敏、有活动能力、认真、深思熟虑和可信赖等；知道某人轻率后，就会认为他容易激怒、好夸口、冷酷和虚伪等。

（3）积极性偏见。积极性偏见是指表达积极肯定的评价往往多于消极否定的评价。换句话说，在绝大多数情况下，感知"人"时，对其优点更为敏感。注意，对"物"感知时，可就没有这种积极性偏见。

（4）假定相似性偏见。在感知他人时，总会潜意识地假设他人与自己是相同的。特别当已知对方与自己在某些统计特征（如年龄、民族、国籍和社会经济地位等）相同时，这种相似性偏见会更明显。比如，四川人在外地碰到老乡，就自然认为他也喜欢吃麻辣味的食品，但是这位老乡也许并不爱吃麻辣食品！

📖 重要概念

漏洞思维、规律性漏洞、缺陷性漏洞、错觉性漏洞、视觉、听觉、嗅觉、味觉、痛觉、触觉、冷觉、温觉、错觉、幻觉、运动觉、平衡觉、脏腑觉、视野、分辨力、马赫带、视觉掩蔽、音调、音响、音色、感觉过敏、感觉减退、内感性不适、时间知觉、空间知觉、运动知觉、大小错觉、形状错觉、方向错觉、形重错觉、倾斜错觉、运动错觉和时间错觉。

⏱ 知识要点

以感觉和知觉为代表的具体人性漏洞很多，至少有输入漏洞、输出漏洞、处理漏洞、存储漏洞等四大类漏洞。无论是哪个漏洞，只要被黑客成功利用，就可能导致安全问题。至于如何利用这些漏洞，当然就靠社工黑客各显神通了。感觉和知觉的内容很丰富，它们的漏洞也常被社工黑客利用。比如，感觉漏洞若被社工黑客成功利用，就可能出现这样的情况：本该感觉到的，却没有感觉到；不该有的感觉，却被感觉到了；本该感觉强烈的，却被弱化了；本该感觉很弱的，却被强化了；本该感觉为 A 的，却被感觉成 B 了；等等。

❓ 复习思考

7-1　请锁定现实或文学作品中的某人，努力挖掘他的感觉或知觉漏洞。

7-2　请结合实例，分别详细解释感觉和知觉的各种规律性漏洞，以及知觉的错觉性漏洞和幻觉性漏洞等。并结合可能的社工攻击，考虑相应对策。

7-3　请结合视觉和听觉的规律性漏洞，逐一思考社工黑客的可能性攻击手段。

7-4　请用实例解释大小错觉、形状错觉、方向错觉、形重错觉、倾斜错觉、运动错觉和时间错觉等知觉漏洞，并考虑针对它们的可能社工攻击。

7-5　黑客将如何利用感觉和知觉的极限来发起攻击？我们又该如何防范呢？

Chapter 8

第8章
情绪和记忆博弈

学习目标

- 了解情绪和记忆的特征，探索其在社工中的博弈应用
- 熟悉短时记忆和长时记忆的对抗性特征
- 了解增强记忆的技巧，以及记忆在遗忘、错构和虚构等方面的极限
- 掌握一般情绪和特殊情绪的调控技巧
- 了解情绪的失控极限及其与表情的关系

案例导入

熟悉《三国演义》的人都知道一个精彩桥段：诸葛亮在战场上仅凭三寸不烂之舌，就把敌方主将王朗给当场骂死了。原来，双方曾经都是汉朝臣民，只不过后来王朗跳了槽，但又很忌讳背上"不忠"的骂名。于是诸葛亮紧紧抓住王朗的这个死穴，利用本章即将介绍的情绪攻防利器，三下五除二就让王朗的情绪失控，命丧黄泉。

其实，情绪博弈刚开始时，双方还假惺惺地互致了问候。起初，王朗还稍占优势，毕竟他身后拥有强大的虎狼之师。可几轮对骂下来，王朗就觉得理亏气短了，只在马上指着诸葛亮结结巴巴道："你……诸葛村夫，你敢……。"

来自农村的诸葛亮当然不在乎出身卑微，反而越骂越勇，甚至愤而站立道："住口！无耻老贼，岂不知天下之人，皆愿生啖汝肉，安敢在此饶舌！今幸天意不绝炎汉，昭烈皇帝于西川，继承大统，我今奉嗣君之旨，兴师讨贼。汝既为谄谀之臣，只可潜身缩首，苟图衣食，安敢在行伍之前，妄称天数耶！皓首匹夫！苍髯老贼！汝即日将归于九泉之下，何面目见二十四帝乎！"

再看那王朗，早已手捂胸口，颤声道："我、我、我……"

诸葛亮哪肯嘴软，赶紧补上一句催命咒，大声斥责："逆臣贼子！汝枉活七十有六，一生未立寸功，只会摇唇鼓舌，助曹为虐！一条断脊之犬，还敢在我军阵前狂吠，简直厚颜无耻！"

话音未落，只听"扑通"一声，可怜的王朗早已滚下马来，气绝身亡。

至于记忆博弈的案例就太多了。比如，假若你的情敌成功干扰了你的记忆，让你忘掉了女朋友的生日，嘿嘿，那你就等着哭吧！

本章主要论述攻防双方如何在情绪和记忆这两个方面展开博弈。特别是社工黑客如何采用不同的手段，分别在喜怒哀乐等情绪方面以及瞬时记忆、短时记忆和长时记忆等记忆方面，让受害者的情绪和记忆失控，即要么让"记"失控，要么让"忆"失控，要么让情绪失控。反过来，守方要稳住情绪、增强记忆、不让记忆失控等。另外，还归纳了情绪和记忆失控的极限状态。

第1节　情绪和记忆的博弈简介

学习提示

- 了解情绪和记忆的特征。
- 探索其在社工中的博弈应用。
- 了解记忆博弈的两种主要攻击思路，即让"记"失控或让"忆"失控。

情绪是少有的能"隔空打牛"的利器！在《三国演义》中，诸葛亮就是用它气死了周瑜，骂死了王朗。社工黑客当然不会主动放弃这件法宝，而且还会将其"穿越时空"的威力发挥到极致！所以，信息安全专家不得不认真对待情绪博弈。比如，深入探讨社工黑客将如何诱发受害者的情绪，改变受害者的情绪，甚至将受害者的情绪逼入事先预定的某种状态之中。

情绪，既简单又复杂。说它简单，那是因为每个人每天都融化在喜、怒、哀、乐、忧、愤、爱和憎等常见的情绪中；说它复杂，那是因为即使经过百余年的研究，心理学家至今也还没有完全搞清楚，情绪到底是怎么回事！当前流行的看法是：情绪是人对客观事物的态度体验及相应的行为反应，包括刺激情境、主观体验、表情等方面。

刺激情境。人的情绪并非无缘无故，而是由一定的刺激情境诱发的。刺激情境，是指直接作用于感官，具有一定生物学和社会学意义的具体环境。例如，自然景象、各类事件、生理状态的变化等。但是，情绪并不直接决定于客观的对象或现象，而是决定于人对这些"客观的对象或现象"的解释或评估；因此，对同一对象或现象，若对其解释或评估不同，就会产生不同的情绪。例如，同样是面对一只近在咫尺的老虎，若在动物园，就会解释成观赏与娱乐，从而产生愉快的情绪；若在野外，就会解释成危险，从而产生惊惧的情绪。因此，社工黑客若想攻击受害者的情绪，就会设法对他施以适当的感官刺激情境，并诱导他做出对黑客有利的解释。

主观体验。主观体验是指当事者对情绪状态的自我感受。实际上，情绪作为主观的意识经验，是对客观现实的一种反映；或者说是对主体与客体之间关系的反映。情绪表现为某种主观的体验。没有它，当事者就不知道自己是否产生了情绪，从而就不知道欢乐和忧愁、幸福和苦恼、爱和恨等。因此，社工黑客会尝试改变受害者的主观体验，改变其情绪从而完成攻击。

表情。表情是情绪的外部表现；在不同的情绪状态下，就有不同的行为表现。因此，观察受害者的表情，既是社工黑客发动攻击前的"敌情侦察"，又是攻击结束后的"战果评估"。

社工黑客对受害者情绪的攻击，有两种层次的目标：初级层次，意在改变受害者的情绪，比如，从当前的高兴诱导成悲伤等；高级层次，逼使受害者进入事先预定的情绪之中，比如，让他哭他就哭，让他笑他就笑等。当然，黑客最希望受害者的情绪彻底失控，那效果就更好；但是，仅凭"短期的非身体接触攻击"，黑客几乎不可能达到此目标。

当社工黑客将受害者逼入某种情绪时，会引起对方的若干生理变化，表现在呼吸系统、血液循环系统、内外腺体、消化系统和脑电波等方面。这些变化虽然不是黑客的最终目标，却可以成为黑客判断对方情绪变化的客观指标。下面对呼吸系统、血液循环系统、脑电波、皮肤电阻值、外部腺体活动和内分泌腺进行具体介绍。

呼吸系统的变化。在某些情绪状态下，呼吸的频率、深浅、快慢、是否均匀等都会发生变化。比如：当突然惊恐时，呼吸甚至会暂时中断；当狂喜或悲痛时，呼吸可能发生痉挛现象。实验数据表明：当人高兴时，呼吸次数增加、心跳加速；当消极悲伤时，呼吸放缓、内脏压力增强；当积极动脑筋时，呼吸加快、头部血量增加；等等。

血液循环系统的变化。在某些情绪状态下，心血管系统也会发生一系列变化。比如，心率加快、血管舒张和收缩、血压升高、血糖增加等。

脑电波的变化。在不同的情绪状态下，脑电波也会发生变化。通常，当人处在正常、清醒、安静、闭目状态时，脑电波的频率为 8～14 次/秒；在紧张、焦虑状态下，脑电波的频率增加为 14～30 次/秒；在熟睡时，脑电波的频率又下降为 3 次/秒。

皮肤电阻值的变化。心理学家的实验结果表明：当紧张时，皮肤电阻约为 1248 欧姆；惊骇、惊呆和惧怕时，皮肤电阻约为 846 欧姆；当混乱时，皮肤电阻约为 740 欧姆；当欢悦时，皮肤电阻约为 514 欧姆；当期待时，皮肤电阻约为 401 欧姆；当不安、压抑时，皮肤电阻约为 319 欧姆；当不愉快时，皮肤电阻约为 206 欧姆；当努力做事时，皮肤电阻约为 169 欧姆；当轻松愉快时，皮肤电阻约为 105 欧姆；等等。

外部腺体活动的变化。例如：当悲痛或狂喜时，往往会流泪；当焦急或恐惧时，会冒汗；当产生否定情绪（如焦虑、不快、恐惧或激动等）时，唾液腺、消化腺的活动会被抑制，肠胃的蠕动会受阻，因而会感到口渴、食欲减退或消化不良；相反，愉快的情绪，会增强消化腺的活动，促进唾液、胃液及胆汁的分泌。

内分泌腺的变化。例如：情绪紧张，会促进肾上腺素的分泌，从而引起血糖提高；焦急不安，会使血液中的肾上腺素增多；愤怒，则使血液中"去甲肾上腺素"增加。肾上腺素的增加，又会引起呼吸急促，血压、血糖升高，血管舒张，容易发怒等；反过来，肾上腺素分泌不足，就会使肌肉无力、精神不振等。

在社工黑客眼里，人的"记忆"便是"热血电脑"的存储系统。而存储系统的关键动作只有两个：一个是"存"；另一个是"取"。因此，相应的攻击思路也有两个：其一，让"存"失控；其二，让"取"失控。只要二者之一达到目的，黑客就成功了。

再看人的记忆，其实也分两部分：一个是"记"，即记住；另一个是"忆"，即回想。社工黑客攻击"记忆"的目的是使它失控，即要么让"记"失控，要么让"忆"失控。换句话说，要么让"该记的，没记住；该忘记的，没忘记；该记成 A 的，却被记成了 B 等"，要么让"该回想起来的，没被回想；不该回想的，却被回想；本来是 A 的，却被回想成 B 等"。总之，只要有一招得逞，那么黑客的攻击就算成功了；而守方的目标，显然与黑客相反。

关于"记忆"，心理学家已经研究了几百年，并取得了非常丰硕的成果，所以我们只需"摘桃子"就行了，甚至不去深究过于专业的心理学概念，反正"记忆"这个词大家都很熟悉。不过，攻防的细分"战场"还是需要说明的，因为记忆的种类远比常人体验的要多，而且针对不同种类的"记忆"，攻防手法也不相同。攻守双方在记忆博弈方面的"战场"主要有以下三个：

第一个"战场"叫感觉记忆，又名瞬时记忆，它是当客观刺激停止后，在极短时间内（0.2～2 秒）保存下来的记忆。例如，看电影时，虽然呈现在屏幕上的是一连串静止照片，但是我们看出了运动的效果，这要归功于感觉记忆。感觉记忆是记忆的开始阶段，也是黑客攻击难度最小的阶段。黑客只要能成功拦截感觉记忆，那就胜券在握；因为他已将受害者的记忆"扼杀在了摇篮之中"。比如，要数两叠钞票，当你数到第二叠的一大半时，旁人突然一声吼，让你分心了，这时你可能还记得第一叠钞票有多少张，却忘了第二叠已数到第几张，于是不得不重数。为什么对前后两个数的记忆，会有这么大的差异呢？这是因为，你已把第一叠的钞票数，放进了长时记忆（稍后将介绍的第三个"战场"）；而第二叠的钞票数，只暂时放在感觉记忆中。因此，攻击感觉记忆，只需很简单的一招，即让受害者分心，就能取胜。但是，现实并不能让社工黑客随时都有机会对受害者"大吼一声"；于是，攻守双方只好进入随后的第二个战场。

第二个"战场"叫短时记忆，它对信息的记忆大约保持 1 分钟，是信息从感觉记忆到长时记忆之间的一个过渡环节。所以，第二个战场也只是过渡战场。感觉记忆中，只有那些能引起当事者注意，并被及时识别的信息，才有机会进入短时记忆。相反，那些与长时记忆无关的或没有注意到的信息，由于没有转换为短时记忆，所以很快就消失了。

第三个"战场"，才是攻防双方的主战场，叫长时记忆，它是指存储时间超过 1 分钟的记忆。长时记忆中存储着过去的所有经验和知识。

由于第一个"战场"的博弈已经在前面用"分心"两个字就说清了。所以下面只分别介绍短时记忆和长时记忆的攻防对抗。

第 2 节   记忆的对抗

学习提示

● 熟悉短时记忆和长时记忆的对抗性特征。
● 了解短时记忆的规律性漏洞及其在博弈中的应用。

"短时记忆"包括两种成分：一种是直接记忆，即输入的信息未经加工，其容量相当有限，主要以言语听觉形式为主，也含视觉和语义信息等；另一种是工作记忆，即输入信息已被加工，使其容量扩大。

在加工"短时记忆"信息时，具有以下可利用的规律性漏洞，它们也是攻防双方在短时记忆博弈方面需要争取的主要"阵地"。

（1）与视觉相比，黑客会重点攻击听觉。因为实验证实：在允许观看的条件下，听音回忆时，发音相似的字母容易混淆；而形状相似的字母，却很少混淆。可见，在"短时记忆"对信息的加工方面，听觉比视觉重要，即听觉是攻击重点；而攻击听觉的办法，显然就是噪声干扰或增加相似声音。

（2）如果只存在视觉（或者说没有听觉，这是远程网络攻击的常见情况），那么与"音"相比，应该重点攻击"形"。换句话说，此时形状相同的东西更容易记住，发音相同的东西则次之。例如，在没有听觉、只有视觉的情况下，如果将第一个英文字母，一会儿写成大写 A，一会又写成小写 a，那么记忆的难度就会大于统一大写（或统一小写）的情况。

（3）觉醒状态，大脑的兴奋水平直接影响记忆的效果。比如，用咖啡等兴奋剂提高大脑的兴奋水平后，便可提高记忆力。实验表明，在一天当中，人的记忆高峰在上午 10:30 左右，而整个下午都在下降，晚上记忆效率最低。

（4）组块。短时记忆的容量非常有限，正常成年人的短时记忆容量，只在 5～9 之间，平均为 7。换句话说，短时记忆只能记住大约 7 个组块。这里所谓的"组块"，指的是一个单元，它既可以是一个串数字、字母、音节，也可以是一个单词、短语或句子等。组块的大小，随个人的经验而异；因此，每人都可以利用自己的知识，通过扩大每个"组块"的信息容量来达到增加短时记忆容量的目的。例如，数学家便可将数字串 3、

1、4、1、5、9、2、6 组成圆周率组块 π；而把它们看成 8 个独立数字，当然就很难记住了。

（5）加工深度。如果对被记忆的信息有更深刻的理解，那么记忆效果会更好。比如，软件工程师对 IP 地址的记忆能力，远远超过会计。因为前者对组成 IP 地址的数字和小数点的理解更深刻，而会计的理解却较表面化。又如，牙医认人的能力也许不高，但是只要你一张嘴，他就能想起前次给你看牙时的情形；因为他对牙的印象，比对人的印象更深刻。

（6）复述。复述是增强短时记忆能力的最有效方法之一。复述分为两种：一种是机械复述，即将短时记忆信息不断地简单重复。另一种是精细复述，即将短时记忆信息进行分析，使之和已有的经验建立起联系。所以，正在苦心背单词的朋友，记得多用精细复述，别只是机械式的死记硬背！

（7）干扰。这是社工黑客对付复述的最有效手段。因为短时记忆的信息在得不到复述的情况下，很快就会被遗忘，而阻止复述的办法之一就是用其他无关信息去干扰受害者。

（8）完全系列扫描。这是人类短时记忆的提取方式，即对全部记忆信息进行穷举检索，然后再做出判断。因此，短时记忆的信息组块越多，提取的时间就越长；而且，在短时记忆信息组块数量相同的情况下，提取任何一个组块的时间都是一样的，即与组块的顺序无关。由此可见，良好的组块（组块个数尽可能少，每个组块中的信息量尽可能大）不但可以提高短时记忆的信息量，而且还有助于信息的提取。总之，阻止对方组建良好的组块，是社工黑客攻击短时记忆的有效办法，至于如何阻止，那就得因人而异了。

如果社工黑客在前面的第一"战场"（感觉记忆或瞬时记忆）和第二"战场"（短时记忆）都未能得逞，也可能选择第三"战场"（长时记忆，也是记忆领域攻防双方的主战场）来阻击受害者了。

长时记忆信息在头脑中存储的时间和容量，几乎都没有限制。这些信息大部分是对短时记忆内容的加工（主要是复述），极少部分是由于印象深刻而一次形成的。长时记忆又可按时间顺序再分为识记、保持和再现三个阶段，因此社工黑客只要能在其中任何一个阶段获胜，他就赢了。

1. 长时记忆的识记

识记其实是一个过程，或者说是对想要记忆的信息进行整理、加工的过程。在这个过程中，需要对信息进行反复感知、思考、体验和操作。通过识记，新的待记忆的信息便和已有的知识结构形成联系，并汇入旧的知识结构之中。于是，记忆便被获得和巩固。当然，在特殊情况下，哪怕只有一次经历，便能牢记终生。比如，特别重要的事件或经历。那么，人类是如何对需要记忆的信息进行识记的呢？主要方式有三种：

（1）根据刺激的物理特征进行识记，即通过感觉系统直接对外界信息的物理特征进行加工，提取事物的各种特征。这种识记方式，在感觉记忆中较常见，如视觉领域的图像记忆和听觉领域的声音记忆等。

（2）按语义类别进行识记。在记忆一系列语词概念时，人类总会把它们按语义的关系组成一定的系统，并进行归类。例如，当面对长颈鹿、小萝卜、斑马、潜水员、张三、顾客、菠菜、面包师、土拨鼠、演员、黄鼠狼、李四、南瓜、打字员等单词串时，如果将它们分别纳入动物、植物、人名和职业四个类别，识记的效果就会明显提高。换句话说，合适的语义归类有助于改善识记水平，当然也就能提高记忆力。

（3）以语言的特点为中介进行识记，即借助长时记忆中存储的语言特点（如语义、发音、字形、音韵等），对当前输入的信息进行识记，使它成为可存储的东西。比如，将一些难记的信息编成顺口溜，就是这种办法。

那么，都有哪些因素能影响识记的效果，或者说黑客如何才能破坏受害者的识记呢？主要因素有觉醒状态、加工深度、组块和意识状态，其中前三种因素已经在短时记忆时介绍过了，下面只介绍第四个因素——意识状态。

识记的意识状态，即有意识的记忆，其效果明显优于无意识的记忆。这便是"贵人多忘事"的理论依据。实际上，有意识的记忆可使人的全部心理活动趋于明确的目标，从而使得记忆任务从背景中突显出来，于是就留下了较深的印象。

2．长时记忆的保持

保持，是将识记的结果以一定形式存储在头脑中的过程。它是识记和回想的中间环节，也是社工黑客最难破坏的一个阶段。保持是一个动态过程，存储的信息在保持阶段会发生质与量的变化：在量的方面，保持的信息数量会随时间的迁移而逐渐下降，因为其他东西逐渐被忘记了；在质的方面，由于每个人的知识和经验等的不同，其保持的信息将有多种形式的变化。例如：

（1）内容更精练，次要的细节将逐渐消失；

（2）内容变得更加完整、合理和有意义；

（3）内容变得更加具体，或者更为夸张和突出。

记忆保持内容的变化，还表现为奇怪的记忆回涨现象，即在学习某种材料后，相隔一段时间后所保持的信息量反而高于刚学习完时所保持的信息量。

保持的内容，主要按五种组织方式被存储在头脑中：

第一，空间组织，即将认识的事物以空间方式组织存储在头脑中。例如，头脑中的篮球总是大于垒球等。

第二，系列组织，即将记忆内容按某种连续顺序，系列地组织起来。例如，在学习英文字母表时，大都按 A 到 Z 这样的顺序来组织，如果顺序颠倒了，那么字母表就很难记住了。

第三，联想组织。对词的记忆存储，是典型的联想组织。例如，"桌子"通常使人联想到"椅子"，"热"联想到"冷"，"妈妈"联想到"爸爸"等。

第四，层次组织。许多概念和知识，都是按层次组织的方式被存储在记忆中的。其中，每个层次按事物的特性而定，上一层次的特性概括了下一层次，下一层次的事物从属于上一层次。例如，若上一层次是动物，那下一层次便可以是鸟和鱼等，再下一层次便可以是喜鹊和黄鱼等。其实，按层次组织的材料，比杂乱的材料更容易记忆。

第五，更替组织。记忆材料的组织，可以相当灵活，每人都可根据自己的独特知识和经验，从不同角度来组织同样的信息。例如，"老子"这个信息，普通人会将它组织成一句脏话，而熟悉国学的人则会将它与《道德经》组织在一起。

总之，保持内容的各种组织方式之间相互作用、相互影响，有时也相互重叠，并形成复杂的有结构的记忆库。

由于记忆保持过程相对封闭，所以社工黑客几乎无处下手，但这并不意味着黑客就没机会，因为记忆天生具有一个天敌——遗忘！所谓"遗忘"，就是记忆的内容不能保持或难以提取，比如，识记过的事物不能被再认和回忆，或再认和回忆时发生错误。当然，遗忘又可细分为：能再认但不能回忆的（不完全遗忘），不能再认也不能回忆的（完全遗忘），一时不能再认或重现的（临时性遗忘），永久不能再认或回忆的（永久性遗忘）等。

遗忘是从学习之后立即开始的，而且遗忘的速度最初很快，以后逐渐缓慢。例如，在学习 20 分钟之后，遗忘率就可达到 42%；而 31 天之后，遗忘率也仅达到 79%。当然，遗忘的进程不仅受时间因素的影响，还受到许多其他因素的影响，例如：

识记材料的性质与数量的影响。对熟练的动作和形象的材料，遗忘得慢；对无意义的材料比有意义的材料遗忘得快。在学习程度相近的情况下，识记材料越多，忘得越快，反之则慢。因此，对需要记住的材料，不宜贪多求快。

学习程度的影响。对记忆材料的识记，未能达到无误背诵的，称为低度学习；若达到恰能背诵之后，还继续学习一段时间，这时就称为过度学习。实验结果表明：低度学习材料容易遗忘，而过度学习的材料，比恰能背诵的材料有更好的记忆效果。

识记材料系列位置的影响。在回忆系列材料时，回忆的顺序有一定的规律。比如，对 26 个英文字母的记忆，开头的字母（如 A、B、C）和结尾的字母（X、Y、Z）容易记住，但字母表的中间部分则容易遗忘。又如，在学习了一串单词的词表后，若想回忆其内容，那么最后呈现的单词将最先回忆起来；其次是最先呈现的那些单词；而最后回忆起来的单词，则是词表的中间部分。在回忆的正确率上，将出现系列位置效应，即在最后呈现的词遗忘得最少；其次是最先呈现的词；遗忘最多的则是中间部分的词。在回忆的难度上，将出现近因效应，即最后呈现的材料最易回忆。在遗忘的数量上，将出现首因效应，即最先呈现的材料遗忘较少。

识记者态度的影响。识记者的需要、兴趣等，对遗忘速度也有影响。比如，那些次要的、兴趣不大的、不太需要的记忆内容，将首先被遗忘。另外，曾经被用心加以组织的材料，遗忘得较少；而单纯的重述材料，识记的效果较差，遗忘得也较多。

遗忘的原因有多种，不过，社工黑客能够有所作为的，主要有两种：

第一，干扰。在学习和回想之间，足够的干扰刺激，便可导致遗忘；一旦干扰被排除，记忆也就能恢复，因为此时记忆的痕迹并未变化。更具体地说，干扰可分为前摄抑制和倒摄抑制。前摄抑制是"先学习的材料，对识记和回忆后的学习材料的干扰"。比如，若在相声节目"报菜名"的清单后面，再加上一个新菜名，那么与相声演员相比，普通人将更容易记住这个新加上的菜名。换句话说，社工黑客若将待记忆的信息混杂在受害者先前已有的相似信息之中，便能促使受害者遗忘。倒摄抑制是"后学习的材料，对先学习的保持回忆材料的干扰"。社工黑客只要能给受害者增加足够的额外记忆负担，也能促使受害者遗忘。当然，倒摄抑制的强度，受前后两种学习材料的相似程度、难度、时间安排以及识记的巩固程度等因素影响。比如，前后学习的材料若完全相同，后学习就变成了复习，它不但不会产生倒摄抑制，反而会加强记忆。但若前后学习材料相似度很大又不完全相同，这时的干扰效果将达到最大，甚至大于前后学习材料完全不同的情况。因此，社工黑客最好用"雷同，但不相同"的材料去倒摄抑制受害者，便能获得最佳效果。

第二，压抑。因为遗忘是由情绪或动机的压抑作用而引起的，如果压抑被解除，则记忆也就能恢复。比如，考试时，由于情绪过分紧张，致使考试者忘记某些很熟悉的公式等。换句话说，若能给受害者增加适当的精神负担，社工黑客也能从中获益。

那么，作为社工黑客的对立面，你怎样才能记住想要保持的信息呢？这当然是有办法的，比如：充分利用外部记忆手段，如可以适当做笔记、编制提纲等；重视脑健康和用脑卫生等，因为严重营养不良将使记忆力下降，而吸毒、酒精中毒及脑外伤等也会影响记忆力。但是，提高记忆的最主要的办法，是组织有效的复习，因为复习在记忆保持中扮演关键角色！

具体地说，刺激的重复出现是短时记忆向长时记忆转化的条件，而未被复习的信息几乎不可能进入长时记忆。当然，复习也是有讲究的：

首先，复习要及时，因为遗忘的速度，在开始时最快。

其次，要正确分配复习时间。因为分散复习比集中复习的效果好，所以复习之间应间隔一定的时间，而不宜连续进行。当然，分散复习的间隔长短，要根据材料的性质、数量和识记水平等方面来确定，刚开始复习时间隔要短，以后再长一些。

再次，阅读与重现应交替进行，以便提高复习效率。这是因为：重现能提高学习者的积极性，使其看到成绩，增强其信心；能发现问题和错误，有利于及时纠正；能抓住材料的重点和难点，使复习更具目的性等。

最后，注意排除前后材料的相互影响，即复习时要注意材料的序列位置效应。比如：对材料的中间部分要加强复习，避免前摄抑制与倒摄抑制；类似材料的复习不要排列在一起，而应交叉安排；在复习时，还要注意安排适当的休息；等等。

3. 长时记忆的再现

再现，是从记忆库中提取信息的过程，是记忆的最后阶段。记忆的好坏，将通过再现表现出来。再现有两种基本形式，即再认和回忆。

1）再认

形象地说，所谓"再认"就是当过去熟悉的东西再次呈现时，你能够将它辨认出来。比如：多年未见的老朋友，一见面就能够立即认出对方；或者对一首熟悉的歌曲，只要听到几个旋律，就能说出歌名。社工黑客并不关心"再认"的心理学机制或它与回忆的区别等，而只在乎如何让被攻击对象的"再认"出错，即对熟悉的事物不能再认或认错。比如，让受害者收到的信息不准确、对相似的对象不能分辨、处于情绪紧张状态等。具体地说，可以充分利用"再认"的以下几个规律，来搅乱受害者的"再认"：

再认依赖于事物的性质和数量。相似的事物，再认时容易混淆。比如，形状相似的字（"己"与"巳"等）在再认时，就容易出错。事物的数量，对再认也有影响。比如，有数据显示，在再认英文单词时，每增加一个词，再认时间就会增加 38 毫秒。

再认依赖于时间间隔。再认的效果，随再认时间的间隔而变化；间隔越长，效果越差。实验结果表明：间隔 2 小时，再认效果最好；随着间隔时间增长，再认的效果会逐渐下降。

再认依赖于思维活动的积极性。对不熟悉的事物进行再认时，积极的思维有助于进行比较、推论，从而提高再认的效果。例如，若认不出某多年未见的老友，便可根据现有线索，回忆当年的生活情景，从而帮助再认成功。

再认依赖于当事者的期待。再认的速度和准确性，不仅取决于对刺激信息的提取，而且依赖于当事者的经验、定式和期待等。例如，对双关图的识别，本该看出两个图形，但由于定式或期待的影响，每个人认出图形的速度各不相同，甚至有的人只能认出其中的一个图形，而认不出另一个图形。

再认依赖于当事者的个性特征。比如，独立性强的人，不易受周围环境的影响，能更好地从复杂图形中识别出简单图形；而依赖性强的人，其再认的效果相对较差。

2）回忆

与"再认"相比，"回忆"一词对普通人来说几乎耳熟能详。但是，从心理学角度来看，"回忆"的内涵相当丰富。不过，对社工黑客来说，他只关心影响"回忆"的下列因素：

（1）联想。联想是回忆的基础，因为人在回忆某事物时，也会连带地回忆起其他相关事物。比如：想到"阴天"，就会联想到"下雨"；提起一个朋友的名字，就会联想到他的音容笑貌；等等。联想具有以下 4 个规律：

① 接近律，即时间、空间上接近的事物容易形成联想。比如：提起孙悟空，就会想到猴子；由元旦就会想到春节；等等。

② 相似律，即形式相似或性质相似的事物容易形成联想。比如：提起夏天，就会想到炎热；提到英雄，就会想到勇敢；等等。

③ 对比律，即事物间相反的特征也容易形成联想。比如：由黑容易想到白；由高容易想到低；等等。

④ 因果律，即事物间的因果关系也容易形成联想。比如：由雷声就会想到闪电；由冰雪就会想到寒冷；等等。

（2）定式和兴趣。它们直接影响回忆的方向和效果。所谓定式，就是每个人的心理准备状态。定式不同者，对同一刺激引起的回忆内容也不同，产生的联想更不同。比如，听到鞭炮声后，婚庆公司和殡仪馆员工，将分别联想到婚礼和丧礼。另外，兴趣和情感状态，也可使某类联想处于优势。比如，面对恐龙模型图片，儿童和古生物学家就会分别优先联想到游乐园和化石。

（3）双重提取。在回忆过程中，借助表象和词语的双重线索，可以提高回忆的完整性和准确性。例如，当被要求回忆"某楼有几层"时，先在头脑中出现该楼的形象，再从中提取楼层的数目，这样效果会更好。同时，在回忆过程中，寻找回忆内容的关键点，也有利于信息的提取。例如，在回忆英文字母表时，若问 B 前面的字母是什么，那么大部分人都能回忆起来；但是，若问 I 前面的字母是什么，回答就较困难。此时，有的人就会从 A 开始背诵字母表，直到回忆起 I 前面的字母；而更多的人，则会从 G 开始背诵字母表，因为 G 在整个字母表中是一个关键点，其形象比较突出。

（4）暗示回忆和再认。它们也有助于信息的回忆提取。在回忆较复杂或不太熟悉的东西时，呈现某些与回忆内容有关的线索，将有助于回忆内容的迅速恢复。若暗示与回忆内容有关的事物，也能帮助回忆。

（5）抗干扰。干扰也常常加强回忆的困难。例如，考试时本来知道答案，但由于过分紧张，反而一时想不起来了。这种"话到嘴边又说不出来"的现象，称为"舌尖现象"。其简便的克服方法是停止回忆，休息一段时间后，就会自然回忆出来了。

第 3 节　记忆的增强与攻击极限

学习提示

- 了解增强记忆技巧。
- 知悉记忆在遗忘、错构和虚构等方面的极限。

前面主要是从社工黑客的角度来看记忆，其目的是搞破坏。但是心理学家则主要是从相反的方面（如何增强记忆）来总结相关结果，并给出了若干经验。虽然这些经验已经以攻方（黑客）语言夹杂在前面各节的叙述中，但为了加深读者印象，下面以守方（红客）语言将增强记忆的技巧集中归纳如下：

（1）若有明确目的，则记忆的效果会更好。因此，在其他条件都相同的情况下，有意记忆优于无意记忆。比如，你第二次见到心仪的相亲对象时，马上就能认出；但是，即使经常乘坐同一辆公交车，你也不一定想得起司机的模样。

（2）记忆的意向很重要，即要求长期记住的东西，较之只要求短期记住的东西具有更大的巩固性。可记可不记的东西，实际上可能就什么也记不住了。比如：配偶的生日，大部分人都能长期记住；与朋友本次聚餐的房间号，过几天就会忘掉；刚才上楼时电梯里有几个人，可能压根就想不起来。

（3）被要求精确记忆的效果，比只要求记其大概的效果要好。比如，考试前记忆英文单词拼写的效果，就好于考试后的记忆效果，因为平时可通过查字典来纠正记忆错误。

（4）按顺序记忆的效果，优于乱序的记忆效果。当然，这里的"顺序"，可以从不同的角度来安排，比如逻辑顺序、自然顺序、历史顺序、时间顺序、重要性顺序、亲疏顺序等。总之，把无规则排列的事物排成编号或序号，便可提高记忆效果。

（5）与当事者的需求相符合的材料，就容易记牢。比如，司机容易记住附近的加油站位置；而零担小贩就没这个本领，但他能记住谁是回头客。

（6）凡能引起当事者直接兴趣的材料，就记得快、记得久。记乐谱时，歌唱家强于厨师；但在记菜谱时，厨师又领先于歌唱家。

（7）能激发当事者情感的事物，就能较长久地保留在头脑中。比如，与恋人的愉快经历，有些人能够终生不忘。

（8）经过积极思考，达到深刻理解的事物，较容易记住，且记得牢，甚至终生不忘。比如，自己反复推敲写成的诗歌，就容易牢记，而旁人可能就只记得其中的几个佳句。

（9）待记忆材料的多少，影响记忆中保持的百分比。一般来说，被要求记忆的材料越多，实际保持住的反而越少。因此，在记忆时，"少吃多餐"比"暴饮暴食"好，即每次记忆的材料不宜太多，但需要持之以恒。

（10）有意义的材料，比无意义的材料容易记住。例如，若将无意义的材料编成口诀，使其变成有意义的材料，便可增强记忆效果。

（11）直观的、形象的材料，较之抽象的概念和材料更容易被记住。因此，需要利用图表、连环画或其他娱乐的形式等，将抽象的东西转化为形象的东西，从而加强记忆效果。

（12）有节奏、有韵律的材料，较易记住。例如，把需要记忆的材料编成打油诗等，可帮助记忆。

（13）有多种感知参与的活动较之只有单一感知参与的活动，其记忆效果更好。实验表明，单凭听觉，每分钟仅能传达 100 个单词；单凭视觉，其传达的速度是听觉的 1 倍；但是若视觉和听觉同时起作用，则传达速度是听觉的 10 倍。因此，为提高记忆效果，应该做到"五到"，即眼到、耳到、口到、心到、手到。

（14）利用联想，是促进记忆的有效方法。

（15）及时复习，可以巩固记忆效果，避免遗忘。

总之，记忆是有规律的，按规律去做，可以加强记忆，收到事半功倍的效果。当然，这些规律也可以被黑客利用，可见，任何事情确实都是一分为二的。

在"记忆"这个战场上，攻防双方各有妙招。但是，社工黑客的攻击是"非身体接触"的，所以攻方的极限也就是人类的病态记忆，下面介绍几种典型病态记忆，即遗忘症、错构、虚构、似曾相识症和旧事如新症

遗忘症，即丧失记忆，当事者对某一事件或某一时期内的经历完全遗忘。更进一步说，遗忘症又包括顺行性遗忘、逆行性遗忘和选择性遗忘。其中，顺行性遗忘是指近期记忆削弱，即只能回忆起早期的经历；逆行性遗忘是指不能回忆过去某段早期的经历；选择性遗忘，是指被遗忘的内容和范围与某种生活事件或处境密切相关，而与此无关的记忆则相对保持得较好。

错构，即错误记忆。它表现为当事者对曾经的经历，在发生的地点、情节，尤其是时间上，出现错误回忆，并坚信不疑。

虚构，即当事者以一段虚构的故事来填补他所遗忘的某一片段的经历，所谈内容大多为他既往记忆的残余。这些残余，在提问者的诱导下会串联在一起，显得丰富生动，甚至荒诞不经。虚构的东西，常转瞬即忘。

似曾相识症（或熟悉感），即当事者对某种陌生场面或情景有一种异乎寻常的熟悉感，但持续时间很短。

旧事如新症（或生疏感），即当事者面对已多次体验过的事物，却仍有一种似乎从未体验过的生疏感。

第 4 节　情绪的调控

学习提示

- 掌握一般情绪和特殊情绪的调控技巧。

若想调控别人或自己的情绪，就得了解情绪的来龙去脉。

首先，"需求"是情绪产生的基础。凡是符合当事者需求的客观事物，就会引起肯定的情绪。例如：得到表扬，会感到高兴；得到好书，就会感到满意；遇到知己，就会感到欣慰；对智者，会产生敬慕；家庭和睦，会感到幸福；等等。这里的"高兴""满意""欣

慰""敬慕"和"幸福"等，都是肯定的情绪。相反，凡不符合当事者需求或妨碍其需求的客观事物，就会引起否定的情绪，例如，失恋会引起悲痛，受辱会产生愤怒，挨批会出现不满和苦恼，对特权会感到气愤等。这里的"悲痛""愤怒""不满""苦恼"和"气愤"等都是否定的情绪；而那些与当事者需求无关的客观事物，既无益也无害，是中性刺激物，因此不会引起任何情绪。由此可见，社工黑客若想发动有效的情绪攻击，就必须事先弄清楚当事者的需求：若想引发其正面情绪，就应该促使满足其需求；否则，就要千方百计阻止其需求。如果预备工作不到位，工夫花在了当事者无关痛痒的事物上，那么情绪攻击就瞄错了方向，白费劲。

其次，对刺激情境的认知，决定情绪的性质。人在认识外界对象和现象时，会对刺激情境进行判断和评价，确定它们是否符合自己的利益，并由此引发相应的情绪。当然，这种"判断和评价"是以当事者的经验为基础的；经验不同，对同一情境的判断和评估就不同，从而引起的情绪也不同。例如，看见一条大蛇，普通人就会恐惧，而捕蛇者则会高兴。因此，社工黑客若想发动情绪攻击，就必须对当事者的经验和知识结构等有充分的了解。

最后，社工黑客会利用情绪的两极性，来确定攻击的方向，即将受害者的情绪从当前的方向，威逼或诱导至相反方向，或远离当前的情绪位置。这里情绪的两极性，是指在激动性、强度和紧张度等方面，存在着的对立状态。下面进行具体介绍。

（1）从性质上看，有肯定情绪和否定情绪。

（2）从强度上看，情绪的强弱也不一样。例如，从微弱的不安到激动，从愉快到狂喜，从微愠到狂怒，从好感到酷爱等。在强弱之间，还可再细分，例如，从微愠到狂怒的发展过程是：微愠→愤怒→大怒→暴怒→狂怒。从好感到酷爱的发展过程是：好感→喜欢→爱慕→热爱→酷爱。情绪的强度，决定于引发情绪的事件对当事者意义的大小：意义越大，引发的情绪就越强烈。情绪的强度也和当事者的"既定目的和动机能否实现"有关。

（3）从紧张程度上看，情绪有紧张和轻松之别，它们往往发生在活动最关键的时刻。例如，在排雷时，在场者的情绪都处于高度紧张状态；一旦成功，紧张情绪便逐渐消失，随后便是轻松的情绪体验。紧张的程度既决定于当时情境的急迫性，也决定于应变能力及心理准备状态。紧张能促进人的积极行动，但过度紧张会使人不知所措，甚至精神瓦解、行动停止。

（4）情绪还有激动与平静的两态。激动，是一种强烈的短暂情绪状态，如激怒、狂喜和极度恐惧等。平静，是一种平稳安静的情绪状态，也是人的正常状态。

对情绪发动攻击，其实只是黑客的手段，并非目的，更不是最终目的。那么，为什么黑客要千方百计地攻击用户的情绪呢？其主要有下列原因。

（1）搅乱情绪，就能干扰动作，这便是黑客企望的结果。因为情绪对行为既有促进作用，也有干扰作用。情绪是激励人的活动、提高活动效率的动力因素之一；适度的兴奋，可使身心处于最佳状态，提高工作效率；适度的紧张和焦虑有利于积极思考和成功解决问题。当然，过度或消极的情绪将会干扰有序的动机行为、妨碍活动进程、降低工作效率等。

（2）搅乱情绪，就可破坏当事者的人际关系或环境适应能力，从而给黑客的后续攻击提供机会。

（3）透过情绪，黑客可了解当事者的若干隐私。另外，如果黑客难以直接破坏当事者的情绪，则还可能通过破坏"当事者的亲朋好友的情绪"来间接达到攻击目的，这就类似于网络黑客的"跳板攻击"。因为情绪能以表情的方式在人际间传递信息、沟通思想，使人对环境事件的认识、态度和观点，更具表现力，更易被他人感知和了解。实际上，在许多场合下，彼此的思想、愿望、需求、态度或观点，都不能言传只可意会。也就是说，只能通过表情来传递信息，达到相互沟通、相互了解的目的。比如：微笑的表情，常指需求得到满足或对他人的行为表示赞赏；悲伤的表情，多伴随着对损失的惋惜；气愤，则表示对某人某事的否定；等等。

上面主要从攻方的角度考虑了情绪的破坏问题，那么从守方角度来看，又该如何对付黑客呢？也就是说，当事者该如何将自己的情绪控制在适当的范围内呢？心理学家们总结出了若干实用方法，下面进行简要归纳介绍。

（1）语言调节法。语言对人的情绪体验与表现有着重要的作用。语言既能引起情绪反应，也能抑制情绪反应。即使是不出声的心语，也能起到控制情绪的作用。例如：当暴怒时，默默提醒自己要"制怒"；当紧张时，口中默念"要镇静"；当恐惧时，心里念叨"别害怕""没啥好怕的"等；这些做法，对控制情绪都有一定的作用。

（2）注意转移法。遇到烦恼，可有意识地转移注意力，多想高兴的事。在闲暇时，多参加一些积极的娱乐活动，也有益于缓冲或消除不愉快的心情。

（3）精神宣泄法。焦虑和苦衷，不要长期闷在心里，要以适当的方式发泄出来。比如，或参加体育运动，或向亲朋好友倾诉，让别人帮助分解或排除一些痛苦。

（4）角色转换法。有时站在别人的立场或角度想一想，也能在一定程度上消除负面情绪。

（5）辩证思考法。比如，用"塞翁失马，焉知非福"或"祸兮福所倚，福兮祸所伏"等说法来为自己宽心，化解情绪，实现"乐而自持，哀而有节"。

上面的博弈策略，对各种情绪都有效，但是针对某些特殊的情绪，还有更有力的攻防手段，所以以下面就来关注几种核心情绪的对抗问题。

人类的情绪非常丰富，从古至今，人们就在不停地探讨和归纳情绪的种类，比如：

在《礼记》中，就把情绪分为七类，即喜、怒、哀、惧、爱、恶、欲；

在班固的《白虎通》中，把情绪分为六类，即喜、怒、哀、乐、爱、恶；

荀子则将情绪分为"六情"，即好、恶、喜、怒、哀、乐；

传统中医把情绪分为七类，也就是"七情"，即喜、怒、哀、乐、悲、恐、惊；

近代心理学家林传鼎把情绪分为 18 类，即安静、喜悦、愤怒、哀怜、悲痛、忧愁、激愤、烦闷、恐惧、惊骇、恭敬、抚爱、憎恶、贪欲、忌妒、傲慢、惭愧、耻辱。

达尔文则将情绪分为向、背两个方面，即分为两类极端情绪，如肯定情绪与否定情绪、积极情绪与消极情绪、紧张情绪与轻松情绪、激动情绪与平静情绪、强烈情绪与微弱情绪等。情绪的对立两极，相反相成，并在一定条件下可以相互转化，如"乐极生悲""破涕为笑"等。

1896 年，德国心理学家威廉·冯特提出了"情绪三维说"，即存在相反的三对基本情绪：取决于刺激强度的"愉快↔不愉快"；取决于刺激性质的"兴奋↔沉静"；取决于刺激时间的"紧张↔松弛"。

施洛斯贝格指出，情绪有两个相对独立的维度："快乐↔不快乐"和"注意↔拒绝"，并且还有一个强度维，即"激活水平"。

普拉特彻克提出了情绪三维模型，即各种情绪之间的差别主要体现在三方面：

（1）强度，如忧郁↔悲哀↔悲伤；

（2）相似性，如厌烦↔忧郁↔忧虑；

（3）对立性，如悲伤↔狂喜。

情绪的基本类型共有四对八种：狂喜↔悲伤；憎恨↔接受；惊讶↔警戒；恐怖↔狂怒。

伊扎德提出了一个"情绪分类表"，包括九种基本情绪：兴奋、喜悦、惊骇、悲痛、憎恶、愤怒、羞耻、恐惧、傲慢。

还有心理学家，首先把情绪和情感分开，然后把情绪分为三种状态：心境（心情）、激情、应激等；把情感也分为道德感、美感和理智感等。同时，其中每一类还可以再细分。

总之，情绪种类繁多，各具特色。因此，不可能，也没必要对每一种具体的情绪都去详细研究其对抗策略。所以，下面只考虑几种代表性最强的情绪。

"快乐"的博弈。快乐，是一个人追求并达到所盼望目时产生的情绪体验。快乐的程度，取决于愿望实现的程度、目的达到的意外性，即越是意外，就越快乐。"快乐"有强度上的差异：从"满意"开始，到"愉快"，再到"欢乐"，直到"狂喜"。"快乐"常与新颖别致的形象、绚丽协调的色彩、美妙动听的音乐、芬芳的香气等感性特征联系在一起。因此，黑客若想诱导当事者进入"快乐"情绪，首先得搞清被攻击者的企望目的是什么，然后再想法实现其期望；而且还要以尽可能意外的方式实现其期望。比如，通过微信，仅仅发个小红包，让当事者意外抢到，那么几分钱就可能让他短暂喜悦。

"愤怒"的博弈。愤怒，是由于某种原因，妨碍了目的的达到，从而使"紧张"积累而产生的情绪体验。"愤怒"的程度与"对妨碍物的意识程度"直接相关。换句话说，如果某人完全不知道是什么人或事在妨碍、干扰他达到既定目的，那么"愤怒"就不会明显表现出来。一旦他搞清了妨碍的原因，并觉得不合理或属恶意时，愤怒便会骤然发生，甚至可能引发对妨碍物的攻击。因此，黑客若想激怒当事者，就会设法妨碍他的某种目的（并不在乎这个目的有多大，哪怕是一个非常微小的目的），并让他尽快意识到妨碍来自哪里，最后还要让他觉得这种妨碍完全无理。于是，让他"愤怒"的目的便实现了。

"恐惧"的博弈。恐惧，是企图摆脱、逃避某种危险情境时产生的情绪体验。引起恐惧的重要原因是缺乏处理可怕情景的能力，或缺少对付危险的手段。当某人不知道用什么办法击退威胁，或发现自己的突围失败，因而被一种不可抗拒的力量包围时，恐惧便产生了。若已经习惯了某种危险情境，或学会了应对办法时，恐惧就不会发生。若情景变了，或过去的经验已失效，那么恐惧将重新出现。当然，由于每个人的个性、经验不同，所以，相同的危险情境可能引起不同的反应。具有镇静、勇敢、机警等意志性格的人，更容易战胜或摆脱危险，因而这类人会表现出无所畏惧的特点。因此，社工黑客若想诱发当事者的恐惧情绪，就会首先营造一种"危险情境"（如电信诈骗犯谎称，公安局正在调查你）；然后，让当事者明白"自己没能力摆脱此危险"（如马上就要封你的银行账号了），于是，哪怕这些"危险"并不属实，当事者也会很快进入恐惧情绪，除非他意志很坚强。注意：如果"危险情境"已出结果，那么就不会产生恐惧情绪；也许会产生"悲哀"（比如骗子谎称账号已封），也许会破涕为笑（比如已逢凶化吉等）。

"悲哀"的博弈。悲哀，是在失去自己的心爱对象（人或物）或自己的理想、愿望破灭时，所产生的情绪体验。悲哀可能释放为哭泣。悲哀的程度取决于所失去对象的重要性。悲哀的强度可分为：失望→遗憾→难过→悲伤→哀痛。诱发当事者的悲哀情绪非常容易，因此不再细述了。

以上的快乐、愤怒、恐惧和悲哀是人类的四种基本情绪，它们可以衍生出多种复杂的情绪，包括痛苦、厌恶、烦恼、愉快、骄傲、羞耻、罪过、内疚、悔恨、喜欢、接纳、拒绝、同情、冷漠、爱、恨等。因此，四种基本情绪的博弈也就能扩展到众多衍生情绪，不再一一详述了。

"情绪状态"也是攻防双方的"战场"，虽然相应的博弈策略需要"量身打造"，但其规律性也还是很明显的。由于在这个"战场"上，社工黑客处于不利的状态，因为"易守难攻"。所以，下面只介绍四种最典型的"情绪状态"，即心境、激情、应激和挫折的博弈；更具体地说，重点介绍"守"，简略介绍"攻"。

"心境"的调控。心境，是指比较平静而持久的情绪状态，它具有弥漫性。它不是对某一事物的特定体验，而是以同样的态度体验一切事物；所以，在短期内，社工黑客很难主动改变当事者的心境，但是可以充分利用其心境来辅助自己的攻击行为。心境持续的时间可长可短，有的可持续几小时，有的可持续几周、几月或更长。心境的持续时间，依赖于引起该心境的客观环境和当事者的个性特点（如气质、性格等）。一般来说，重大事件引起的心境，具有较长的持续时间。心境产生的原因很多，比如，生活的顺境和逆境、工作的成功与失败、人际关系是否融洽、健康状况、自然环境的变化等都可能引发某种心境。心境对人的各方面都有影响，比如，积极向上的乐观心境，可提高效率，增强信心，充满希望，有益健康；相反，消极的悲观心境，则会降低效率，丧失信心，产生焦虑，有损健康等。个人的世界观、理想和信念，决定了心境的基本倾向，对心境起着重要的调节作用。比如，高僧的心境就远比常人平和，外部事物很难改变其心境。

"激情"的调控。激情，是一种强烈的、暴发性的、为时短促的情绪状态，它是由突然出现的、针对当事者有重大意义的事件而引起的。比如，意外成功后的狂喜，惨败后的绝望，丧亲后的悲伤，对地震的恐惧等，都是激情状态。处于激情状态的当事者，可为社工黑客提供攻击机会，比如：当盛怒时，全身肌肉紧张，双目怒视，咬牙切齿，怒发冲冠，紧握双拳等；当狂喜时，眉开眼笑，手舞足蹈；当极度恐惧、悲痛和愤怒时，可能导致精神衰竭、晕倒、发呆，甚至休克，过度兴奋，言语紊乱，动作失调。在激情状态下，当事者往往意识狭窄，理智分析能力受到抑制，自我控制能力减弱，行为失控，甚至行事鲁莽。意志坚强、自控力强、智商高的人，对"激情"有更好的控制能力。

"应激"的调控。应激，是对某种意外的环境刺激所做出的适应性反应。例如，当遇到突发事件时，就必须集中智慧和经验，动员自身全部力量，迅速做出抉择，采取有效行动；此时身心处于高度紧张状态，即应激状态。应激状态的产生，依赖于当事者面临的情境及他对自己能力的估计。当情境要求过高，而他又意识到自己无力应付时，就会处于应激状态，并出现若干生物性反应，如肌肉紧张，血压升高，心率、呼吸加剧等。

"挫折"的调控。挫折，是在个人行为目的受到阻碍后，所引起的情绪状态；它是在被否定的情况下发生的。引起挫折的情境，可分成主观因素和客观因素；主观因素包括个人能力、人格缺陷、内心矛盾等，客观因素包括生老病死、天灾等。同样的挫折情境，对不同的人将产生不同的挫折心理，甚至对某些意志坚强的人，可能根本就不算是挫折，这与每个人的"抗打击"能力相关。但是，一旦进入挫折状态后，每个人的反应就大同小异了，主要包括：

（1）攻击性行为。在受挫折后，立即产生的反应多是攻击性行为。因此，依据攻击性行为的出现，便可判断挫折的存在。攻击行为主要有两种：直接攻击和间接攻击。

（2）冷漠和愤怒。愤怒若暂时受到压抑，则会以间接方式表示反抗。冷漠将在四种情况下出现：长期遭受挫折、感到无力无望、情境中包含心理恐惧和生理痛苦、心理上处于攻击与抑制的矛盾之中等。

（3）幻想，又叫"白日梦"。在受到挫折后，陷入一种想象境界中，以非现实的方式对待挫折或解决问题。换句话说，暂时离开现实，在想象中获得满足。

（4）焦虑。在长期受挫后，便会产生一种长期的、不安兼恐惧的情绪状态，即焦虑。

（5）倒退，即表现出一种与自己年龄、身份、性格等很不相称的幼稚行为。比如：上级受挫折后，反而对下级大发脾气；或为一点小事，就暴跳如雷。"倒退"的另一种表现是"受暗示性"，如盲目相信别人，听信传闻或谣言，盲目执行某人的指示，丧失独立思考和自我判断的能力等。

（6）固执，即明知重复某种动作（或行为）也得不到想要的结果，但仍坚持；在失败或被罚后，仍然执迷不悟。固执，不仅不能消除挫折感，反而会接连遭受失败，使挫折感增强。

（7）妥协。在正视挫折的同时，找出种种理由为自己开脱，推卸责任，或怨天尤人，或自我解嘲。其中，自我解嘲具有积极意义，它能求得暂时心理平衡，有助于缓解挫折感。

（8）替代或升华。当预定目标无法达到时，设法制定另一个替代目标，转移注意力，谋求成功，以求得补偿。例如，失恋后，另找一位。"替代或升华"是挫折的积极反应，因此，挫折既能使人心灰意冷，也能使人奋起前进。

第 5 节　情绪的攻防验证与失控极限

学习提示

- 了解情绪的失控极限及其与表情的关系。

情绪攻击是扰乱敌方行为的最有效手段之一。社工黑客若想有效攻击受害者的情绪，首先会在攻击前了解对方的情绪，并以此制订攻击计划；其次在本轮攻击结束后，还会了解对方情绪的"受损"情况，并以此决定是否还需进行下一轮攻击，以及如何攻击等。总之一句话，黑客需要对受害者的情绪，随时"知彼"。那么如何才能"知彼"呢？答案很简单：观察对方的表情！因为表情是了解情绪的主要客观指标，通过观察对方的表情，可以洞察对方的情绪。表情有许多种，下面分别进行介绍。

1. 面部表情

面部表情，通过眼部、颜面和口部肌肉的变化，来表现各种情绪状态。

人眼最善于传达情感状态，仅用眼神就能表达丰富的情绪。比如：高兴和兴奋时，眉开眼笑；气愤时，怒目而视；恐惧时，目瞪口呆；悲伤时，两眼无光；惊奇时，双目凝视；等等。此外，观察眼神，还可了解对方的思想、愿望和精神风貌等，比如，推知其态度是赞成还是反对，接受还是拒绝，喜欢还是讨厌，真诚还是虚伪等。

口部肌肉的变化，也是表现情绪的重要线索。比如：憎恨时，咬牙切齿；紧张时，张口结舌；高兴时，满脸堆笑；等等。

面部的不同部位，在表情方面具有不同的作用。例如，眼睛对表达忧伤最重要，口部对表达快乐与厌恶最重要，前额能提供惊奇的信号，眼、嘴和前额对表达愤怒很重要。口部肌肉，对表达喜悦、怨恨等比眼部肌肉重要；而眼部肌肉在表达忧愁、愤恨、惊骇等情绪时，则比口部肌肉更重要。

人类的面部表情基本与民族无关，而与文化也只有微弱的关联。具体地说，人类的全部八种原始情绪（兴趣、欢乐、惊奇、痛苦、恐惧、羞愧、轻蔑、愤怒）的面部表情，基本上是固定的，分别是：兴趣（兴奋）时，眉眼朝下、眼睛追踪着看、倾听；快乐（愉快）时，笑、嘴唇朝外和朝上扩展、眼笑（环形皱纹）；惊奇时，眼眉朝上、眨眼；痛苦（悲痛）时，哭、眼眉拱起、嘴朝下、有泪有韵律的啜泣；恐惧时，眼睛呆张、脸色苍白、脸出汗、发抖、毛发竖立；羞愧（羞辱）时，眼朝下、头抬起；轻蔑（厌恶）时，冷笑、嘴唇朝上；愤怒时，皱眉、咬紧牙关、眼睛变窄、脸发红。

最容易辨认的表情是快乐、痛苦；较难辨认的表情是恐惧、悲哀；最难辨认的表情是怀疑、怜悯。

2. 身体表情与手势表情

（1）身体表情。在不同情绪状态下，身体姿势会发生不同的变化。比如：高兴时，捧腹大笑；恐惧时，紧缩双肩；紧张时，坐立不安；等等。总之，举手投足之间，都可表达某种情绪。

（2）手势表情。手势常和言语一起使用，主要表达赞成或反对、接纳或拒绝、喜欢或厌恶等。手势也可单独用来表达情感、思想、命令等。即使不说话，单凭手势也可表达开始或停止、前进或后退、同意或反对等。振臂高呼、双手一摊、手舞足蹈，便可分别表示激愤、无奈、高兴等情绪。不过，手势表情是通过学习而得到的，所以，它不仅有个性差异，而且也与文化、习惯等有关。甚至，同一手势，在不同民族、不同文化群体中，可表达不同的意思。

3. 语调表情

语音、语调也是表达情绪的重要形式，比如：朗朗笑声，表示愉快；呻吟，表示痛苦；等等。语音的高低、强弱、抑扬顿挫等也是表达情绪的手段。在赛事现场直播的时候，解说员的声音尖锐、急促、声嘶力竭，就表达出了当时的紧张而兴奋的情绪。当播报讣告时，播音员语调缓慢而深沉，表达了悲痛而惋惜的情绪。

总之，在许多场合下，无须语言，只凭观察脸色，看看手势、动作，听听语调，就能知道对方的情绪。

情绪失控达到一定程度后，当事者的思维和行为将受到影响，可能做出有利于社工黑客的事情来。那么，情绪失控的极限是什么呢？答案就是以下几种病态，当然，它们基本上也不可能是由黑客的攻击所造成的。

抑郁：当事者情绪低落，忧心忡忡，愁眉不展，唉声叹气。严重者忧郁沮丧，悲观失望，感到自己一无是处，毫无生趣，度日如年。对外界的一切都不感兴趣。常伴有焦虑、无价值感、自杀观念、意志减退、精神活动迟滞和各种躯体不适、生理机能障碍等。

高涨：当事者怀有"节日般的心情"时，对外界的一切都充满兴趣，而且都想尝试。但这种兴趣不能持久，很容易转移。当事者的联想丰富而敏捷，虽然言语增多，但依然感到"嘴跟不上思想"。当事者的睡眠需求减少，整日忙碌不停，却毫无倦意。自我感觉良好，甚至喜欢"吹牛"，讲话风趣，有感染力。另一种"高涨"，也叫"欣快症"，此时，当事者情绪偏高，内心喜悦，幸福体验很强，全身极度舒适，但是容易自我封闭，其动机与主动性下降，智慧的应用能力下降，给人呆傻、愚蠢的感觉。

焦虑：当事者主观的不适和客观的异常表现。主观上，总感到惶恐不安、提心吊胆；仿佛即将大祸临头，实际上当事者也不确定是否存在危险。因此，焦虑可看作没有明确对象和具体内容的恐惧。客观上，表现出运动性不安，如震颤、肌肉紧张、疼痛、躯体僵硬、坐立不安、口干、颜面潮红、出汗、心悸、呼吸急促、窒息感、胸闷、尿急尿频、有便意、晕厥等。严重者，更有临死感或死亡恐惧，失控感或害怕会遭灾，或有面临世界末日、大难临头的体验，少数人还会出现人格解体症状。伴有严重运动性不安的焦虑，又称为"激越"；此时，当事者表情痛苦，手足无措，不停地改变身体姿势，言语表达出现问题，语句丧失完整性，语词重复。

恐怖：当事者对外界客观对象恐惧，且害怕的程度与处境不相称，但当事者对这一点有自知力。当事者害怕时感到很痛苦，害怕的对象多种多样，包括怕黑、怕社交和恐高等。

情感淡漠：当事者对外界任何刺激均缺乏相应的情感反应。对周围发生的事漠不关心。讲话声调平淡，面部表情呆板，内心体验极为贫乏或丧失。

情感脆弱：即使只有轻微的外界刺激，甚至没有明显的外因影响，当事者的情绪也会剧烈波动。一旦流泪或发笑，便会痛哭不止或笑个不停。

情感倒错：当事者的心境与言行、环境严重不协调，比如，当谈及别人在迫害自己时却面露愉快之色，或者嬉笑着谈论亲人的死亡经过等。

另外，还想说明一点，那就是：心理学家在研究情绪时，曾将大量的精力用在了情感上，比如，道德感、责任感、理智感、美感等。但是，黑客常常对情感的结果没有兴趣，因为只有从长期角度来看，情绪与情感才有区别，而社工黑客重点考虑的却只是在短期内如何改变受害者的情绪。另外，黑客几乎不可能改变当事者的情感，毕竟他们的攻击既是"无身体接触的"，又是短暂的。

最后，必须指出：其实，文学家和艺术家等也都是情绪调控的高手，他们仅用文字等就能让你哭，逗你笑……但是他们的技巧很难为黑客提供帮助，因为：一方面，被攻击的受害者不会主动来"阅读"黑客的"小说"；另一方面，黑客既没有能力也更没有条件来完成这样的"小说"，毕竟黑客得"短、平、快"地达到攻击目的。

社工黑客之所以要攻击他人情绪，主要原因有三：一是因为搅乱情绪就能干扰动作；二是因为搅乱情绪就可破坏当事者的人际关系或环境适应能力，从而为后续攻击提供机会；三是因为透过情绪黑客可了解当事者的若干隐私。为了避免自己的情绪被干扰，当事者也可以采取诸如语言调节、转移注意力、适当宣泄和角色转换等方法来自卫。

虽然记忆保持过程相对封闭以至社工黑客几乎无处下手，但这并不意味着黑客就没机会，因为记忆保持有一个天敌，那就是遗忘！遗忘的原因有多种，但对社工黑客有用的主要有两种：一是干扰，二是压抑。

情绪的攻击效果验证并不难，只要有足够的生活经验，便可以通过直接的察言观色比较准确地找到答案。情绪被操控或情绪失控达到一定程度后，当事者的思维和行为将受到影响，从而可能做出有利于社工黑客的事情来。

🔖 重要概念

喜、怒、哀、乐、忧、愤、爱、憎、感觉记忆、短时记忆、长时记忆、情绪调控。

⏱ 知识要点

情绪攻击的目标可分为两个层次：一是初级层次，意在改变受害者的情绪，比如，从当前的高兴诱导成悲伤等；二是高级层次，将受害者逼迫进入事先预定的情绪之中，比如，让他哭他就哭，让他笑他就笑等。当然，若能让受害者的情绪彻底失控，效果就更好；但仅凭"短期的非身体接触攻击"的社工手段，几乎不可能达到此目标。

记忆攻击的目的是使记忆失控，要么让"记"失控，要么让"忆"失控。换句话说，要么让"该记的，没记住；该忘记的，没忘记；该记成 A 的，却被记成了 B 等"，要么让"该回想起来的，没被回想；不该回想的，却被回想；本来是 A 的，却被回想成 B 等"。只要有一招得逞，黑客的攻击就算成功了。

❓ 复习思考

8-1　请用实例阐述情绪与刺激因素和主观体验之间的关系，以及情绪的初级和高级攻击、情绪所引起的代表性生理反应等。

8-2　请用实例解释感觉记忆、短时记忆和长时记忆的攻防效应。

8-3　请用实例介绍如何利用记忆的规律性漏洞进行记忆博弈，在长时记忆的不同阶段如何取得主动的优势地位。

8-4　请结合具体案例解释增强记忆的若干实用方法，体会遗忘、错构和虚构等情绪的极限状态。

8-5　请用实例说明如何实施一般性的情绪调控和特殊情绪的调控，成功实施情绪攻击后将有何效果，如何对付黑客的情绪攻击。

8-6　请用实例说明如何通过面部表情、身体表情、手势表情和语调表情等渠道来解读对方的情绪。

参 考 文 献

[1] 杨义先, 钮心忻. 安全简史——从隐私保护到量子密码[M]. 北京: 电子工业出版社, 2017.

[2] 杨义先, 钮心忻. 安全通论——刷新网络空间安全观[M]. 北京: 电子工业出版社, 2018.

[3] 洛伦兹. 攻击与人性[M]. 王守珍, 吴月娇, 译. 北京: 作家出版社, 1987.

[4] 弗里德曼. 社会心理学[M]. 高地, 等译. 哈尔滨: 黑龙江人民出版社, 1984.

[5] 余建华. 两种社会之间: 网络侵犯行为的社会学研究[M]. 北京: 中国社会科学出版社, 2014.

[6] MITNICK K. 反欺骗的艺术: 世界传奇黑客的经历分享[M]. 潘爱民, 译. 北京: 清华大学出版社, 2014.

[7] HADNAGY C. 社会工程: 安全体系中的人性漏洞[M]. 陆道宏, 杜娟, 邱璟, 译. 北京: 人民邮电出版社, 2015.

[8] HADNAGY C. 社会工程 (卷2): 解读肢体语言[M]. 蔡筠竹, 译. 北京: 人民邮电出版社, 2015.

[9] 斯特凡·奥多布莱扎. 协调心理学与控制论[M]. 柳凤运, 蒋本良, 译. 北京: 商务印书馆, 1997.

[10] N. 维纳. 控制论[M]. 郝季仁, 译. 北京: 科学出版社, 2015.

[11] 彭聃龄. 普通心理学[M]. 北京: 北京师范大学出版社, 2001.

[12] 格列高里. 视觉心理学[M]. 彭聃龄, 等译. 北京: 北京师范大学出版社, 1986.

[13] 王建平. 变态心理学[M]. 北京: 高等教育出版社, 2005.

[14] 陈士俊. 安全心理学[M]. 天津: 天津大学出版社, 1999.

[15] 亦凡. 微表情心理学[M]. 北京: 中国出版集团研究出版社, 2017.

[16] 易东. 微反应微表情微动作全集[M]. 北京: 中国纺织出版社, 2013.

[17] 邢思存. 微表情心理学[M]. 北京: 中国华侨出版社, 2013.

[18] 徐杰. 微表情读心术[M]. 北京: 金城出版社, 2013.

[19] 徐谦. 微表情心理学[M]. 北京: 北京理工大学出版社, 2012.

[20] 李志翔. 微表情与心理学全集[M]. 北京: 中国纺织出版社, 2013.

[21] 罗莉著. 微表情心理学 (典藏本) [M]. 北京: 民主与建设出版社, 2016.

[22] 牧之. 让你看穿身边人的微表情心理学[M]. 上海: 立信会计出版社, 2015.

[23] 霍晨昕. FBI教你10秒钟读懂面部微表情[M]. 长春: 北方妇女儿童出版社, 2014.

[24] 晓鹏, 沐阳. 微表情心理学——人际关系中的心理策略[M]. 北京: 中国纺织出版社, 2014.

[25] 陈璐. 微表情心理学——人际交往中的心理策略[M]. 北京: 中央编译出版社, 2014.

[26] 古墨清. 微表情密码——心理专家教你瞬间破译人心[M]. 北京: 北京理工大学出版社, 2013.

[27] 刘瑞军. 解码微表情——你不可不懂的微观心理学[M]. 北京: 中国纺织出版社, 2013.

[28] 文捷. 微表情读脸学——瞬间征服他人的心理博弈策略[M]. 北京: 中国华侨出版社, 2013.

[29] 西武. 5秒钟洞察人心——微表情读心术[M]. 新世界出版社, 2013.

[30] 周增文. 肢体语言的心理秘密[M]. 北京: 北京工业大学出版社, 2008.

[31] 李博克. 社交肢体语言揭秘[M]. 北京: 金盾出版社, 2010.

[32] 德斯蒙德·莫里斯. 看人——肢体语言导读[M]. 上海: 文汇出版社, 2008.

[33] 陈今夫. 人际交往中的肢体语言[M]. 上海: 文汇出版社, 2010.

[34] 马宏伟. 欺骗心理学[M]. 呼和浩特: 内蒙古人民出版社, 1989.

[35] 酆都城. 诱惑心理学[M]. 北京：新世界出版社, 2010.

[36] 王慧芳. 操控心理学密码[M]. 北京：当代世界出版社, 2010.

[37] 李胜先. 精神控制与心理学滥用[M]. 武汉：武汉大学出版社, 2012.

[38] 陈玮. 博弈心理学[M]. 北京：中央编译出版社, 2015.

[39] 赵建勇. 心理学的诡计：日常生活中的心理博弈[M]. 郑州：中原农民出版社, 2009.

[40] 杜乎恢. 攻心——说服诱导的秘诀[M]. 方友薇, 译. 西安：陕西人民出版社, 1989.

[41] 郑小兰. 影响他人的心理学[M]. 长春：北方妇女儿童出版社, 2009.

[42] 张笑恒. 读心术：瞬间了解和影响他人的心理策略[M]. 北京：中国妇女出版社, 2010.

[43] 严俊. 欺骗与反欺骗[M]. 乌鲁木齐：新疆青少年出版社, 1999.

[44] 多湖辉. 欺骗与反欺骗[M]. 陆林, 编译. 海口：海南人民出版社, 1988.

[45] 邱丽丽. 心理操纵术大全集[M]. 南昌：江西人民出版社, 2010.

[46] 春之霖, 于海娣. 心理操纵术大全集（第1-4卷）[M]. 北京：中国华侨出版社, 2011.

[47] 埃文·韦伯, 约翰·摩根. 心理操纵术陈衍[M]. 林莉莉, 译. 武汉：长江文艺出版社, 2012.

[48] 马洪山. 操控心理[M]. 北京：中国国际广播出版社, 1998.

[49] 海华. 潜意识操控术[M]. 贵阳：贵州人民出版社, 2014.

[50] 高德著. 洗脑术：怎样有逻辑地说服他人（1-2）[M]. 南京：江苏文艺出版社, 2013.

[51] 沙莲香. 社会心理学[M]. 北京：中国人民大学出版社, 2002.

[52] 郑雪. 社会心理学[M]. 广州：暨南大学出版社, 2013.

[53] 戴尔·卡耐基. 人性的弱点[M]. 北京：中国友谊出版公司, 2015.

[54] 杨义先, 钮心忻. 黑客心理学——社会工程学原理[M]. 北京：电子工业出版社, 2019.

[55] 杨义先, 钮心忻. 博弈系统论——黑客行为预测与管理[M]. 北京：电子工业出版社, 2019.

[56] 杨义先, 钮心忻. 通信简史：从遗传编码到量子信息[M]. 北京：人民邮电出版社, 2020.

[57] 杨义先, 钮心忻. 密码简史——穿越远古 展望未来[M]. 北京：电子工业出版社, 2020.

[58] 杨义先, 钮心忻. 科学家列传（4册）[M]. 北京：人民邮电出版社, 2021.

[59] 杨义先, 钮心忻. 中国古代科学家列传（2册）[M]. 北京：人民邮电出版社, 2021.

[60] 杨义先, 钮心忻. 通信那些事儿[M]. 北京：人民邮电出版社, 2022.

[61] 杨义先, 钮心忻. 数学家那些事儿[M]. 北京：人民邮电出版社, 2022.

[62] 杨义先, 钮心忻. 人工智能未来简史——基于脑机接口的超人制造愿景[M]. 北京：电子工业出版社, 2022.

[63] 杨义先, 钮心忻, 张艺宝. 网络安全三十六计[M]. 北京：电子工业出版社, 2024.